水文测绘装备产业计量测试研究与应用

李绍辉　柳义成　杨鲲　隋海琛　著

WUHAN UNIVERSITY PRESS
武汉大学出版社

图书在版编目(CIP)数据

水文测绘装备产业计量测试研究与应用/李绍辉等著．—武汉：武汉大学出版社，2023.5

ISBN 978-7-307-23537-3

Ⅰ.水…　Ⅱ.李…　Ⅲ.水文观测—测量仪器—研究　Ⅳ.TH764

中国国家版本馆 CIP 数据核字(2023)第 013350 号

责任编辑:王　荣　　　责任校对:李孟潇　　　版式设计:韩闻锦

出版发行：**武汉大学出版社**　（430072　武昌　珞珈山）

（电子邮箱：cbs22@ whu.edu.cn　网址：www.wdp. com.cn）

印刷:武汉邮科印务有限公司

开本:787×1092　1/16　印张:13　字数:313 千字　插页:1

版次:2023 年 5 月第 1 版　　2023 年 5 月第 1 次印刷

ISBN 978-7-307-23537-3　　定价:59.00 元

《水文测绘装备产业计量测试研究与应用》

编写委员会

李绍辉　柳义成　杨　鲲　隋海琛
曹玉芬　张明敏　刘彦祥　王崇明
周振杰　曹媛媛　雷　鹏　田春和
许　斌　高术仙　季祥坤　高　辉
库安邦

序

计量测试是产业发展的重要技术基础，是构建一体化国家战略体系和能力的重要支撑。产业计量是为推动产业高质量发展而开展的面向产业关键生产过程的一系列计量活动，聚焦产业发展的短板、瓶颈，通过打通产品质量控制的最后一公里，引领、带动产业创新发展，是计量工作的一次意义重大的跨越。

自2014年中共中央国务院印发的《关于加快生产性服务业发展促进产业结构升级发展的若干意见》（国发〔2014〕26号）中正式提出建设国家产业计量测试中心、构建国家产业计量测试服务体系以来，10年间，在装备制造、新材料、新能源等关系到国计民生的重要领域，计量深度融入产业发展全过程，为解决产业“卡脖子”难题、提升支撑服务水平、夯实基础保障能力、助推产业创新和高质量发展等方面作出了巨大贡献。2021年，《计量发展规划》（2021—2035年）的发布，明确提出了构建国家现代先进测量体系的目标。

在水文测绘装备制造领域，国外起步较早，占据了产业链中设计、研发等上中游高附加值部分，国内长期处于中下游加工、装配、销售等技术含量较低的部分，高端水文测绘装备几乎全部依赖进口。进入新世纪以来，在国家政策的大力支持下，国内水文测绘装备企业、科研院所加大研发力度，打破国外封锁，持续推进装备的国产化水平，在声学材料、核心元器件等领域取得了系列成果，达到了国际先进水平。但从整体上看，在材料制备、加工工艺、控制算法等方面与国外仍存在较大的差距，国内水文测绘装备的精准性、稳定性、适用性仍无法与国家交通、海洋强国建设需求相匹配。

本书以水文测绘装备产业计量测试技术为主线，开展产业计量测试需求分析，将计量融入装备设计、研发、生产、装配、测试、使用全寿命周期过程中，建立全产业链关键过程参量的量值溯源路线，保障装备在各阶段性能指标的一致性、符合性和溯源性，实现了从传统的单一计量向多元测量的转变，从器具管理向量值保障的转变，从符合性判定向创造性引领的转变。

本书的出版，是计量融入产业、支撑产业高质量发展的一次重要实践，彰显了计量测试在装备研发中的重要基础性保障作用，将为水文测绘装备生产、研发、使用单位开展装备全寿命周期内的计量测试、工艺流程优化以及计量管理等工作提供借鉴、指导，对于保障、提升装备的性能水平、推动装备的国产化进程具有重要的意义，也将为构建国家现代综合交通运输体系提供计量支撑。

2023年4月

前　言

交通运输是国民经济中具有基础性、先导性、战略性的产业，是现代化经济体系的重要组成部分，是构建新发展格局的重要支撑，和服务人民美好生活、促进共同富裕的坚实保障。党的二十大报告指出，要加快建设交通强国，实施重大技术装备攻关工程，构建新一代信息技术、新材料、高端装备等一批新的增长引擎。水路运输作为现代综合交通运输体系的重要组成部分，承运了我国90%以上的外贸货物，在集装箱、原油、矿石、粮食等物资运输中发挥了重要作用。水文测绘装备是保障水路运输安全，提升智慧、绿色水运科技水平的关键技术装备，其测量数据的精准性、稳定性、可靠性，对于构建便捷顺畅、经济高效、安全可靠、绿色集约、智能先进的现代化高质量国家综合立体交通网具有重要的意义。

计量是实现单位统一、保障量值准确可靠的活动，是科技创新、产业发展、国防建设、民生保障的重要基础，是构建一体化国家战略体系和能力的重要支撑。产业计量是面向产业生产、经营、服务全过程的计量测试活动。《计量发展规划》(2021—2035)中提出在战略性新兴产业和交通运输等现代服务业领域，聚焦产业内测不了、测不全、测不准难题，加强关键计量测试技术、测量方法研究和装备研制，为产业发展提供全溯源链、全产业链、全寿命周期并具有前瞻性的计量测试服务，计量服务经济社会各领域高质量发展体系日趋完善。开展水文测绘装备产业计量测试技术研究，对于保障装备的“先进适用、完备可控”，解决影响装备性能的关键过程参量的量值溯源难题，完善交通水运计量技术体系，构建交通水运领域现代先进测量体系，具有较强的现实意义和必要性。

本书按照产业计量的思路，共分为六章。第1章界定了水文测绘装备的产业范围，对国内外装备研发技术现状进行了梳理、分析，按照装备功能、应用场景构建了水文、水体、地形地貌和综合平台等四大类装备体系。第2章详细介绍了水文测绘装备国内外计量测试技术现状，并对国内外计量技术水平进行了对比分析。第3章定义了水文测绘装备的上、中、下游产业链，针对每一类装备，开展了产业链分析，明确了装备全产业链计量测试过程中存在的问题，提出了计量服务产业的重点领域。第4章开展了水文测绘装备全产业链、全寿命周期、全溯源性计量测试需求分析，提出了影响装备性能、质量的关键计量技术参数及指标。第5章介绍了作者近些年在水文测绘装备计量测试领域的最新研究成果及应用情况。第6章对水文测绘装备及其计量测试技术服务于国家重大工程、交通运输行业发展的典型案例进行了介绍。其中，第1章、第2章、第3章、第7章由李绍辉负责撰写，第4章、第5章由柳义成负责撰写，第6章由杨鲲、隋海琛负责撰写。

本书的出版，将为水文测绘装备设计、研发、制造、应用全寿命周期过程提供计量支撑，对于推动水文测绘装备国产化、谱系化、规模化发展，提升水文测绘装备质量水平及核心竞争力，助力交通强国、海洋强国、质量强国、制造强国建设具有重要的意义和价值。

本书得到了国家重点研发计划项目(2022YFB3207400)、自然资源部重点实验室开放基金项目(2021klootA06；2021B13)、中央公益性科研院所基本科研业务费(TKS20210103、TKS20220401、TKS20230204)、天津市“131”创新型人才团队建设项目(团队编号：20180313)及九江港星子港区沙山作业区综合码头一期工程项目(项目编号：MA3ACMHT2-360483-001)的资助。在本书写作出版的过程中，编写委员会对全书素材进行了整理，对内容的准确性进行了校对、完善和提升。同时，对关心、帮助我们的交通运输部天津水运工程科学研究院的领导、同事，以及文中所引用文献、图片等资料的所有作者、单位和机构，在此一并表示衷心的感谢！

目　录

第1章　水文测绘装备产业概述

1.1　产业范围

水路运输是我国综合运输体系中的重要组成部分，由港口和航运两部分组成，承担了我国90%以上外贸货物的运输工作。水路运输属于国民经济循环的流通环节，以港口作为运输基地，船只作为运输工具，从而实现货物的运输和流转。与其他的运输方式相比，水路运输可承载的货物重量较大，运输成本仅为公路运输的1/12、铁路运输的1/5，能源消耗量只有公路和铁路的1/2，运输过程受其他因素影响较小，是目前流通体系中最低碳的运输方式(图1-1)。

图1-1　水路运输

我国水运资源丰富，拥有大陆海岸线1.84×10^4km、岛屿海岸线1.4×10^4km、南京以下长江岸线800km，分布61个沿海港口；流域面积50km^{2}及以上的河流总长1.51×10^6km，内河航道通航里程1.27×10^5km，内河港口359个，主要分布在长江、珠江、京杭运河及淮河、黑龙江及松辽等四大水系。截至2020年底，我国港口万吨级及以上泊位2592个，内河航道通航里程1.277×10^5km，水上运输船舶12.68万艘，集装箱箱位293.03万标准箱，全年完成货运量7.616×10^9t，完成货物周转量10.58万亿吨公里，均较前一年实现不同程度的增长。目前，我国港口规模世界第一，内河货运量连续多年世界第一，自动化码头设计建造技术、港口机械装备制造技术达到世界领先水平，已成为世界上具有重要影响力的水运大国。

水运基础设施是水路运输的基础保障，包括港口、航道、防波堤(防砂堤)、护岸(海堤)、船闸(通航建筑物)、船坞等海岸、近海或内河工程设施。水运基础设施具有点多线长、面广量大、投资多、周期长、影响因素复杂、时间性强的特点(图 1-2)。

图 1-2　水运基础设施建设

水文测绘主要围绕水运基础设施建设、运营、养护等全寿命周期以及水路运输安全展开，包括水文、水体、地形地貌等领域。其中，水运基础设施建、管、养、用的各个阶段，都需要配备合理的水文测绘装备，对周边环境进行实时、动态、长期监测，保障水路运输安全；运输船舶等交通水运装备在航行过程中，海洋与河流地理分布、地质地貌及水动力等因素对航行质量都有较大的影响，需对航行水文、水体、地形地貌等因素进行实时、动态的跟踪、监测，保障运输安全。

随着智慧港口、智慧航道等水运基础设施建设进程的加快，以及智慧船舶、深潜水装备等特种水运装备的研发应用，水路运输的智慧、安全、高效、经济、低碳优势不断展现，对水运基础设施建设质量、交通水运装备健康状况及水运环保的要求也不断提升。水文测绘参数梳理如表 1-1 所示。

水文测绘装备是在水运基础设施建设、运营、维护的全过程及水路运输过程中应用的装备及配套辅助装备，涉及机械、电子、自动化、光学、声学、化学等多学科、多领域，是了解水运基础设施健康状态，提升水运智慧、安全水平，保护内河、港口、航道环境生态的重要工具，如图 1-3 所示。随着科学技术的发展，水文测绘装备逐步形成了覆盖水上-水中-水底的立体观测网络，向着智能化、自动化、一体化、集成化方向不断发展。

表 1-1　水文测绘参数名称

要素名称	参数名称
水文要素	表层水温、盐度、水位、潮位、波浪、流速、流向、海冰、蒸发等
水体要素	水质：生化需氧量(BOD_5)、化学需氧量(COD_{cr})、总悬浮固体(TSS)、总有机碳、无机氮、氨、总氮、硝酸盐、亚硝酸盐、铵盐、无机磷、活性磷酸盐、活性硅酸盐、溶解氧(DO)、pH 值、阴离子表面活性剂、动植物油、石油类(乳化油、石油烃等)等 颗粒物：浊度、含沙量、悬浮颗粒物(SPM)、颗粒有机物(POM)等
地形地貌要素	水深、地形、地貌、定位等

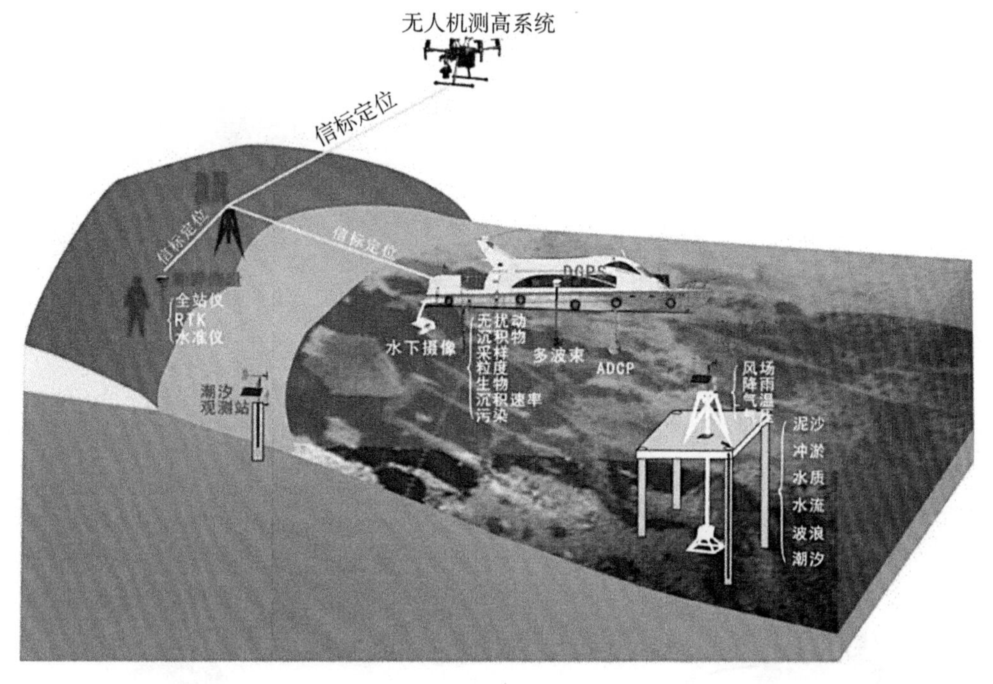

图 1-3　水文测绘装备

水文测绘装备产业是指与水文测绘装备设计、研发、生产与应用相关联的行业所组成的业态总成，包括原辅材料、通用零部件、电子元器件、机械加工、集成控制、整机装配、功能测试、安装使用、日常维护、报废回收等众多产业环节，以及从事研发与公共技术服务、人才培养与教育、网络媒体、学会、协会等行业支撑与服务的配套体系。随着“交通强国”“海洋强国”“质量强国”“制造强国”战略的实施，水文测绘装备产业在高端装备核心技术方面不断缩小与国外产品的差距，持续推进国产化进程，产业规模不断壮大。

1.2　国内外产业现状

水路运输是国际贸易的桥梁和纽带，西方海权论学者马汉(1890)指出：“所有国家的兴衰，其决定因素在于是否控制了海洋。”世界上真正意义的航运中心出现在 19 世纪初的欧洲，形成以英国伦敦、荷兰鹿特丹、德国汉堡为中心的“欧洲板块”；随着世界经济增长的重心向大西洋西岸转移，以美国纽约、洛杉矶为中心的“北美板块”逐渐发展壮大；20 世纪 30 年代起，亚太经济以大大高于世界平均水平的速度快速增长，世界经济增长的中心由大西洋地区转移到太平洋地区，逐渐形成以东京、横滨、釜山等地为中心的“东亚板块”。

伴随“三大板块”的形成、转移、交错，国际上水文测绘技术不断进步，装备自动化、电子化水平也不断提升，水文测绘装备产业不断发展壮大。21 世纪以来，水文测绘装备的总体发展趋势是高集成度、高时效、多平台、智能化和网络化，世界水文测绘装备产业的典型产品如图 1-4 所示。其中，英国、美国、日本等发达国家的水文测绘装备产业发展

（a）美国RTI SeaPROFILER直读式ADCP

（b）德国SST公司MSS90微结构湍流剖面仪

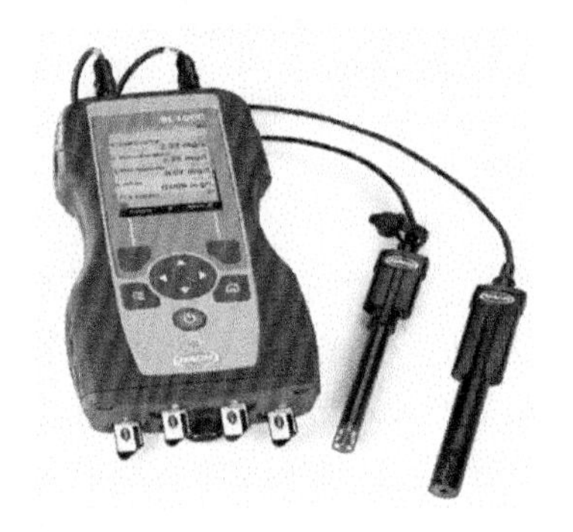

（c）美国HACH SL1000多通道水质分析仪

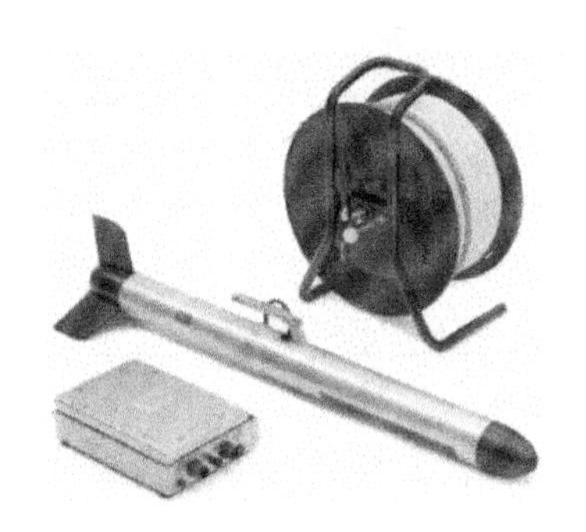

（d）挪威Kongsberg PULSAR侧扫声呐

图 1-4　国外水文测绘典型装备

最成熟，如表 1-2、表 1-3 所示。整体来看，国外水文测绘装备产业不仅技术具有绝对优势，其产品转化和产业组织能力也极完善。技术研发紧密关注市场，政府、企业、研究机构和市场服务机构有机协同，当新技术达到一定成熟度后即从研究院所转入企业进行工程化、产业化开发，企业完全按照严格的市场机制进行商业运作，产品销售和技术服务收入进一步用于推动新技术、新产品研发，产业基础和创新能力实现周期性快速提升。

表 1-2　主要国家水文测绘装备产业发展情况

国家	产业现状	技术水平
英国	英国是世界领先的航运大国，海岸线长 11450km，内河航运 3200km，2019 年 2 月英国政府发布“海事战略 2050”，未来 30 年将继续保持全球海事行业领导者地位。英国水文测绘装备产业主要提供军用和民用的各种海上平台使用的仪器仪表及相关服务。英国环境、渔业及水生物研究中心和企业合作开发能够监测英国海岸、港口区域海浪、潮位以及生物化学信息的 CEFAS 的波浪观测系统，英国环保局、环境渔业水产科学中心、气象局和企业共同研制的重点监测利物浦海域富营养化的爱尔兰海监测系统，目前英国正进行不同海域观测监测系统的集中互联	CEFAS 拥有波浪观测站 14 个，温度和盐度观测站 38 个，智能化生态监测浮标 19 个，可监测有效波高、平均波高、波峰周期、波扩展、温度、平均水位、风向和风速等，具有高时空分辨率取样，物理、化学和生物多参数测量，智能化保真取样，现场校正等特点，整体达到国际领先水平。 爱尔兰海监测系统包括 CTD 监测阵、潮汐监测站、高频雷达站、河水入海流量站等，重点监测雨量、流量、海水的富营养化
挪威	水文测绘装备产业已成为挪威重要支柱产业，相关企业、科研单位众多，如挪威水环境研究所(NIVA)、Fugo OCEANCE 公司、安德拉仪器公司(Aanderaa Instruments)等，高端产品国际竞争力极强	Fugo OCEANCE 公司生产的 Seawatch 浮标监测系统，可监测波浪、海流、气象、盐度、溶解氧、叶绿素和碳氢化合物等多种生态环境参数，系统功能齐全，性能可靠，已占据全球市场的大部分份额，在水下机器人、海啸预警装置等方面也有多项国际领先的成果
美国	美国重视发展沿海和内陆水运，成立沿海运输联合协会、海运管理委员会等机构管理沿海水运工作，内河水运由联邦政府全面负责，依法保障水运发展，综合开发、利用水资源，作为水运监测装备制造大国和强国，军事和民用市场需求广阔。美国有实力的港口与航道监测装备企业较多，如 YSI 集团、亚迪公司、哈希公司、红杉树科学仪器公司等	在水文测绘传感器技术上占有国际领先优势，研制了用于现场水体监测的温度、盐度、pH 值、DO、浊度等传感器，以及水质污染监测浮标来监测港口、海湾、河流入海口的污染状况，相关装备的技术参数及指标如表 1-3 所示

续表

国家	产业现状	技术水平
日本	日本海域面积 4.47×10^{6}km^2，远大于陆地面积，东京港、横滨港是世界著名港口，因此日本非常重视水路运输工作，已形成比较成熟的体系，由政府部门、研究机构和高等院校协同开展工作。20 世纪 70 年代后，日本在水文测绘领域的研究走在世界前列，大力发展大洋浮标观测网和近海观测网，形成覆盖面较广的观测系统，极大促进水运经济发展	日本水文环境预报技术世界领先，2006 年日本启动了“DONET 计划”，在海底以 15～20km 的间距部署 22 套现代化海底测量仪器阵列，长约 300km；DONET2 于 2010 年开始建设，包含 450km 主干缆线系统，其中 2 个地面观测站、7 个观测台站和 29 个观测点，2015 年开始运行，典型监测仪器参数及指标如表 1-3 所示。 日本的水文监测工作在亚洲处于领先地位，气象部门大量利用商船和渔船开展气象监测，在黑潮区观测方面处于国际领先水平，能够制作试验性的黑潮预报产品

表 1-3　国际主要国家水文测绘技术概况

国家	名称	测量项目	测量范围	测量精度
美国	500 型现场监测系统	温度	-5～45℃	±0.02℃
		pH 值	2～12	±0.05
		DO	0～20ppm	±1%F.S.
		电导率	0～65mS/cm	±0.02mS/cm
		浊度	0～100%	±2%F.S.
	水质监测浮标	温度	-10～40℃	±0.02℃
		pH 值	2～12	±0.1
		DO	0～20ppm	±2ppm
		电导率	0～75mS/cm	±0.08mS/cm
		浊度	0～100%	±1%F.S.
	水质垂直分布自动测量浮标	温度	-5～40℃	±0.05℃
		pH 值	2～12	±0.1
		DO	0～20ppm	±0.02ppm
		电导率	2.5～35mS/cm	±0.05mS/cm
		浊度	0～100%	±2%F.S.

续表

国家	名称	测量项目	测量范围	测量精度
日本	U-10 型水质监测仪	温度	0~50℃	±1℃(分辨率)
		pH 值	0~14	±0.1
		DO	0.1~9.9mg/L	±0.1mg/L
		盐度	0~4%	±0.1%
		电导率	0~100mS/cm	1~10：±0.1mS/cm 10~100：±1mS/cm
		浊度	0~800NTV	±10NTV
	海况自动观测浮标	温度	0~35℃	±0.2℃
		pH 值	2~12	±0.1
		DO	0~20ppm	±1ppm
		浊度	0~100ppm	±1ppm

我国水文测绘技术经过几十年的建设和发展，特别是在新需求、新技术的驱动下得到快速发展，初步建立起与国家地位相称、与履行现阶段使命任务要求相适应的水文测绘装备体系，可实现水面浪、潮、流等水动力要素监测，水体水质、颗粒物监测，以及港口、海岸、近海海底地形地貌的扫描测量。水文测绘技术具有一定的研究基础，以跟踪世界高新前沿技术为着眼点，结合并发展了 GIS 和遥感技术、电化学传感、分子生物学、物联网技术等多种监测技术，这些技术的运用能够对港口、航道的环境实时动态变化开展准确、高效的监测，建立起具有综合性和精准度的数据处理监测网络，达到国际先进水平。在国家科技计划持续支持下，我国先后突破了多波束测深仪、侧扫声呐、声学多普勒流速剖面仪、高频地波雷达、合成孔径声呐、ADCP 相控阵、大深度声相关计程仪等一批传感器关键技术并研制了工程样机(如图 1-5 所示)，发展了一批具有自主知识产权的水动力过程长期实时监测平台，多参数大/小型监测浮标、实时传输潜标、Argo 浮标、波浪浮标、海床基动力要素综合自动监测系统，垂直剖面自动升降测量平台具备了对水动力过程实时立体监测的基本能力。

我国正在加快形成空间、水面、水下、水底立体式水路运输监测体系，并向一体化、实时化、多尺度、高精度的方向发展。在加快发展船载、机载、浮标、潜标等水文测绘装备的基础上，根据产业需求进行科研攻关，注重基于新原理、新材料、新工艺的高精度传感技术研究，特别是光、电、磁传感器技术在水文测绘领域的应用；重点发展深远海平台载体技术，突破长期监测的各类固定/移动平台关键技术；研发基于水下自主导航系统的机动平台及组网技术、多源信息融合处理技术等；在新型水文测绘装备方面，研发适用于动力环境、生态环境、资源能源和军事应用等的军民融合型综合观测平台、智能浮标潜

（a）高频地波雷达

（b）合成孔径声呐

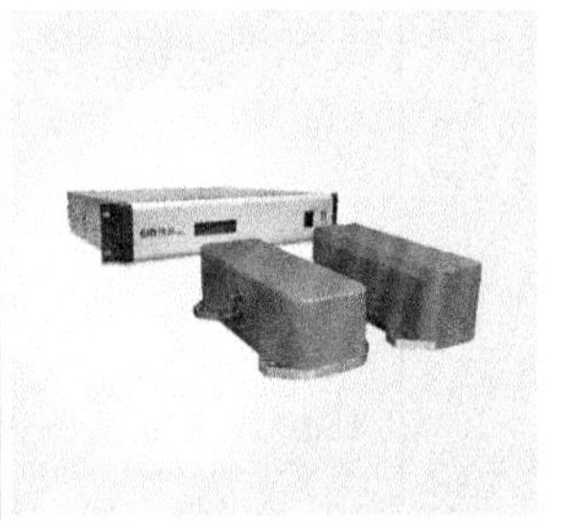
（c）EM2040浅水多波束测深仪

图1-5 国内水文测绘装备

标、多用途智能探测潜水器、谱系化水下滑翔器、水下运载型移动观测装备。重点提升新型装备隐蔽自动布设、水下自主导航、固定移动平台组网观测、数据信息实时传输、数据融合挖掘、海上信息和能源支持以及人工智能等能力。成立产、学、研、用联盟性组织，提升技术集成和协同创新的能力，加强试验与保障基地的建设，推进科研成果的产业化和市场化。

“十四五”期间，海洋油气业、深海矿业以及港口运输业、远洋渔业等海洋产业的成熟健全，使得水文测绘装备需求大幅度增加。我国在水文测绘装备领域的发展方向仍然是以科技为先导，根据科技发展线路图，使港口、内河航道、深远海的传感、观测、遥感与导航等关键技术和设备逐步实现自主化。

1.3 装备类型

水文测绘技术及装备是水路运输智慧、绿色、安全、高效运营的基础和手段，各种需求对水文测绘工作提出越来越高的要求，也很好地推动了水文测绘装备技术的创新与发展。随着遥感技术、水声和雷达探测技术、水面和水下观测平台技术、传感器技术、无线通信和海底网技术的进步，水文测绘总体上已进入多平台、多尺度、准同步、准实时、高分辨率的立体集成时代。新型水文测绘系统以“网络中心、信息主导、体系支撑”为主要特征，通过水面-水体-水底多基传感器获取水文、水体、地形地貌等信息，采用多模通信、网络技术、云计算、大数据、辅助决策应用、平行系统、可视化等关键技术实现信息分发、处理和应用等功能，提供水路信息的实测、预报、评估、统计分析等服务，以满足不同层面的辅助决策需求。

国际上常用的水文测绘装备主要包括浮子式水位计、波浪测量仪、转子式流速仪等水文监测装备；pH计、溶解氧测定仪、分光光度计、光谱仪、色谱仪等水质分析装备，以及含沙量测定仪、激光粒度分析仪等水中悬浮颗粒物监测装备；多波束测深仪、侧扫声呐、浅地层剖面仪等港口、航道的水深、地形、地貌监测装备。水文测绘平台通过搭载不同的水文测绘装备，可以实现对水域水文、水体、地形地貌等参数的长期、连续和自动化监测。随着现代技术的发展，包括 ROV、AUV 和水下滑翔机等深水监测平台也成为新的开发热点和重点。此外，水文测绘离不开大量的调查工具，主要包括采水器、采泥器、沉积物采样器、岩芯采样器、生物采样器等。

1.3.1　水文类装备

1. 装备简介

水文类装备主要包括内河、港口及海洋的水位、潮位、流速、流向、流量、波浪等水动力要素观测装备及水文测具等配套装备，如图 1-6 所示。水文要素主要监测装备统计如表 1-4 所示。

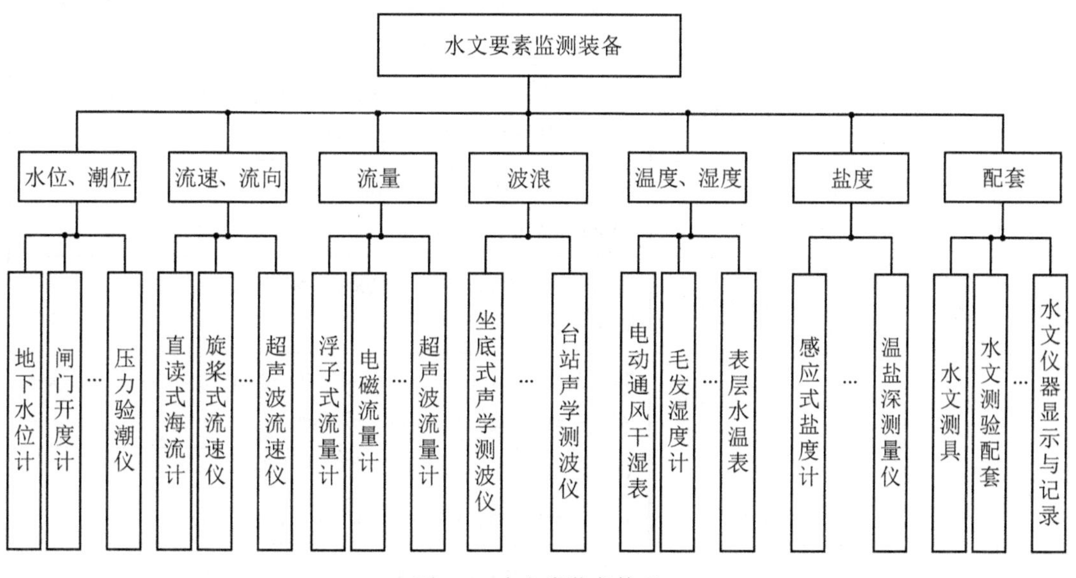

图 1-6　水文类装备体系

1) 水位/潮位监测装备

水位/潮位监测装备方面，浮子式水位计是目前使用较多的水位计，其性能、可靠性、精度等方面都足以和国外同类产品媲美，产品技术成熟，能够满足水运监测要求；压力式水位计根据压力与水深成正比关系的静水压力原理，固定于水下某一测点时，将该测点以上水柱压力高度加上该点高程，即可间接测出水位，环境适应性较强；超声波水位计基于声波反射原理计算传感器至介质表面的距离，具有性能可靠、运行稳定、适用范围广等特点，能够在恶劣环境条件下长期工作，如图 1-7 所示。

表 1-4　水文类典型装备及技术指标

序号	类别	设备	监测参数	技术指标
1	水位/潮位	浮子式水位计	水位值	测量范围：0~10m、0~20m、0~40m、0~80m MPE：±0.3cm、±1.0cm、±2.0cm(0~10m)，≤0.2%H(≥10m)
2		压力式水位计	水位值	测量范围：0~5m、0~10m、0~20m、0~40m MPE：±1cm、±2cm、±3cm
3		超声波水位计	水位值	测量范围：0~1m、0~5m、0~10m、0~20m、0~40m、>40m(液介式)；0~5m、0~10m、0~20m(气介式) MPE：±0.3cm、±1cm、±2cm、±3cm(水位变幅≤10m)，0.1%F.S.、0.2%F.S.、0.3%F.S.(水位变幅>10m)
4		遥测水位计	水位值	测量范围：0~5m、0~10m、0~20m、0~40m、>40m MPE：±0.3cm、±1cm、±2cm、±3cm(水位变幅≤10m)，0.1%F.S.、0.2%F.S.、0.3%F.S.(水位变幅>10m)
5		雷达(微波)水位计	水位值	测量范围：0~10m、0~20m、0~40m、0~80m、0~100m MPE：±0.3cm、±1.0cm、±2.0cm
6		激光水位计	水位值	测量范围：20m、40m、80m、100m MPE：±0.3cm、±1.0cm、±2.0cm
7		悬垂式水位计	水位值	测量范围：50m、100m、200m、500m MPE：±2.0cm
8		水位测针	水位值	测量范围：0~20cm、0~40cm、0~50cm、0~60cm、0~80cm MPE：±0.3cm、±1.0cm、±2.0cm
9		电子水尺	水位值	测量范围：0~10m MPE：±0.1cm、±0.2cm、±0.5cm、±1.0cm
10		闸门开度计	水位值	测量范围：0~5m、0~10m、0~20m、0~40m MPE：±0.1%F.S.，±1.0cm
11		浮子式验潮仪	水位值	测量范围：0~8m MPE：±3mm、±10mm、±20mm
12		压力式验潮仪	压力值	测量范围：0~8m MPE：±3mm、±10mm、±20mm
13		声学验潮仪	水位值	测量范围：0~10m MPE：±2mm
14		压力式波潮仪	压力值	测量范围：0~200kPa、0~300kPa、0~400kPa、0~500kPa、0~600kPa； MPE：±0.2kPa

续表

序号	类别	设备	监测参数	技术指标
15	流速/流向	直读式海流计	流速	测量范围：0.03~3.5m/s MPE：±0.07m/s
			流向	测量范围：0°~360° MPE：±10°
16		机械海流计	流速	测量范围：0~3.5m/s MPE：±1cm/s
			流向	测量范围：0°~360° MPE：±4°
17		电磁海流计	流速	测量范围：0~4m/s MPE：2% 测量值±1cm/s
			流向	测量范围：0°~360° MPE：±2°
18		单点声学多普勒海流计	流速	测量范围：0~300cm/s MPE：±5cm/s
			流向	测量范围：0°~360° MPE：±5°
19		声时差海流计	流速	测量范围：0~4m/s MPE：±0.3cm/s
			流向	测量范围：0°~360° MPE：±2°
20		旋桨式流速仪	流速	测量范围：0.03~15m/s MPE：±1.5%
			流向	测量范围：0°~360° MPE：±6°
21		旋杯式流速仪	流速	测量范围：0.015~4.000m/s MPE：±2%
22		超声波流速仪	流速	测量范围：0~3m/s，0~6m/s MPE：±3%
23		声学多普勒流速剖面仪（ADCP）	流速	测量范围：-4~4m/s MPE：v×1%±0.01m/s（<300kHz），v×1%±0.005m/s（≥300kHz）
24			流向	测量范围：0°~360° MPE：±5°
25		电波流速仪	流速	测流范围：0.5~15m/s MPE：±3%
26		电磁流速仪	流速	测流范围：0.01~10m/s MPE：±1.5%
27		流速流量记录仪	时间	测量范围：30s、60s、100s MPE：±0.1s

续表

序号	类别	设备	监测参数	技术指标
28	流量	转子式流量计	流量	MPE：±1%、±1.5%、±2%
29		浮子式流量计	流量	MPE：±1%、±1.5%、±2.5%
30		电磁流量计	流量	测量范围：0~10m^3/s MPE：±1.0%
31		超声波流量计	流量	MPE：±1.0%
32	水温	表层水温表	温度	测量范围：−5~40℃ MPE：±0.3℃(首次检定)，±0.4℃(后续检定)，±0.4℃(使用中检查)
33		颠倒水温表	温度	测量范围：−2~32℃、−2~60℃、−30~60℃、−30~80℃ MPE：±0.15℃、±0.08℃
34		红外辐射测温仪	温度	测量范围：800~1600℃ MPE：±0.5%t、±1.0%t、±1.5%t(t 为检定点温度,℃)
35		海洋电测温度计	温度	测量范围：−5~40℃ MPE：±0.05℃、±0.1℃、±0.2℃、±0.5℃
36		机械式深度温度计	温度	测量范围：−2~40℃ MPE：±0.22℃
37		高精密玻璃水银温度计	温度	测量范围：0~50℃、0~100℃、0~150℃ MPE：±0.10℃、±0.10℃、±0.15℃
38		温度指示控制仪	温度	测量范围：−50~300℃ U=0.22℃，k=2(100℃)
39		精密露点仪	温度	测量范围：−70~−50℃、−50~−20℃、−20~40℃ MPE：0.3℃、0.2℃、0.15℃（一级），0.6℃、0.4℃、0.3℃(二级)
40	盐度	感应式盐度计	盐度	测量范围：2~42 MPE：±0.01
41		电极式盐度计	盐度	测量范围：2~42 MPE：±0.005
42		光学折射盐度计	盐度	测量范围：2~38 MPE：±0.1
43		电导率仪	盐度	测量范围：0.001~500μS/cm MPE：±1.50%/F.S.

续表

序号	类别	设备	监测参数	技术指标
44	盐度	船载投弃式温深仪(XBT)	温度	测量范围：-2~35℃ MPE：±0.1℃
			深度	测量范围：≥300m MPE：2%F.S. 或 5m
45		机载投弃式温深仪(AXBT)	温度	国内外相关技术资料较少
			深度	国内外相关技术资料较少
46		直读式温盐深剖面仪(STD/CTD)	温度	测量范围：-2~35℃ MPE：±0.002℃
			电导率	测量范围 0~9S/m MPE：±0.003S/m
			深度	测量范围：20~7000m MPE：±0.1%F.S.
47		自容式温盐深剖面仪(STD/CTD)	温度	测量范围：-2~40℃ MPE：±0.002℃
			电导率	测量范围：0~80mS/cm MPE：±0.003mS/cm
			深度	测量范围：0~6000m MPE：±0.01%
48		走航式温盐深剖面仪(UCTD)	温度	测量范围：-2~35℃ MPE：±0.01℃
			电导率	测量范围：0~70mS/cm MPE：±0.005S/m
			压力	测量范围：0~20MPa MPE：±0.05%F.S.
49		船载投弃式温盐深仪(XCTD)	温度	测量范围：-2~35℃ MPE：±0.1℃
			电导率	测量范围：0~80mS/cm MPE：±0.005S/m
			压力	测量范围：0~2000m MPE：±2%F.S.
50		机载投弃式温盐深仪(AXCTD)	温度	国内外相关技术资料较少
			电导率	国内外相关技术资料较少
			压力	国内外相关技术资料较少
51		水文仪器显示与记录	存储介质容量	允许误差(min/d)：±1、±3(数字式)，±1/30(非数字式)

（a）浮子式水位计

（b）超声波水位计

图 1-7　水位监测装备

2）流速、流向监测装备

流速、流向监测装备方面，海流计作为测量海流速度和方向的仪器，获得广泛应用，根据测量方法可分为机械海流计、电磁海流计、多普勒海流计及声传播时间海流计等，如图 1-8 所示。其中，机械海流计利用水流带动机械转子或机械旋桨旋转实现测量流速。电

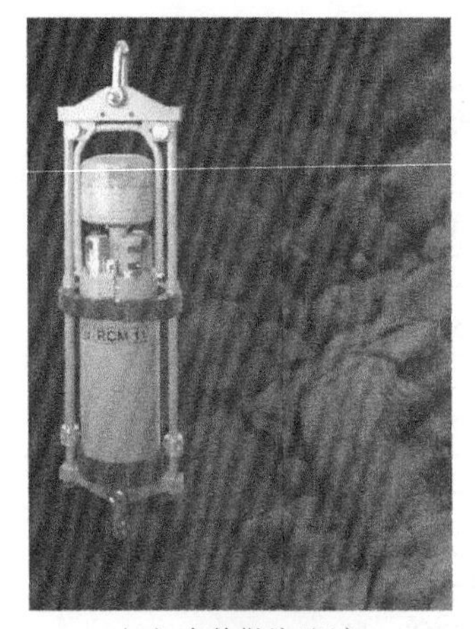

（a）多普勒海流计

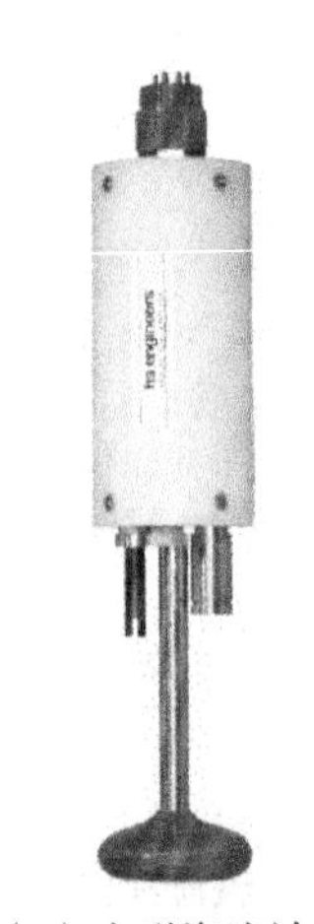

（b）电磁海流计

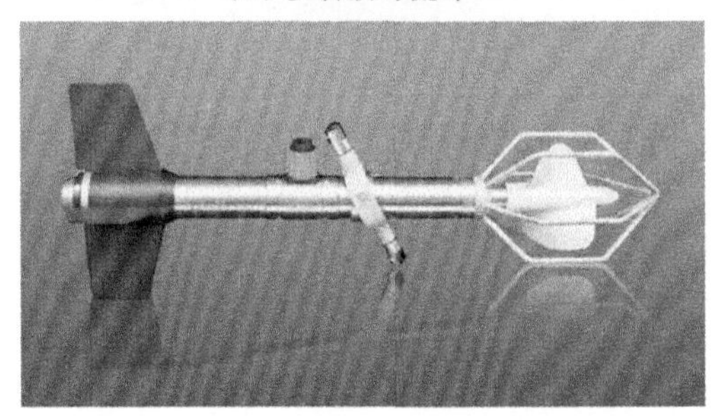

（c）旋桨式流速仪

（d）多普勒超声波流速仪

图 1-8　流速流向监测装备

磁海流计通过流过环形线圈的电流在传感器周围产生磁场，流动的水体作为一个运动的导体切割磁力线时，根据产生的电势和水流速度的比例关系得到水流的相关数据。多普勒海流计和声学多普勒流速剖面仪(ADCP)基于相同原理，换能器向水中发射声信号后，接收声信号经水体中散射体(如浮游生物、悬浮物等)散射后产生的回波信号，并对信号进行处理得到回波产生多普勒频移。根据多普勒原理，当多普勒海流计/ADCP 和散射体之间存在相对运动，发射声波与散射回波频率之间就会产生多普勒频移，利用多普勒频移即可解算出装备与水体之间的相对速度。声传播时间海流计通过测量逆流、顺流两次声波的时间差可以计算出海水的流速。

3)波浪监测装备

波浪监测装备方面，声学测波仪是一种适用于沿海台站、港口码头、海上平台与江河湖泊测量波高及周期的测波仪器，通过接收置于水底的声学换能器向水面垂直发射的声脉冲信号，测出换能器至水面垂直距离的变化来测量波高，如图 1-9 所示。山东省科学院海洋仪器仪表研究所研制的 LPB1-2 型岸用声学测波仪以声呐测距原理测量波浪，由水下换能器及支架、岸上主机及信号电缆等部分组成，该系统作为我国波浪观测的重要手段已列入海滨观测技术规范。

(a) WaveGuide船用测波仪

(b) SBY2-1型声学测波仪

图 1-9　波浪监测装备

4)温度、湿度监测装备

温度是水文监测参数中最重要参数之一，常作为研究水团及水团运动的参数指标，对研究水温的地理分布非常重要，同时为其他监测装备高精度稳定工作提供必要的温度数据，包括大气温度和表层水温。表层水温一般是指水面以下 0.5m 以内的水层温度，目前国内较多采用表层水温表进行测量，如图 1-10 所示。

5)盐度

含盐量(盐度)是水文的重要特性，它与温度、压力一起，是研究水域物理过程和化

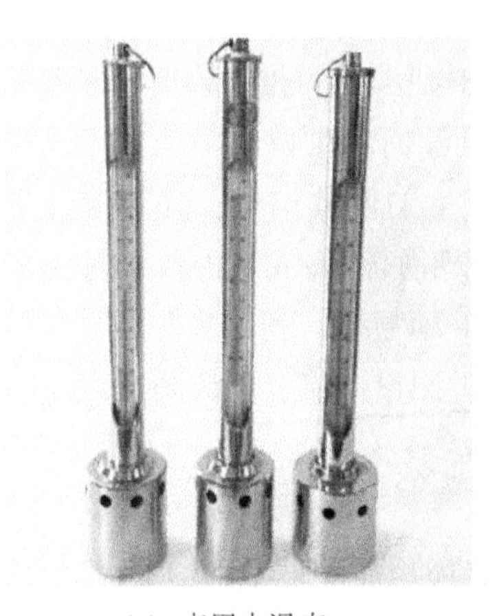

(a) 表层水温表

(b) 海洋电测温度计

图 1-10　温度监测装备

学过程的基本参数。常用的盐度监测装备有感应式盐度计、电极式盐度计等，如图 1-11 所示。其中，电极式盐度计是利用电导测盐的仪器，由于电极式盐度计测量电极直接接触海水，容易出现极化和受海水的腐蚀、污染，使性能减退，因而限制其在现场的应用，主要在实验室内做高精度测量。感应式盐度计采用电磁感应原理对海水的电导率进行相对测

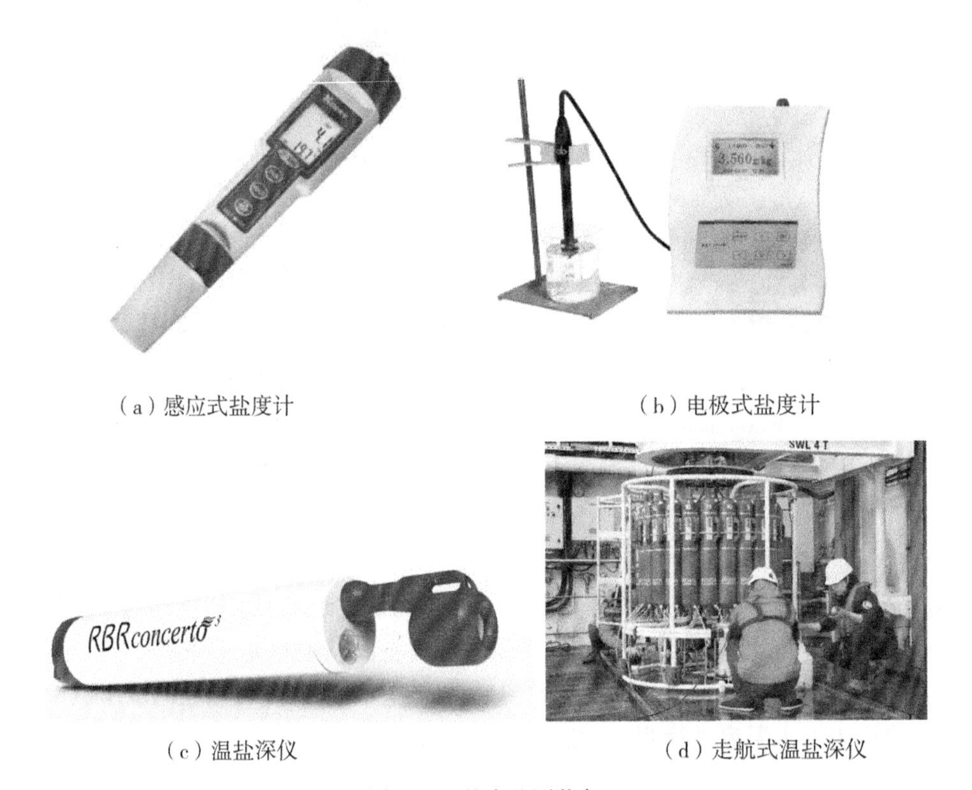

（a）感应式盐度计

（b）电极式盐度计

（c）温盐深仪

（d）走航式温盐深仪

图 1-11　盐度监测装备

量，实验室精度可达±0.003μS/cm，且特别适合有机污染含量较多的近海、港口水域的现场测量。

水文类装备生产厂家中，天津智汇海洋科技有限公司设立于天津空港经济区，专业开展RIV系列国产ADCP、Smart Gaging GNSS智能测流系统等设备的销售、维护及技术服务。重庆华正水文仪器有限公司(原水利部重庆水文仪器厂)，是我国专业生产流速、水位、雨量、流量监测仪器的企业，其研发的LS系列五种流速仪被世界气象组织统一编号载入《HOMS》手册，向世界各国推荐使用，根据水文行业发展需求推出的LS25-3A型旋桨式流速仪等多项产品五次获国家质量银质奖。

ADCP作为重要的流速测量仪器，在水文监测方面发挥了重要作用，国内从事多普勒技术研究和开发工作的机构有中国科学院声学研究所、中船重工715研究所、国家海洋技术中心等，近些年在自容式ADCP、直读式ADCP、河流型ADCP和相控阵ADCP产品研发和应用方面均取得了较大进展。国家海洋技术中心于1972年以课题立项的方式首先就船载多普勒测流技术进行了研究，于1983年在青岛海区利用脉冲锁相技术完成了整机海试；中船重工715研究所自20世纪90年代开展装船式相控阵ADCP的研究，2000年研制成功了船载38kHz相控阵ADCP原理样机，2005年研发了150kHz相控阵ADCP样机，2014年船载38kHz相控阵ADCP在南海通过了海上第三方测试，近年来38kHz相控阵ADCP产品已经开始在国内舰船上安装使用，如图1-12所示。

图1-12 中船重工715研究所研制的38kHz相控阵ADCP

中国科学院声学研究所(以下简称中科院声学所)自20世纪80年代开始研究声学多普勒测速原理和技术，在国家“863计划”等科研项目的支持下先后研制成功300kHz窄带ADCP样机、300kHz宽带ADCP样机和船用150kHz样机，并开展了下放式ADCP和ADCP波浪反演等方面的研究；2010年，研制成功150kHz自容式ADCP。2012年起，在科技部国家重大科学仪器设备开发专项的支持下，中科院声学所研制成功工作频率从75kHz至1200kHz的系列自容式ADCP产品，并依托企业实现了ADCP的批量生产，

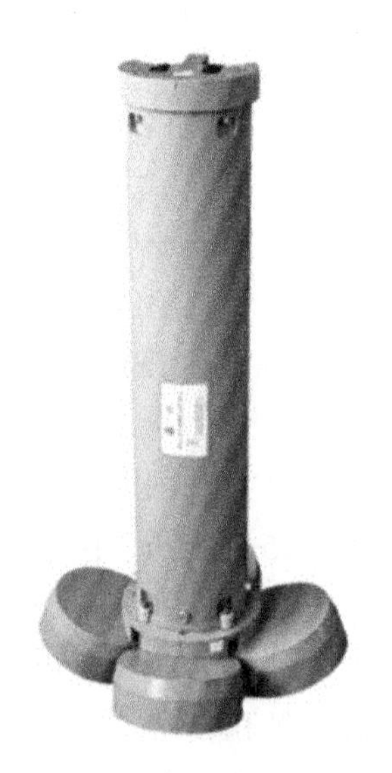

图 1-13　中科院声学所研制的系列 ADCP 产品

如图 1-13 所示。研制的系列样机已由国家海洋标准计量中心等单位开展了多台次与国外同类 ADCP 的第三方比测试验，比测结果表明，中科院声学所研制的自容式 ADCP 主要指标与国外同类 ADCP 产品相当，能够满足长期观测的需求。目前，中科院声学所研发的 ADCP 产品已在我国沿海、太平洋、印度洋、大西洋、北冰洋、南北极等区域，以及“蛟龙号”“深海勇士号”“潜龙 1 号”“潜龙 3 号”等我国大型深海作业装备上实现了应用。

2. 存在的问题

由于部分水文类装备结构较为简单，市场准入门槛低，因此仪器装备生产厂家众多，仪器的结构、尺寸各异，通信接口互换性较差，未形成统一的标准。多数水文类装备的计量测试仍以实验室内测试为主，现场、原位计量测试需求日益增多。此外，随着新技术的不断引入，一些新的仪器设备尚未形成统一的技术规范，缺乏有效的计量测试手段。

国内对水位、潮位、海浪、水温等传统的水文要素监测装备的研究起步较早，产品型号齐全，国家标准、行业标准及技术规范齐全，基本能满足使用单位的应用需求。随着新材料、新技术的引入及对智能化、自动化装备的要求提升，如声学多普勒流速剖面仪等设备仍缺乏有效的计量测试手段，且目前大部分测试采用室内环境进行，与装备应用现场环境有较大差异，计量测试结果对产品应用的指导意义有待提升。

1.3.2　水体类装备

1. 装备简介

在水体环境中，待测物处于微量或痕量水平，海水中含盐量之高、组分之多、化合物形式之复杂，给水体监测带来困难。经典的分析方法因灵敏度而受到限制，水体监测应使用高灵敏度、统一的测定方法，获得准确、可比的监测数据。水体要素监测装备体系如图 1-14 所示，主要监测装备共计 67 种，如表 1-5 所示。

水体要素监测装备主要用于内河、海洋水体中的化学成分、重金属含量、颗粒物含量、生物体污染物残量及底质沉积物成分的监测，以及水体、生物、底质采样。其中，装备基本工作原理均是采用化学、光学分析或标准物质比对的手段获取水体中各待测元素的含量，从而实现对水体环境质量的分析与评价。如图 1-15 所示。

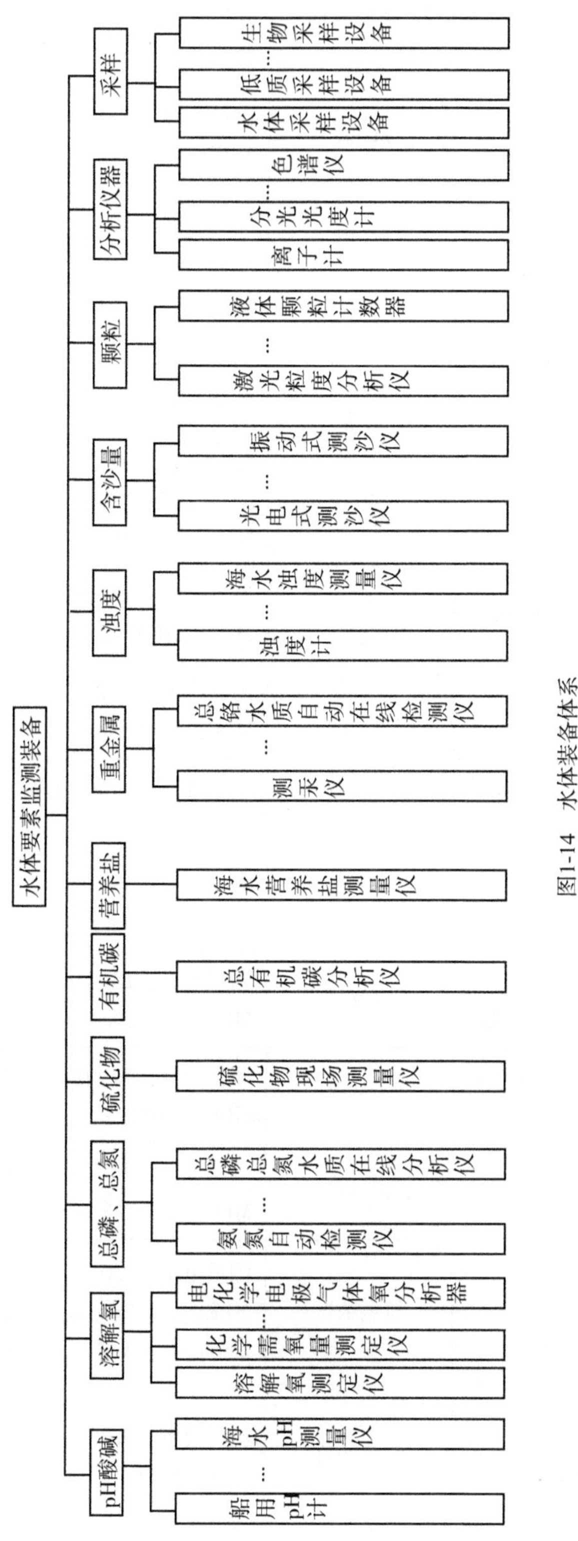
水体要素监测装备
采样
生物采样设备
…
低质采样设备
水体采样设备
分析仪器
色谱仪
…
分光光度计
离子计
颗粒
液体颗粒计数器
…
激光粒度分析仪
含沙量
振动式测沙仪
…
光电式测沙仪
浊度
海水浊度测量仪
…
浊度计
重金属
总铬水质自动在线检测仪
…
测汞仪
营养盐
海水营养盐测量仪
有机碳
总有机碳分析仪
硫化物
硫化物现场测量仪
总磷、总氮
总磷总氮水质在线分析仪
…
氨氮自动检测仪
溶解氧
电化学电极气体氧分析器
…
化学需氧量测定仪
溶解氧测定仪
pH酸碱
海水pH测量仪
…
船用pH计

图1-14　水体装备体系

表1-5 水体类典型装备及技术指标

序号	类别	设备	检测参数	技术指标
1	pH酸碱	实验室pH计	pH值	测量范围：0~11 MPE：±0.1
2		船用pH计	pH值	测量范围：0~11 示值误差：≤0.005
3		海水pH测量仪	pH值	测量范围：4~10 MPE：±0.1
4		在线pH计	pH值	测量范围：3~10 MPE：±0.1
5		pH计检定仪	pH值	测量范围：3~10 MPE：±0.003
6	溶解氧	溶解氧测定仪	溶解氧浓度	测量范围：0~20mg/L MPE：±0.30mg/L
7		海水溶解氧测定仪	溶解氧浓度	测量范围：0~20mg/L MPE：±0.5mg/L
8		在线覆膜电极溶解氧测定仪	溶解氧浓度	测量范围：0~20mg/L MPE：±0.8mg/L
9		便携式溶解氧测定仪	溶解氧浓度	测量范围：0~20mg/L MPE：±0.5mg/L
10		化学需氧量(COD)测定仪	含氧量	测量范围：10~1000mg/L MPE：±8%(A类)、±2.0mg/L(B类)
11		化学需氧量(COD)在线自动监测仪	含氧量	测量范围：30~1000mg/L MPE：±10%
12		电化学电极气体氧分析器	含氧量	测量范围：0~25%O_2，0~100%O_2 MPE：±1.5%F.S.、±3%F.S.
13	总磷、总氮	氨氮自动监测仪	氨氮浓度	测量范围：0.02~200mg/L MPE：±0.2mg/L(≤2.0mg/L)、±10%(>2.0mg/L)(A类)，±10%(B类)
14		氨氮水质自动分析仪	氨氮浓度	测量范围：0.05~100mg/L、0.05~50mg/L MPE：±5%、±10%

续表

序号	类别	设备	检测参数	技术指标
15	总磷、总氮	实验室氨氮自动分析仪	氨氮浓度	MPE：≤0.05mg/L(≤1.0mg/L)、≤5%(>1.0mg/L)
16		总磷总氮水质在线分析仪	总磷浓度	测量范围：0.01~100mg/L MPE：±0.05mg/L(0~0.5mg/L)，±10%(>0.5mg/L)
			总氮浓度	测量范围：0.05~100mg/L MPE：±0.05mg/L(0~0.5mg/L)，±10%(>0.5mg/L)
17	营养盐	海水营养盐测量仪	营养盐浓度(NO_2—N、NO_3—N、NH_4—N、PO_4—P、SiO_3—Si)	测量范围：(0.5~7)μmol/L(NO_2—N) MPE：±0.3μmol/L(≤3.0 μmol/L)、±10%×读数(>3.0μmol/L)
18		海水营养盐自动分析仪	营养盐浓度(NO_2—N、NO_3—N、NH_4—N、PO_4—P、SiO_3—Si)	测量范围：(5~200)μg/L(NO_2—N) MPE：±2μg/L(≤20μg/L)、±10%(>20μg/L)
19		硝酸盐氮自动监测仪	硝酸根浓度	MPE：±10%
20		硅酸根分析仪	硝酸根浓度	MPE：±2.0μg/L(非在线)、±5.0μg/L(在线)(≤100μg/L)，±2.0%F.S.(非在线)、±5.0%F.S.(在线)(>100μg/L)
21	有机化合物	化学需氧量(COD)测定仪	含氧量	测量范围：10~1000mg/L MPE：±8%(A类)、±2.0mg/L(B类)
22		化学需氧量(COD)在线自动监测仪	含氧量	测量范围：30~1000mg/L MPE：±10%
23		生物化学含氧量(BOD_5)测量仪	含氧量	测量范围：180~230mg/L MPE：±5%

续表

序号	类别	设备	检测参数	技术指标
24	有机碳	总有机碳水质自动分析仪	有机碳浓度	测量范围：0~50mg/L MPE：±5%
25		电导率法总有机碳分析仪	有机碳浓度	测量范围：0~2.5mg/L MPE：±8%
26	重金属	测汞仪	汞含量	测量范围：0~10ng/mL MPE：±10%(吸收)、±15%(荧光)
27		汞水质自动监测仪	汞含量	测量范围：0~0.1mg/L MPE：±5%
28		总铬水质自动在线监测仪	铬含量	测量范围：0.04~5.00mg/L MPE：±5%
29	硫化物	硫化物现场测量仪	硫含量	测量范围：0~20mg/L MPE：±0.5mg/L
30	浊度	浊度计	浊度	MPE：±10%
31		在线浊度计	浊度	MPE：±15%(0~5NTU) MPE：±10%(>5NTU)
32		海水浊度测量仪	浊度	测量范围：0~1000FTU MPE：±5%F.S.
33	颗粒	激光粒度分析仪	粒径	测量范围：1~5μm、5~20μm、>20μm MPE：±15%、±10%、±8%
34		离心粒度分析仪	粒径	测量范围：≤0.031mm MPE：±4%
35		光电粒径分析仪	粒径	测量范围：0.002~0.062mm MPE：±4%
36		动态光散射粒度分析仪	粒径	MPE：±12%
37		液体颗粒计数器	颗粒数	MPE：±10%

续表

序号	类别	设备	检测参数	技术指标
38	含沙量	同位素测沙仪	含沙量	测量范围：2.1~1000.0kg/m^3 MPE：±5%(模型)、±10%(野外)
39		光电(激光)式测沙仪	含沙量	测量范围：≤5kg/m^3 MPE：±5%(模型)、±10%(野外)
40		振动式测沙仪	含沙量	测量范围：1.0~1000.0kg/m^3 MPE：±5%(模型)、±10%(野外)
41		超声波测沙仪	含沙量	测量范围：0.5~1000.0kg/m^3 MPE：±5%(模型)、±10%(野外)
42	水体采样设备	颠倒采水器/南森采水器	容量	0~1.7L
43		球阀采水器	容量	1.7~10L
44		卡盖式采水器	容量	0~20L
45		击开式采水器	容量	0~6L
46		泵吸式采水器	容量	0~4L
47		横式采水器	容量	0~6L
48		抛浮式采水器	容量	0~8L
49		伸缩杆式采水器	容量	0~8L
50		表层油类分析采水器	油类含量及分类	0~1000mL 进水≤1min
51		表层痕量金属分析采水器	金属含量	0~4L
52		深层痕量金属分析采水器	容量	0~2L
53		电控多瓶采水装置	容量	0~3L
54		塞氏盘	容量	0~20m
55		多通道水样采集器	容量	0.0~3000dbar±0.1%F.S.

续表

序号	类别	设备	检测参数	技术指标
56	底质采样设备	蚌式/抓斗式采泥器	容量	0~24L
57		箱式采泥器	容量	0~8kg
58		弹簧采泥器	容量	0~6kg
59		重力采泥器	容量	0~8kg
60		重力活塞取样管	容量	0~10kg
61		深海自返式取样管	容量	0~6kg
62		浅钻采样器	容量	0~8kg
63		沉积物捕获器	容量	0~500mL
64		沉积物取样器	容量	0~4L
65		泥沼采样器	容量	0~9.5kg
66		沉积物福尔马林清洗系统	有害物质含量	0~12L
67		沉积物孔隙水提取器	沉积物分析	4 bar

注：1 bar=0.1MPa。

水体监测装备生产厂家中，北京海光仪器有限公司是中国知名的光谱分析仪器制造厂商，公司的主要产品包括原子荧光光度计、原子吸收分光光度计、测汞仪、流动分析仪、快速溶剂萃取仪和等离子体发射光谱仪等分析仪器。北京海光仪器有限公司是世界上最大的原子荧光制造商和销售商，每年市场占有率位于行业领先地位，参加修订国家标准《食品安全国家标准　食品中无机砷和有机汞的测定》(GB 5009.11—2014)，参加制定液相色谱原子荧光联用仪检定规程等几十项有关原子荧光的国家标准和行业标准，拥有多项原子荧光关键专利技术和十余项软件著作权，同时与中国科学院生态环境研究中心、清华大学等科研院所、高校保持紧密的研发合作关系。

2. 存在的问题

水体监测中使用的仪器设备性能的优劣将在很大程度上影响水体环境调查的质量和结果，尤其对特殊海区或特殊性质的水体要素来讲，往往更需要特定的监测装备。目前用于水体分析的装备多采用化学和光学手段，通过与标准物质比对的方式进行数据分析，往往需要较长的分析时间，因而缩短测试时间、提高水体要素分析结果的准确率和效率，是生产厂家需持续提升的研究方向。

1.3.3　地形地貌类装备

1. 装备简介

地形地貌类装备包括水中声速、水深，内河、港口、海岸与海底的地形、地貌，地层剖面

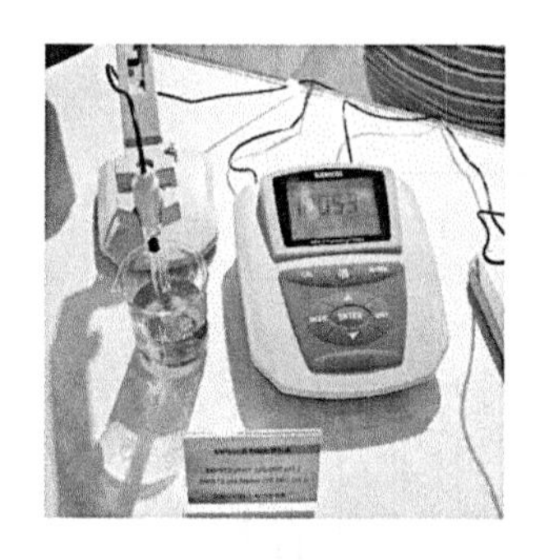

（a）pH计

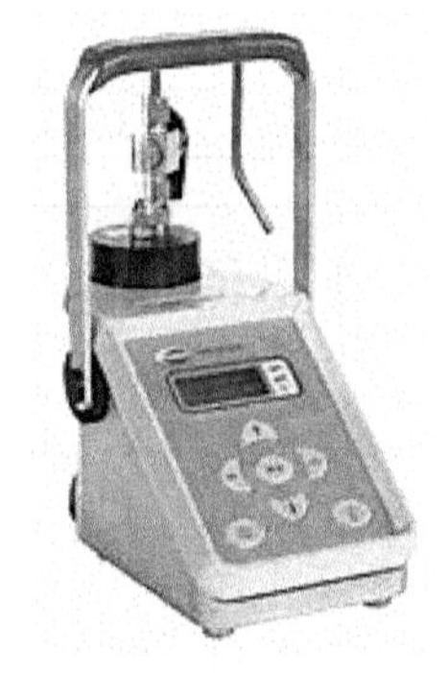

（b）溶解氧分析仪

（c）化学需氧量测定仪

（d）总有机碳分析仪

（e）测汞仪

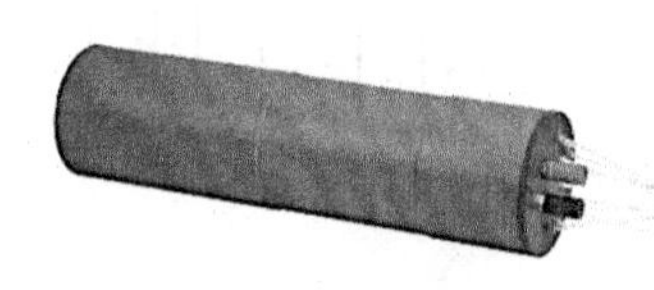

（f）营养盐自动分析仪

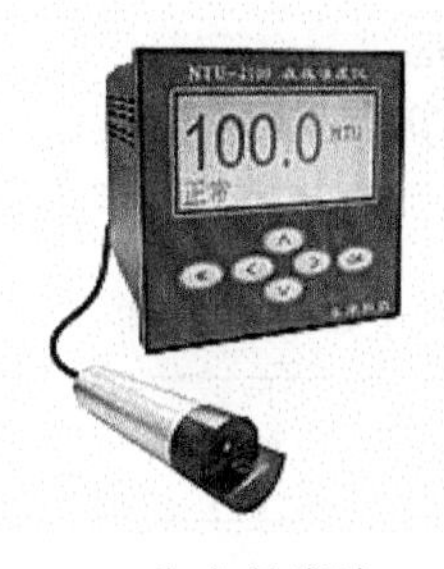

（g）浊度计

（h）激光粒度分析仪

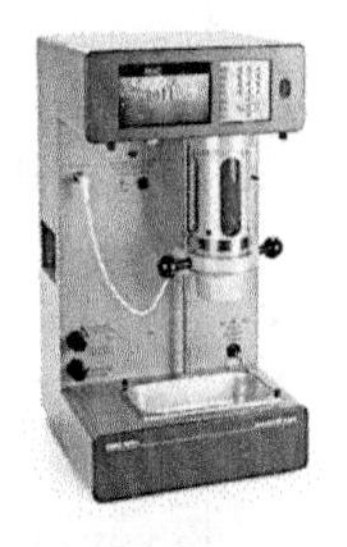

（i）液体颗粒计数器

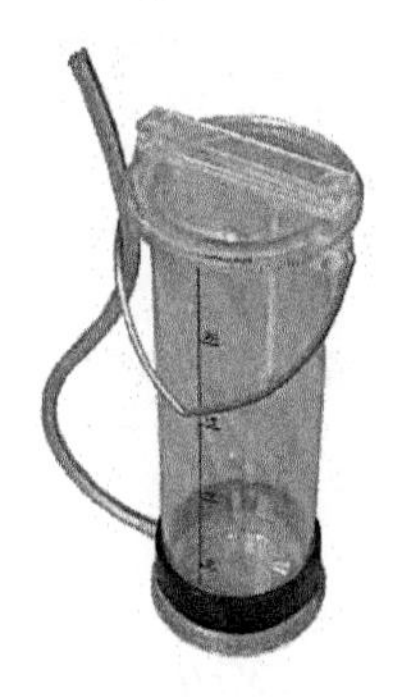

（j）水质采样器

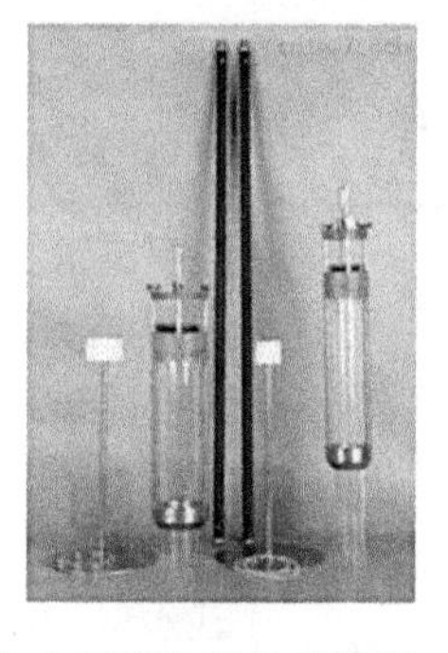

（k）沉积物柱状采样器

（l）浮游生物计数器

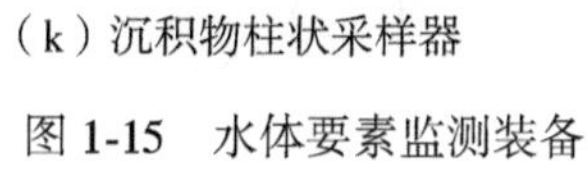

图1-15 水体要素监测装备

以及定位定向等测量装备，如图 1-15、图 1-16 所示，主要监测装备共计 14 种，如表 1-6 所示。

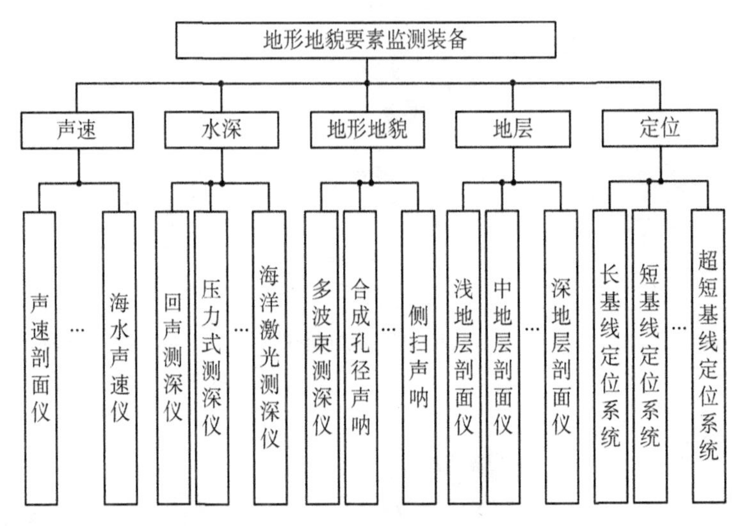

图 1-16　地形地貌装备体系

表 1-6　地形地貌典型装备及技术指标

序号	类别	设备	检测参数	技术指标/水平
1	声速	声速剖面仪	声速	测量范围：1400～1600m/s 分辨率：0.001m/s。精度：0.05m/s
			温度	测量范围：0～40℃ 分辨率：0.001℃。精度：0.02℃
2		投弃式声速仪（XSV/AXSV/SSXSV）	声速	测量范围：1400～1600m/s
			温度	测量范围：0～40℃
3	水深	回声测深仪	深度	测量范围：0～1200m 分辨力：1cm，2cm，5cm
4		压力式测深仪	深度	测量范围：0～100m 分辨率：0.001%F.S.。精度：0.05%F.S.
5		海洋激光测深仪（船载/机载）	深度	测量范围：0～50m
6		多波束测深仪	深度	浅水型：0～600m。精度：0.3%H 深水型：>12000m。精度：0.5H
			扇区开角	测量范围：≥60° MPE：±10%

续表

序号	类别	设备	检测参数	技术指标/水平
7	地形地貌	侧扫声呐	波束宽度	MPE：±0.1°(水平) MPE：±2°(垂直)
			距离分辨力	MPE：±1%(水平) MPE：±0.1%(垂直)
8		合成孔径声呐	地形地貌扫测	美国 Edge Tech 4400 型产品，工作频率 120kHz，分辨率 10cm，用于海军猎雷 UUV 上，作用距离提高 4 倍、分辨率提高 36 倍，美国已经对外禁运
9	地层	浅地层剖面仪	地层剖面	测量范围：0~40m。MPE：±1% 测量范围：>40m。MPE：±3%
10		中地层剖面仪	地层剖面	典型产品为英国 AAE 公司 CSP12000 型，国内用于深水海洋工程、港口地貌勘察等，自主研发能力弱
11		深地层剖面仪	地层剖面	典型产品 SES-96 型，依赖进口
12	定位	超短基线定位系统	定位	MPE：±(0.5m+R×3%)
13		短基线定位系统	定位	国内外相关技术资料较少
14		长基线定位系统	定位	8000~10000m，定位精度优于 10m

1)声速测量装备

声速是重要的水文测绘参数之一，精确的声速测量是声呐仪器进行深度测量的基础。声速剖面仪主要用于测量声波在水体各深度剖面的传播速度，常作为回声测深仪、多波束测深仪、超声波水位计等设备的辅助传感器，广泛应用于水深测量等工作，如图 1-17 所示。声速剖面仪主要由两部分组成，即水下数据采集探头和水上实时数据处理系统，水下数据采集探头通常采用环鸣法直接测量声波信号在固定的已知距离内的传播时间，进而得到声速，同时还通过压力、温度传感器测量深度和温度。

2)水深测量装备

水深测量装备按工作原理可分为回声测深仪、压力式测深仪和激光测深仪等。其中，回声测深仪利用超声波在水中的传播特性和水底的反射特性来测量水深，由水下换能器和水上显示记录器两大部分组成。由于回声测深仪可以在船只航行时快速而准确地测得水深

（a）无锡海加科HY 1201A声速剖面仪

（b）Valeport公司MIDAS SVX2声速剖面仪

图1-17　水下声速测量装备

的连续数据，所以很快便成为水深测量的主要仪器，已广泛地应用于航道勘测、水底地形调查、海道测量、船只导航定位等方面。按照测量水深可以将回声测深仪分为浅水型(水深测量范围0～100m)、中水型(水深测量范围0～300m)和深水型(水深测量范围0～600m)，按照频率范围可分为单频测深仪和双频测深仪。水下探测中应用较为广泛的回声测深仪如图1-18所示。

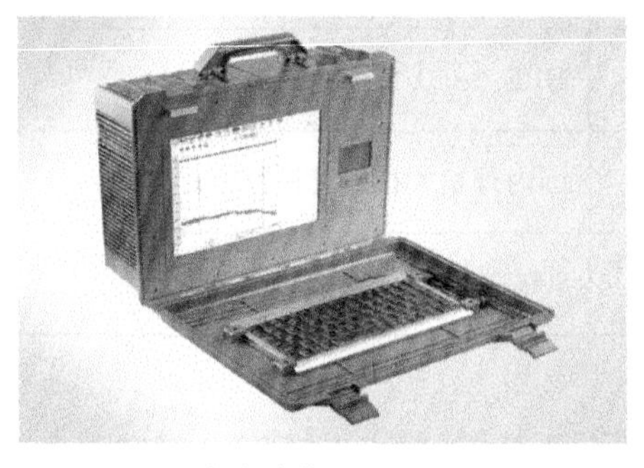

（a）中海达HD310

（b）华测D230

图1-18　水深测量装备

3)地形地貌测量装备

随着水运工程建设及智慧航道、智慧船舶技术的快速发展，内河、港口、海洋的地形探测技术受到越来越多的关注，并已逐渐成为提升水运智慧水平、保障水运安全的重要因素。地形地貌监测装备主要包括多波束测深仪、侧扫声呐、合成孔径声呐等设备。

多波束测深仪是20世纪70年代兴起，80年代中末期得到飞速发展的地形精密勘测系统。该系统利用发射换能器定向发射声波，采用接收换能器阵列接收反射信号并进行数据处理，获得水下条带式水深数据，从而判断水下地形以及目标物的三维特征。相对单波束测深仪只能获得垂直下方的水深数据而言，多波束声呐条带式的工作方式大大提高了工作效率。典型的多波束测深系统如图 1-19 所示。

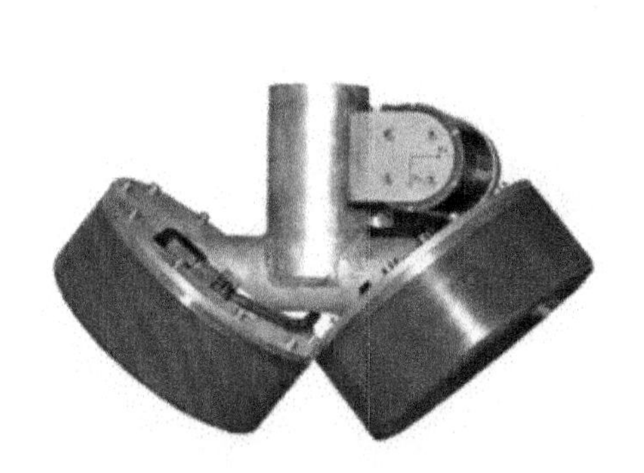

（a）EM2040C多波束测深仪

（b）iBeam多波束测深仪

图 1-19　多波束测深系统

侧扫声呐是一种主动声呐，其利用水底反向散射来实现对水底地形地貌信息的获取，构建水底地形地貌图像信息，是水底成像的基础，如图 1-20 所示。

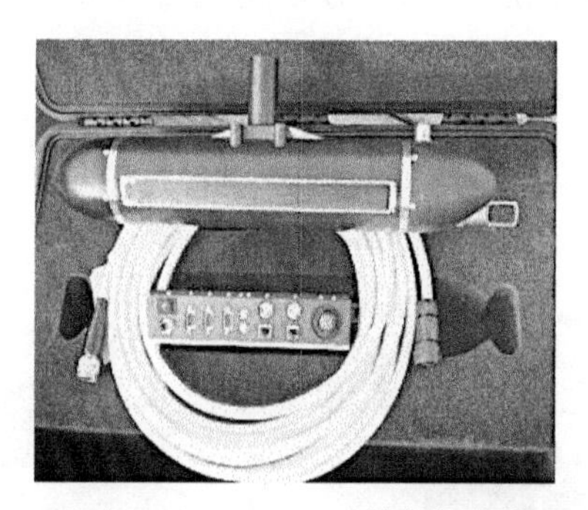

（a）3DSS-iDX-450三维侧扫声呐

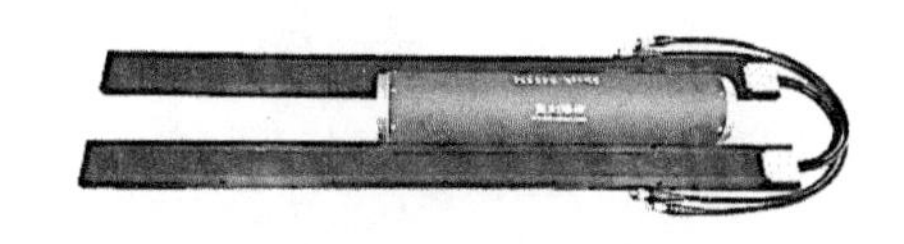

（b）Shark-S455MPro多波束侧扫声呐

图 1-20　侧扫声呐

合成孔径声呐(Synthetic Aperture Sonar，SAS)与普通传统侧扫声呐相比，主要优点是它可以得到很高的方位向空间分辨能力。国内 SAS 技术的系统性研究，是在国家“863 计划”的支持下开展起来的，经过多年坚持不懈，我国在 SAS 研究方面先后突破了一系列关键技术，研制出多型、多频段 SAS 成像系统，技术水平达到国际先进，部分技术处于国际领先水平，在一系列国际合作、国内重大项目中得到应用，取得非常好的应用成果。2018 年，中科院声学所就三频合成孔径声呐设计方法建立了首个合成孔径声呐国内行业标准。典型的合成孔径声呐装备如图 1-21 所示。

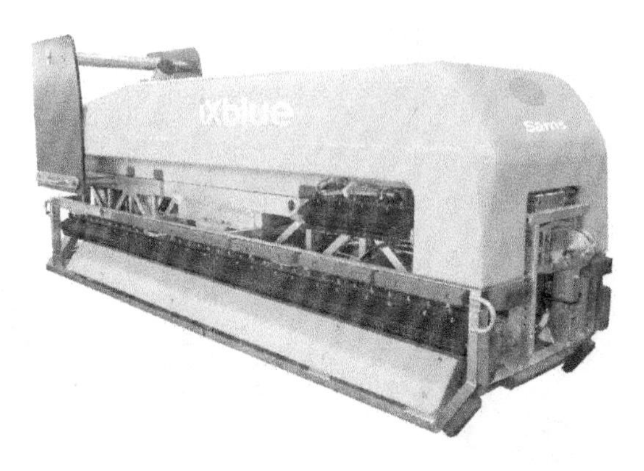

图1-21　合成孔径声呐装备

4)地层剖面监测装备

地层剖面仪是在回声测深技术的基础上发展起来的，利用声波在水中和水下沉积物内传播和反射的特性来探测水底地层的设备，应用于海洋地质调查、港口建设、航道疏浚、海底管线布设以及海上石油平台建设等方面，具有操作方便，测量速度快、记录图像连续且经济等优点。按地层探测深度分为浅地层剖面仪、中地层剖面仪和深地层剖面仪，浅地层剖面仪的地层探测深度通常为几十米，中层和深层剖面仪分别为几百米和数千米。其中，典型的浅地层剖面仪测量装备如图1-22所示。

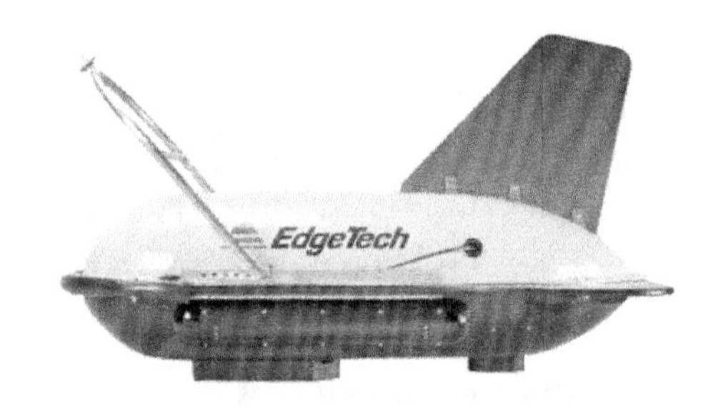

（a）Edgetech深海参量阵浅地层剖面仪

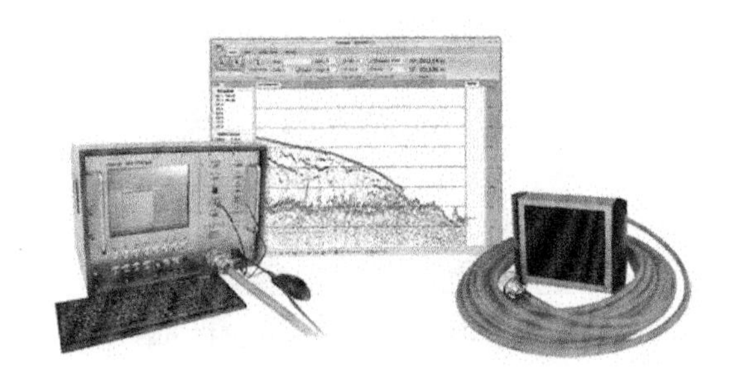

（b）SES2000参量阵浅地层剖面仪

图1-22　地层剖面测量装备

5)定位测量装备

水声定位技术具备稳定的高精度定位能力，能够为各类水运监测装备直接提供绝对位置信息。根据接收基阵基线长度来分类，水下声学定位技术可以分为长基线定位系统、短基线定位系统和超短基线定位系统三种，如表1-7所示，典型基线定位测量装备如图1-23所示。

表 1-7 基线定位系统分类

系统类型	长基线(LBL)	短基线(SBL)	超短基线(USBL)
基线	100~10000m	1~50m	<1m
特点	基元空间分布较广	基元布放于船体各处	基元集中于较小的独立单元
优点	定位精度高；探测范围广	精度较高；无须重复校正	体积小，方便携带和安装
缺点	基阵布放工作量大	基元固定，船体噪声影响大	作用距离小，精度低
适用对象	区域内高精度定位	无信标环境高精度定位	低成本便携式潜航器

(a) 长程超短基线定位系统

(b) iTrack-USBL超短基线定位系统

图 1-23 基线定位测量装备

长基线定位系统的基阵一般有多个应答器分布于水下，从基线长度方面理解，长基线定位系统是指基线长度可以与水深相比拟的定位系统。每个应答器可以获得一个斜距，在应答器位置预先确定的条件下，根据球面交会原理可以确定目标的位置。此外，还有一种根据基元间时间差的方式也可以获得目标位置，这种方法突破了时间同步的限制。长基线定位系统因其基线较长，所以定位精度很高。但是在深水使用时，位置数据更新率较低，仅达到分钟量级。其次，布放、校准以及回收需要较长时间，且作业过程较为复杂。

短基线定位系统的基阵基元通常安放在整个船体上，基线长度不超过船体尺寸，由于基线长度不及长基线基阵，因此定位精度也逊色于长基线系统，但要优于常规超短基线系统。相比于长基线复杂的应答器校准过程，短基线的基阵一旦安装校正完成，定位导航作业就较为方便。然而短基线定位系统的缺点也比较突出，首先，一般在舰船建造时就要确定水听器基元的安装位置，一旦确定就不便于更改；其次，安装位置难免会受到螺旋桨等机械噪声的干扰，影响定位性能；最后，船体的形变对于高精度定位也会带来一定的误差。

超短基线定位系统提供的定位精度往往不及前两种。这是因为它只有一个紧凑的尺寸很小的声基阵安装在载体上。基阵作为一个整体单元，可以使其处在流噪声和结构噪声均较弱的某个有利位置。此外，它无须布放浮标和应答器阵。但是通过精细设计，超短基线系统的定位精度有望接近长基线系统的定位精度。

地形地貌要素监测装备生产企业中，江苏中海达、无锡海鹰、上海华测、北京海卓同创等企业在声速剖面仪、回声测深仪、多波束测深仪、侧扫声呐等测量装备中占据主体技术优势。其中，北京海卓同创科技有限公司生产的 MS400 浅水多波束测深仪波束数达到 512，测深范围 0.2～150m，波束角 1°×1°，测深分辨率 1.5cm，最大波束开角 143°，实现了实时动态聚焦波束形成技术、同步水体成像技术、智能水底地形跟踪技术，解决了浅水测量的关键问题，为数据后处理提供现场实况展现，大大提高了自动化测量程度，达到国际领先水平。

杭州腾海科技有限公司开发的海豚水下北斗信标，搭载于各种水下监测平台之上，随平台下潜，当水下监测平台发生意外上浮事件后，系统会自动打开内部北斗定位装置，向中心站发送当前经纬度及时间信息，同时还可接收中心站发送的各种指令。另外，其可以单独上浮发送经纬度和监测数据，也可接收自毁命令。

北京蓝创海洋科技有限公司开发的侧扫声呐，是全球第一款具有黑匣子搜索功能的侧扫声呐，也是中国第一款商用便携式侧扫声呐。

苏州桑泰海洋仪器研发有限责任公司开发的合成孔径声呐，是一种新型水下高分辨率声学成像声呐。该成像系统具有分辨率高且分辨率与探测距离无关的优点，对远距离目标成像时，其成像分辨率是传统侧扫声呐的 8～20 倍，其低频型号可以用于管线、电缆、光缆等掩埋目标进行探测。

2. 存在的问题

我国在地形地貌类测量装备研发方面取得了较大进展，在多波束测深仪、侧扫声呐、浅地层剖面仪等新型装备方面逐步积累了自有技术，在产品设计、整体性能方面不断缩小与国外产品间的差距。在加工制造工艺上，由于国外的技术封锁，国内各生产企业间亦缺乏统一的标准，导致最终产品在模块通用性、接口等方面差异较大，在产品整体稳定性和测试精度方面与国外存在一定差距；对于大部分装备的关键技术参数，国内尚无成熟的计量检定方法，无法保证测量数据的准确性和量值统一，产业规模较小。

水声计量本身还具有如下特点：①水声计量测试除了依赖电测量设备和辅助机械设备，还依赖于水介质，其测试精度低，不确定度较大；②水声计量测试的频率范围宽，需要根据不同频段采用不同的计量测试系统及方法。因此，国内水声专用装备计量保障还存在以下问题。

1) 主要采用静态计量测试

目前开展的水声装备计量保障基本上是在消声水池内进行的静态水声计量测试。而装备的实际使用环境与消声水池相差甚远，每次使用前，水声专用设备均在消声水池计量测试后才转到试验场地。因此，在转场过程中专用设备存在出现性能指标偏移的风险，从而有可能影响水声装备的正常使用。

2) 现场计量测试局限性大

目前极少开展现场计量测试。一方面，因为外场条件往往难以满足计量测试专用设备的使用环境要求，所以离开标准使用环境的测试设备，其性能指标容易出现偏移。另一方面，水声计量测试设备组成比较复杂，搬运比较困难，转场花费大。

3) 计量测试能力有限

虽然目前能完成多数水声专用装备的计量测试，但随着新型专用装备的研制与使用，对现有水声计量测试能力提出了更高的要求，已经建立的计量标准和测试校准手段将难以满足新型装备发展的需要，必须不断研究和建立新的计量标准及校准手段。如根据需要增加计量标准、扩展量程、提高准确度等。

1.3.4 综合类装备

1. 装备简介

水文测绘综合要素测量装备包括浮标、潜标、潜水器等，如图 1-24 所示。水运综合要素监测装备共计 19 种，如表 1-8 所示。

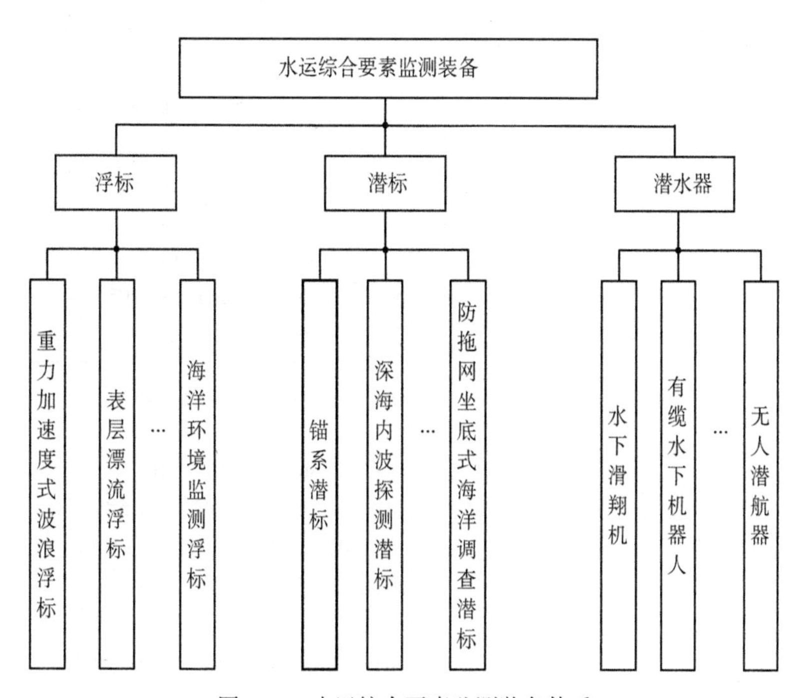

图 1-24　水运综合要素监测装备体系

表 1-8　水运综合要素监测装备及技术指标

序号	类别	设备	检测参数	技术指标
1	浮标	重力加速度式波浪浮标	波高	MPE：±10%×测量值，1~6m
2		表层漂流浮标	海水温度	0~35℃。MPE：±0.1℃
3		极区海洋环境自动监测浮标	气象要素	气温：-60~30℃、±0.1℃ 气压：850~1100hPa、±0.1hPa 风向：0°~360°、±5° 风速：0~75m/s 表层冰温：-30~0℃、±0.05℃ 水温：-5~30℃、±0.01℃ 盐度：29~35、±0.02
4		大型海洋环境监测浮标	气象要素	风速：0~60m/s。MPE：±(0.5+0.05×*V*) m/s(*V* 风速) 风向：0°~360°。MPE：±10° 气温：-20~50℃。MPE：±0.5℃ 气压：800~1100hPa。MPE：±1 hPa 相对湿度：0~100%。MPE：±5% 表层水温：-5~40℃。MPE：±0.5℃ 电导率（表层盐度）：5~60mS/cm。MPE：±0.1 mS/cm 波高：0.5~20m。MPE：±(0.3+0.1*H*) m(*H* 表示波高) 波周期：2~30s。MPE：±0.5s(采样频率为 2Hz 时) 波向：0°~360°。MPE：±10° 方位：0°~360°。MPE：±10° 流速：0~3.5m/s。MPE：±0.05m/s 流向：0°~360°。MPE：±10°
5		小型海洋环境监测浮标	气象要素	风速：0.5~60m/s。MPE：±(0.5+0.05×*V*) m/s(*V* 风速) 风向：0°~360°。MPE：±10° 气温：-20~50℃。MPE：±0.5℃ 气压：800~1100hPa。MPE：±1hPa 气温：-10~50℃。MPE：±0.5℃ 相对湿度：0~100%。MPE：±8% 波高：0.5~15m。MPE：±(0.3+*H*×10%) m(*H* 表示波高) 波周期：3~30s。MPE：±0.5s(采样频率为 2Hz 时)

续表

序号	类别	设备	检测参数	技术指标
5	浮标			波向：0°~360°。MPE：±10° 表层水温：-5~40℃。MPE：±0.5℃ 电导率(表层盐度)：5~60mS/cm。MPE：±0.1mS/cm 方位：0°~360°。MPE：±10° 流速：0~3.5m/s。MPE：±0.05m/s 流向：0°~360°。MPE：±10°
8		Argo 漂流浮标	海洋资料要素	精确度±0.2°C
10		GNSS 浮标	海洋资料要素	绝对潮位测量精度：±5cm。波浪测量范围：波高±20m。精度：±(0.1+5%H)，H 为波高
11		水质浮标	海洋资料要素	风速≤60m/s，流速≤3m/s
12	潜标	深海内波探测潜标	海洋内波的振幅、频率、运动速度和方向	国内外技术资料较少
13		深海垂直剖面实时监测潜标	海洋资料要素	升降速度 0.1~0.3m/s、深度范围 1~300m（1~1000m 可选）、剖面设置点精度≤0.1m
14		防拖网坐底式海洋调查潜标	海洋资料要素	国内外技术资料较少
15		锚系潜标	海洋资料要素	国内外技术资料较少
16	潜水器	水下滑翔机	海洋资料要素	航行速度 0.5~1kn、航行范围 2000~3000km
17		有缆水下机器人	海洋资料要素	作业深度 0~3km、航速覆盖 2~6kn、作业功率 0.1~100kW
18		无缆水下机器人	海洋资料要素	工作深度 0~2000m、定深精度±(0.3~0.8)m、航行速度最大 5kn
19		无人潜航器	海洋资料要素	工作深度 0~2000m、定深精度±(0.3~0.8)m、航行速度最大 5kn

1）浮标

浮标（Ocean Buoy）是一种无人化、相对高度自动化的水文测绘综合要素观测遥测设备。通常以锚定在水面的观测浮标为主体组成的水文气象水质自动观测站，是构成水文测绘综合要素立体监测网的重中之重装备。浮标主要由传感测量系统、浮标体及锚泊系留系统、数据接收处理系统等部分组成，如图 1-25、图 1-26 所示。它能按规定要求长期、连续地为水运科学研究、海上石油（气）开发、港口建设和国防建设收集所需内河、港口、海洋的水文水质气象资料，特别是能收集到调查船难以收集的恶劣天气及海况条件下的长期、连续、全天候的资料，每日定时测量并且发报出多种水文水质气象要素的资料，浮标主要搭载模块如表 1-9 所示。

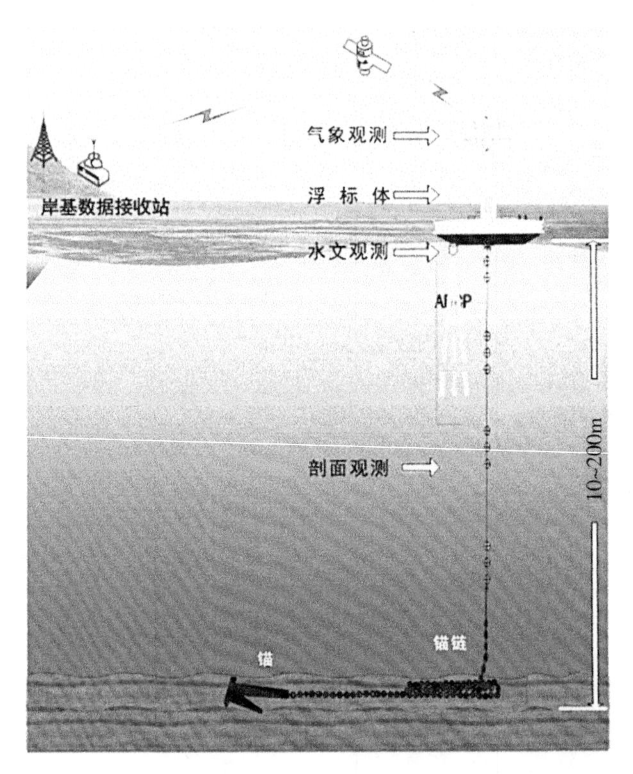

图 1-25　浮标示意图

表 1-9　浮标搭载模块表

序号	设备及模块名称	数量	主要技术指标
1	浮标主体	1	浮标直径≥2.5m；高分子聚乙烯或钢结构浮体，易维护；耐腐蚀，不褪色，无磁，适合海流测量
2	太阳能供电系统	1	太阳能供电能力按满足搭载设备连续阴天一周正常工作的要求配置
3	灯器	1	灯器射程：4n mile（大气透明度 T=0.74）。防护等级：IP67。日光阈值：300（100~2000）LUX

图 1-26 系列监测浮标

续表

序号	设备及模块名称	数量	主要技术指标
4	锚系	1	适合水深≤30m，全锚链，铁锚或沉石锚定
5	GNSS 模块	1	垂直误差≤5cm
6	IMU 模块	1	姿态测量精度<0.5°
7	风速与风向测量模块	1	测量范围 0~60m/s，准确度在 V≤20m/s 时为±1m/s、在 V≥20m/s 时± 5%Vm/s； 量程 0°~360°，准确度±10°
8	流速与流向测量模块	1	流速测量范围 0~5m/s，准确度±1%； 流向测量范围 0°~360°，准确度±7.5°
9	数据采集控制模块	1	重量：≤5kg。环境温度：-20~60℃。环境湿度：工作湿度≥90%。工作方式：符合相关设备工作要求，可加密工作频率。电压：14V ±10% VDC。功耗：≤1W(不含搭载设备耗电)。存储：存储容量≥4G。数据标准：符合《海洋观测规范 第 2 部分：海滨观测》(GB/T 14914.2—2019)
10	通信检测模块	1	通信方式：采用无线通信网络，带宽速率不小于 64kb/s。 通信接口参数：波特率 38400bps；数据位为 8 位；停止位为 1 位；检验位 N；握手信号为有
11	太阳能板	1	依据实际发生功耗确定
12	电池组	1	依据实际发生功耗确定
13	系统布设	1 座	由招标人指定抛设位置

潮汐、潮流、浪和涌等水文实时数据和预报数据是船舶进出港安全航行必需的信息。通过抛设多功能浮标，完善港口航道及其周边地区水域环境信息的采集范围和手段；通过低功耗信息采集和传输策略，实现针对航道内的水域环境实时监测，同时研发潮汐预报模型和潮流预测模型，完成水运环境信息推算与预测系统开发，为港口以及附近水域航行船舶和相关单位提供潮汐、潮流预报信息。

2)潜水器

潜水器，亦称“深潜器”，是具有水下观察和作业能力的深潜水装置，主要用于水下考察、深水勘探、开发及水下打捞、救生等。潜水器分载人潜水器和无人潜水器两类。载人潜水器是一种可以在水面航行，也可以在水下潜航、工作，由驾驶员操纵的航行器。无人潜水器(无人遥控潜水器)也称为水下机器人。水下机器人目前包括有缆和无缆两大类。有缆水下机器人，即水下遥控运载体(Remotely Operated Vehicle，ROV)，通过电缆由母船向其提供动力，操作者可以在母船上通过电缆对其进行遥控，如图 1-27 所示；无缆水下机器人即水下自主式无人运载体(Autonomous Underwater Vehicle，AUV)，是一种既不载人又没有脐带电缆的水下机器人，与工作母船没有机械上的联系，自带能源，工作时依靠自治能力来管理和控制自己，具有在三维空间里自由运动的能力，是目前水下机器人主要的发展方向。

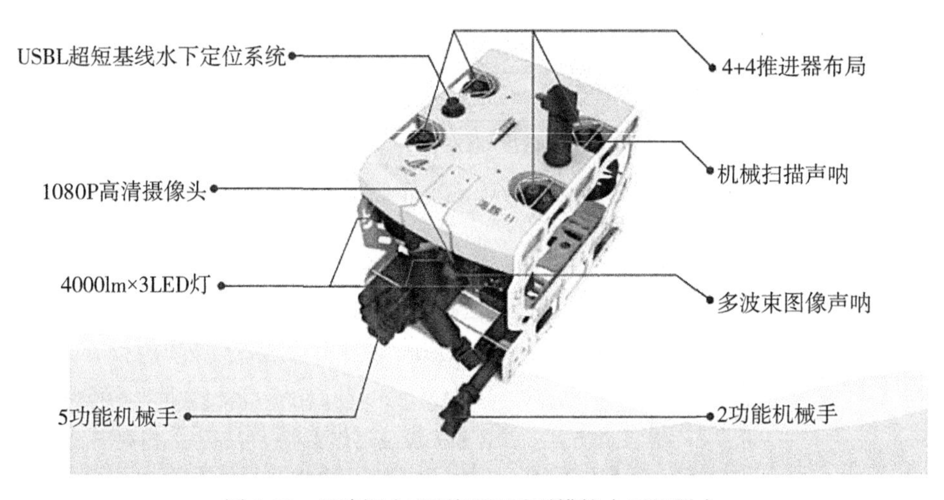

图 1-27　天津深之蓝“海豚”系列缆控水下机器人

水下滑翔机(Underwater Glider，UG)是一种能够通过调节自身浮力实现升沉，利用净浮力和两翼姿态角调整获得推进力，实现在水中滑翔并对水体信息进行采集的水下机器人。其能源利用效率高、噪声低，具有大范围、长时间连续监测的优势，适用于开展“中尺度”及以上尺度，甚至部分“亚中尺度”物理现象观测与监测、生态环境调查及安全保障等工作，同时也为大数据分析、数值预报等 UG 重要应用领域提供原位准实时测量数据，如图 1-28 所示。

国内水文测绘综合要素监测浮标的优势科研机构如表 1-10 所示。

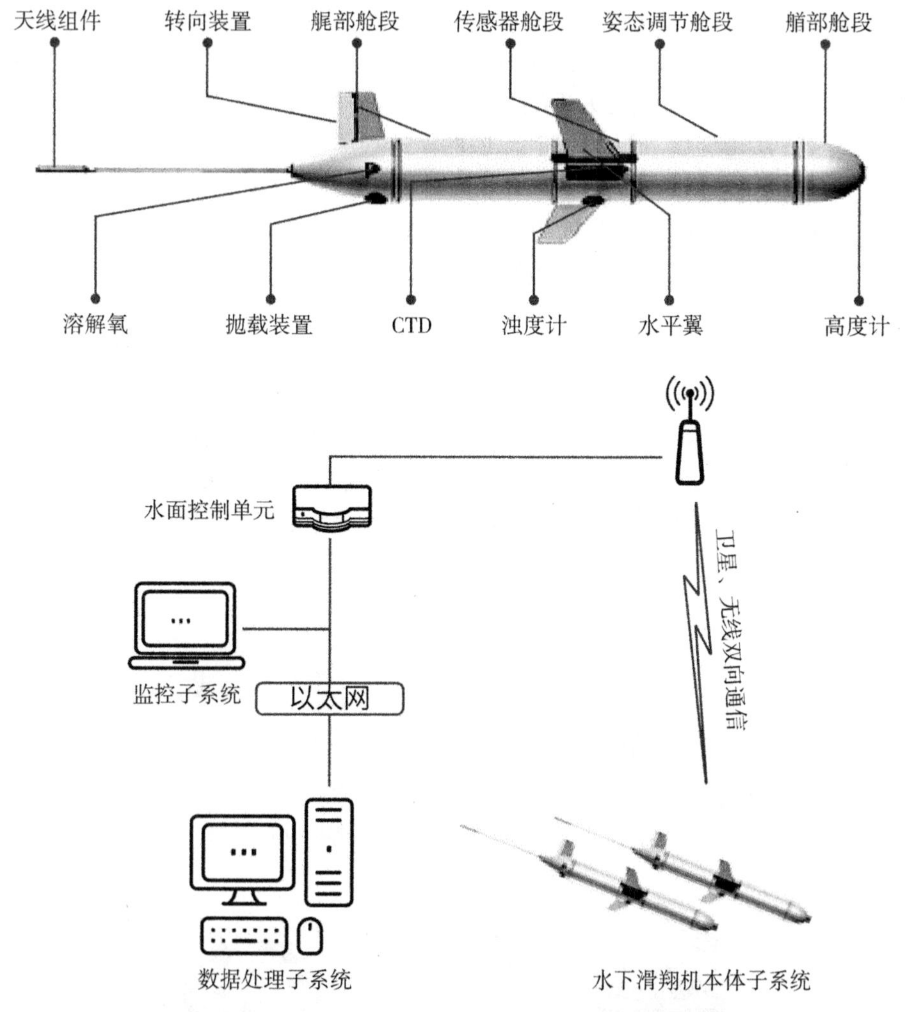

图 1-28 中国科学院沈阳自动化研究所“海翼”水下滑翔机

表 1-10 国内水文测绘综合要素资料浮标的优势科研机构

机构名称	主要技术与产品
国家海洋技术中心	从事海洋、水运监测高新技术装备及前瞻性、基础性、通用性技术的研究与开发，主要产品有多功能监测浮标、水动力监测浮标、小型生态水质监测浮标、海床基观测系统、潜标剖面观测系统
山东省科学院海洋仪器仪表研究所	专注于各种海洋、水运仪器装备研发，主要产品有大型浮标、中型浮标、小型浮标、波浪浮标、通量观测浮标、船型浮标、水质监测浮标、海床基、潜标等
中船重工 710 研究所	从事水下无人平台总体与系统集成技术、内河与海洋水动力监测技术，主要产品有实时通信潜标
中山市仪器探海有限公司	公司以中国科学院南海海洋研究所从事浮标研究的技术班底为骨干，开展浮标的研究和设计制造，主要产品有波浪浮标、气象水文浮标、水质浮标、航标等

其中，山东省科学院海洋仪器仪表研究所从事监测技术研究和产品开发工作，形成了船舶气象、生态监测、海洋台站、海洋声学、海洋遥感遥测、深远海探测、海洋浮标、海洋传感、激光雷达探测、智能无人系统等技术的研发方向和专业团队，建成了从岸基、近海到深海大洋，从空中、水面、水下到海底的立体观测研究体系；形成了从技术研究、成果转化到产业化生产为一体的研发、转化、生产链条。

目前，国内牵头开展 UG 研发的单位主要有中国科学院沈阳自动化研究所(以下简称沈阳自动化所)、中船重工 710 所和 702 所、国家海洋技术中心、天津大学、华中科技大学、上海交通大学、浙江大学、中国海洋大学、大连海事大学和西北工业大学等；参与 UG 产业化的企业包括北京蔚海明祥科技有限公司、深圳市投资控股有限公司等。其中，参与研发的单位超过 30 家，涉及研发人员 500 余人。

国内牵头开展潜水器研发的单位主要为天津深之蓝水下设备有限公司(以下简称深之蓝)、深圳云洲科技有限公司等。其中，天津深之蓝是国内首家从事全系列水下智能装备自主研发、生产、销售的科技型企业，通过不断进行技术和产品创新，在科研科考、海洋调查、海洋测绘等多个领域为客户提供有竞争力、可信赖的产品、解决方案与服务，在水下智能装备领域成为业内领先品牌，如图 1-29 所示。

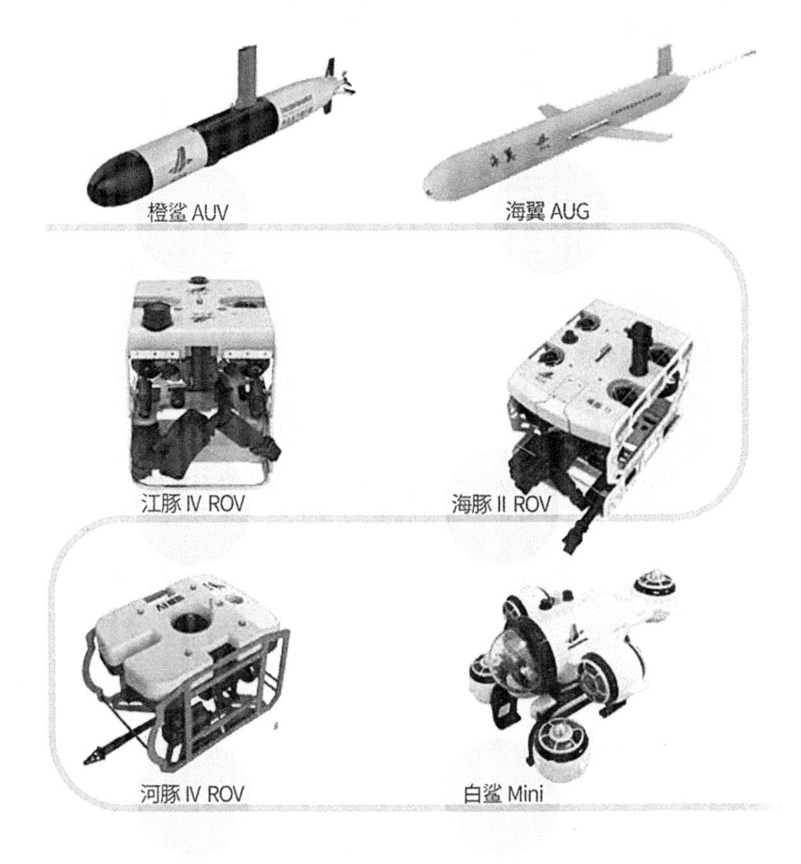

图 1-29　天津深之蓝水下机器人系列产品

2. 存在的问题

我国在水文测绘综合要素测量装备方面整体与国外技术水平存在一定差距，在关键核心技术方面自主化程度不高，如水下滑翔机和潜水器等水下综合探测装备，由于结构复杂、生产工艺流程较多、市场需求量有限，目前尚未形成标准化、产业化生产模式，基本以沈阳自动化所、天津大学等科研院进行技术创新、以各高新技术企业进行成果转化为模式进行产品推广。目前仅在水密缆、环境仓材料等部分领域形成国家标准，全产业链、全寿命周期的计量测试工作较为欠缺，亟待解决。

1.4 研究意义

随着我国水运经济的快速发展与产业结构的转型升级，产业计量对构建智慧、绿色、安全、便携、高效的战略性新兴水运体系发展的基石作用和重要性已经日益显现。产业要发展，计量需先行，构建水文测绘装备产业计量测试技术体系，为我国水运高新技术装备产业提高核心竞争力提供技术支持，促进产业健康发展，具有重要的意义和必要性。

一是推动交通强国、海洋强国、质量强国、制造强国建设的强力支撑。

水路运输是综合运输体系和水资源综合利用的重要组成部分，在促进流域经济发展、优化产业布局、服务对外开放等方面发挥了重要作用。在水运基础设施方面，我国的港口、航道等水运基础设施建设以及运输船舶、港口机械等交通水运装备建造已经具备了成为航运强国的基础。在航道方面，我国内河航道以“两横一纵两网十八线”为基础，构成基本航道网；在港口方面，港口建设与布局基本建成，并向大型化、标准化、专业化、规范化迈进；在船舶、港机方面，也向大型化、标准化发展。水文测绘装备是进行航道、港口建设，智慧船舶新技术研究与应用，开发、保护海洋，实现可持续发展的基础装备，是体现国家工业水平和核心竞争力的一项重要指标。

2019 年 9 月，国务院印发《交通强国建设纲要》，指出“加强特种装备研发。推进隧道工程、整跨吊运安装设备等工程机械装备研发。研发水下机器人、深潜水装备、大型溢油回收船、大型深远海多功能救助船等新型装备。”其中，水下机器人、深潜水装备等新型装备具有结构复杂、智能化、自动化、集成度高等特点，代表水运监测装备的最高水平。

2019 年 11 月 13 日，交通运输部、发展和改革委员会、财政部、自然资源部、生态环境部等 9 部委联合发布《关于建设世界一流港口的指导意见》，指出要提升港口综合服务能力，“强化监测监控、健康诊断与日常维护，提高港口设施使用年限和耐久可靠性”；加快绿色港口建设，到“2025 年初步形成设施齐备、制度健全、运行有效的港口和船舶污染防治体系”；加快智慧港口建设，“加强自主创新、集成创新，加大港作机械等装备关键技术、自动化集装箱码头操作系统、远程作业操控技术研发与推广应用，积极推进新一代自动化码头、堆场建设改造。”

2020 年 5 月，为贯彻落实交通强国建设战略部署，推动内河航运高质量发展，服务国家战略实施，助力中国特色社会主义现代化强国建设，交通运输部发布《内河航运发展纲要》，提出要“强化创新引领技术先进的航运科技保障”，推动重大核心装备自主研发应用，逐步推动新一代自动化码头研究与建设，开发急流、浊水、深水条件下船舶救捞技术与装备，发展用于基础设施服役性能保持和提升的监测预警技术。

2021 年 2 月，国务院印发《国家综合立体交通网规划纲要》，从综合立体交通布局、统筹融合发展、高质量发展等方面提出了建设目标和发展任务，对我国水运发展格局构建、高质量发展任务等提出了总体要求，是未来我国水运发展和规划建设的重要依据。其中，提出综合交通绿色、智慧高质量发展，"加强长期性能观测，完善数据采集、检测诊断、维修处治技术体系，及时消除安全隐患。推广使用新材料新技术新工艺，提高交通基础设施质量和使用寿命。""全方位布局交通感知系统，与交通基础设施同步规划建设，部署关键部位主动预警设施，提升多维监测、精准管控、协同服务能力。""加强内河高等级航道运行状态在线监测，推动船岸协同、自动化码头和堆场发展。"

以建设交通强国、海运强国、质量强国、制造强国为目标，以水运科技重大任务为核心，发挥基础研究的引领作用和水运高技术的支撑作用，推进水运领域科学研究和应用技术相互融合与协调发展；以技术创新为突破口，引领水文测绘装备战略性新兴产业快速发展，提升我国水运科技整体实力。统筹布局，制定水文测绘装备产业发展长远规划，加强基础研究，健全水文测绘装备产业链条，建立标准化体系，促进产业健康发展。

水文测绘装备产业计量测试研究与应用，可有效加强水文测绘装备科技界、产业界资源整合，瞄准制约水文测绘装备产业发展的瓶颈环节和全球水运保障服务等重大科技问题，实现核心技术的突破和关键装备的自主化。对于集中优势资源，加快水文测绘高端装备技术商业化，着力培育一批具有国际竞争力的龙头企业，推动中小型科技企业发展，为逐步推进水文测绘装备产业发展成主导产业打好基础，为打造打造功能层次清晰、保障能力充分、战略支撑力强、绿色安全高效的现代化沿海港口体系，安全畅通、经济高效、绿色智能的现代化内河水运体系，加快建设交通强国和全面建设社会主义现代化国家提供有力支撑。

二是深入落实《计量发展规划》，完善国家产业计量服务体系的有力保障。

2020 年，《计量发展规划（2021—2035 年）》中指出应加强计量测试关键技术研究，"加强大量程范围、不同应用场景条件的测量与校准技术研究，深入开展动态、现场、综合校准等计量关键技术研究、研制，建立适应需求的测试系统和校准装置"，"形成满足航空航天、海洋监测、交通运输等装备研制生产任务和国家重大专项工程需求的计量保障能力，提升专业计量测试水平"，提出"完善国家或地方的产业计量测试服务体系。建设一批国家或地方的产业计量测试中心或平台，将计量测试技术充分融入产业发展全过程"。

《市场监管总局关于加强国家产业计量测试中心建设的指导意见》（国市监计量〔2020〕72 号）中，围绕制造强国和质量强国战略，在战略性新兴产业、现代服务业等经济社会重点领域，鼓励和引导社会各方计量技术资源和力量，聚焦产业发展计量测试问题，加强产业专用计量测试技术、方法和设备的研究，为产业提供"全溯源链、全产业链、全寿命周期、前瞻性"的计量测试服务，助推产业创新和高质量发展。

目前，由于水文测绘装备涉及产品范围较广、品种多样，上下游企业规模、生产能力差异巨大，难以对水文测绘装备进行统一、规范化的计量管理，导致产品参数、测量精度各异，通用性、安全性和可靠性均有待规范与验证。尤其随着新技术的引入、融合发展，装备更新换代速度加快，现有的水文测绘计量服务体系已不能满足新装备的计量测试需求，急需完善。此外，部分高端水文测绘装备涉及专用精密计量测试技术研究，在基础零部件设计、加工，核心制造工艺水平等方面与国外存在较大差距，单独依靠某个计量机构或科研院所难以实现新技术的突破与跟进。

水文测绘装备产业计量测试研究与应用，以打破垄断、满足需求、自主创造、拓展市场为目的，最终实现水文测绘装备产业从生产到“智造”的转变，对于水文测绘装备科技成果转化为产品及获取高质量的水运安全数据具有至关重要的作用；通过梳理、整合上下游产业链，聚集优势资源，重点突破关键技术难题，规范产品生产、使用，提升产品质量水平，是促进水运经济稳步发展的持续动力；以研究为基础，建立水文测绘装备产业计量保障体系和水文测绘装备检测评价体系，实现我国水文测绘装备工程产业体系化和规模化发展，对完善国家产业计量测试服务体系具有重要推动作用。

三是着力解决产品质量控制难题，有效提升水文测绘装备质量水平及国际竞争力的重要途径。

水文测绘装备涉及由水面、水体、水底地形地貌组成的立体空间网络，世界主要水运大国在该市场领域积累了深厚的研究成果和经验。与英国、丹麦、美国等世界水运强国相比，我国在高端水文测绘装备领域严重依赖进口，突破水文测绘装备的关键技术，逐步实现国产化，成为建设质量强国、制造强国的突破口。为此，我国需建立起真正自主知识产权的综合性、系统性的水运科研装备研发和产业化体系，形成国产化、系列化和智能化的水文测绘装备。

当前，国外在水文测绘技术和装备上都明显处于领先地位。以传感器为例，在其核心技术如算法、封装工艺上，我国与国外的差距还很大。国内从事水文测绘技术研究的机构较少，民营企业资金有限、缺乏人才，难以获得国家科研项目的支撑，研发投入很难持续。国营科研单位，专业划分过于琐细，且各自为政，科研成果转化速度慢、效率低，市场推广更是缺乏积极性。很多小型公司已经进入部分门槛较低的水文测绘装备市场，而在中高端市场中，大型和高精度水文测绘装备主要依靠进口。

此外，由于缺乏有效的计量手段，室内环境试验、检验和测试并不能完全模拟实际的环境，致使新产品在试用时和初期使用阶段暴露出一些问题，影响了水文测绘装备的推广、使用的积极性。多系列、多品种的国外水文测绘装备的不断引进，也不同程度地造成国产水文测绘装备推广市场萎缩和经费不足。

在水文测绘装备相关产业链上，尽管近年来国内已有不少企业正在积极进入，但由于缺乏技术研究力量，大多只能从事设备贸易代理；少数企业虽然经过应用积累，开始着手一些技术集成或产品组装，但由于高端水文测绘装备研发周期长、成本高、应用市场窄小，仍然难以实现根本上的突破。如深水多波束深度仪、重力梯度仪、涌浪滤波器等高端水下探测设备，目前基本被欧洲几家知名企业所垄断，对于我国独立自主开展水文测绘装备科技研究和水资源开发极为不利，对维护我国海洋权益也带来瓶颈。

在当前国际局势风云变幻、各国相互竞争抢夺国际海底公共资源和其他海洋资源的新形势下，尤其是以美国为首的西方发达国家对我国高科技产业的打压愈演愈烈，尽快研发制造出系列化、智能化、国产化的水文测绘智能装备的形势要求非常紧迫。一方面，随着和西方国家的竞争程度趋于激烈，国家关系趋于紧张，各国高科技水文测绘智能装备对我国的出口管制越来越严，将来可能形成“卡脖子”的局面；另一方面，西方国家仍然对我国禁运的是智能装备，包括水下 AUV 系列产品，高精度激光惯性导航及组合系统产品，各类高精度传感器技术和部件、合成孔径声呐产品、海底警戒声呐产品等。因而目前我国主要靠进口的深水多波束测深系统、深水浅地层剖面仪、水下高精度定位系统和水下通信系统等产品和技术有可能成为将来“卡脖子”的禁运产品和技术。

水文测绘装备产业计量测试研究与应用，将进一步梳理、整合高端水运装备上中下游产业链，形成水运监测与探测，水资源勘探、开发，水环境保护及水上水下一体化导航、定位、救助技术体系，助力产品国产化进程，保障产品质量。

◎ 本章参考文献

[1]陈建刚，朱崇全．产业计量的本质及其意义解析[J]．中国计量，2015(2)：37-39.

[2]朱崇全．产业计量与产业发展连载之一：产业计量学与产业发展战略[J]．中国计量，2012(1)：39-40.

[3]朱崇全．产业计量与产业发展连载之二：产业计量学的定义[J]．中国计量，2012(2)：43-44.

[4]朱崇全，周迎春，罗远．产业计量与产业发展连载之三：产业计量学与计量学的关系[J]．中国计量，2012(3)：40-43.

[5]朱崇全，周迎春，罗远．产业计量与产业发展连载之四：产业计量学计量要素链的要素构成[J]．中国计量，2012(4)：37-40.

[6]朱崇全，周迎春，罗远．产业计量与产业发展连载之五：产业计量经济模型研究[J]．中国计量，2012(5)：29-32.

[7]朱崇全，张国庆．产业计量与产业发展连载之六：产业计量学应遵循的若干原则[J]．中国计量，2012(6)：32-36.

[8]罗建，邹倩，全红梅．产业计量中心建设面临的问题[J]．计量技术，2018(2)：55-56.

[9]谢荣，胡杰，谢易．船舶与海洋装备制造业市场发展趋势分析[J]．江苏船舶，2018，35(6)：1-4.

[10]王兴旺．高端装备制造产业创新与竞争力评价研究：以上海海洋工程装备产业为例[J]．科技管理研究，2018，38(11)：36-40.

[11]高峰，王辉，王凡，等．国际海洋科学技术未来战略部署[J]．世界科技研究与发展，2018，40(2)：113-125.

[12]陶智．海底观测网络现状与发展分析[J]．声学与电子工程，2014(4)：45-49.

[13]蔡树群，张文静，王盛安．海洋环境观测技术研究进展[J]．热带海洋学报，2007(3)：76-81.

[14]方书甲．海洋环境监测是海洋发展和维权的支撑[J]．舰船科学技术，2012，34

(2)：8.
[15]王鑫．海洋环境移动平台观测技术发展趋势分析[J]．科技创新与应用，2019(5)：141-142.
[16]朱光文．海洋监测技术的国内外现状及发展趋势[J]．气象水文海洋仪器，1997(2)：1-14.
[17]吴平平，陆军．基于产业链分析的海洋工程装备制造业发展研究[J]．机电工程技术，2018，47(5)：36-37.
[18]马哲，何乃波，朱喆，等．基于产业链分析的海洋能装备产业培育策略研究[J]．科技管理研究，2018，38(15)：155-160.
[19]魏梦雅，张效莉．基于三次产业分类的东海经济区海洋产业结构分析[J]．海洋经济，2016，6(2)：54-62.
[20]陈艳萍，吕立锋，李广庆．基于主成分分析的江苏海洋产业综合实力评价[J]．华东经济管理，2014，28(2)：10-14.
[21]王静．基于资源环境承载能力的烟台市海洋产业空间布局优化研究[D]．济南：山东师范大学，2017：57.
[22]郑鹏．加强国家产业计量测试中心建设的若干思考[J]．中国计量，2018(2)：49-51.
[23]刘静．建立产业计量新思维支撑计量技术机构发展新领域[J]．计量与测试技术，2017，44(7)：117-119.
[24]曹进喜，赵德明，迟军科，等．结合实例浅议建设国家产业计量测试中心的必要性[J]．中国计量，2018(2)：48-49.
[25]李慧青，朱光文，李燕，等．欧洲国家的海洋观测系统及其对我国的启示[J]．海洋开发与管理，2011，28(1)：1-5.
[26]曾广慧．大有可为产业计量——计量技术机构发展新领域[J]．中国计量，2019(4)：34-35.
[27]曹进喜，迟军科，赵德明．浅议建设国家产业计量测试中心的必要性[J]．工业计量，2018，28(1)：8-10.
[28]刘二森．全球海洋工程装备市场格局与发展趋势[J]．中国工业评论，2016(9)：64-71.
[29]李潇，许艳，杨璐，等．世界主要国家海洋环境监测情况及对我国的启示[J]．海洋环境科学，2017，36(3)：474-480.
[30]杨士伟，沈延斌，张田力．天津市海洋工程装备产业链与创新链深度融合研究[J]．经济界，2017(1)：50-55.
[31]姜祖岩．我国海洋高技术产业基地及其重点产业[J]．海洋开发与管理，2019，36(4)：55-61.
[32]中国造船工程学会．我国海洋工程装备产业发展形势与对策[J]．船海工程，2014，43(1)：1-9.
[33]王厚双，盛新宇．中国高端装备制造业国际竞争力比较研究[J]．大连理工大学学报(社会科学版)，2020，41(1)：8-18.

第2章　国内外产业计量测试发展状况

水文测绘技术经过多年的发展，很多技术已经固化，国外已经发布了多项水文测绘装备相关标准，国内也发布了上百项国家标准和行业标准、技术规范。这些标准和规范的发布，统一了水文测绘装备的技术指标，规范了计量测试方法和规则，保证了仪器的生产和检验质量，提升了水文测绘结果的可靠性。

2.1　国内外水文测绘装备产业标准化技术现状

水文测绘标准化工作是促进水运工程技术进步、提高工程质量的重要保障，是提高国际竞争水平的重要途径。

国际上，水文测绘领域相关标准分别由ISO的不同技术委员会/分技术委员会管理，包括船舶和海洋技术委员会(ISO/TC8 Ships and Marine Technology)、水文技术委员会(ISO/TC113 Hydrometry)等，这些技术委员会/分技术委员会是各类标准制修订过程中的归口单位，2014年，海洋技术分技术委员会(ISO/TC8/SC 13)成立后，由该技术委员会进行海洋类标准的统一归口。部分和水文测绘装备相关的技术委员会及其相关职责、发布的标准如表2-1所示。

表2-1　国际水文测绘计量测试管理现状

序号	标准化技术委员会/分技术委员会	标准化范围	已发布的水运监测装备相关标准
1	船舶和海洋技术委员会(ISO/TC8)	ISO/TC8对船舶的设计、施工、结构元素、船装零件、设备、技术以及海洋环境进行标准化工作，发布的标准适用于造船和船舶运营，包括适应国际海事组织需求的海船、内陆导航、海上结构物、船岸接口和其他所有海洋结构项目	《船舶和海洋技术——海洋回声测量设备》(ISO 9875—2002)
2	气象分技术委员会(ISO/TC146/SC5)	主要负责气象领域相关的标准化工作	《声波风速计/温度计——平均风速测量验收试验方法》(ISO 16622—2002)，《风速测量计 第1部分：测定旋转式风速计性能的风洞试验方法》(ISO 17713-1—2009)

续表

序号	标准化技术委员会/分技术委员会	标准化范围	已发布的水运监测装备相关标准
3	水文技术委员会(ISO/TC113)	ISO/TC113 对与水文相关的水位、流速、流量等方面的方法、过程、工具、设备技术进行标准化工作，其中 ISO/TC113/SC5 是仪器、设备和数据管理分技术委员会	《水文测验——直接测深和悬挂设备》(ISO 3454—2008)，《水深测量用回声测深仪》(ISO 4366—1979)，《明渠水流测量 水位测量设备》(ISO 4373—1995)，《水文数据传输系统——系统设计规范》(ISO 24155—2016)，《明渠液体流量测量——结冰条件下流量测量设备》(ISO/TR 11328—1994)，《明渠液体流量测量——水文测量设备性能的规定方法》(ISO 11655—1995)
4	采样分技术委员会(ISO/TC147/SC6)	负责对海水样品的收集、处理和分析方面制定标准	《水质 采样 第9部分：海水采样指南》(ISO 5667-9—1992)，《海洋软底大型底栖生物的定量采样和样品处理导则》(ISO 16665—2006)《水质-硬基质群落海洋生物调查指南》(ISO 19493—2013)

在国外，ASTM 国际标准组织、德国标准化学会(DIN)和韩国技术标准局(KATS)也发布了水文测绘装备相关标准，规定了本国水文测绘装备的性能、测试及试验要求，如表 2-2 所示。

表 2-2 国外水文测绘装备计量测试现状

序号	机构	已发布的标准
1	ASTM 国际标准组织	《海洋环境用光电组件的盐水压力浸渍试验和温度试验的标准试验方法》(ASTM E1597—2010) 《水中溶解氧含量的测试方法》(ASTM D888—2012)
2	德国标准化学会(DIN)	《水下声学、描述和测量船舶水下声波的数量和程序 第 2 部分：用深水测量测定声源级》(DIN ISO 17208-2—2020)
3	韩国技术标准局(KATS)	《海用浮标》

我国的水文测绘标准规范工作，从借鉴苏联管理模式到逐步建立我国特色的水文测绘标准化管理体制，从部分引进国外标准到基本建立起我国水文测绘标准体系，使水文测绘标准化的规范、约束、引导和激励作用得到了充分发挥，为促进水文测绘领域全面协调可持续发展，提供了坚实的技术基础和可靠保障。21 世纪以来，全国港口标准化委员会(TC530)的建立，有利于推动我国港口相关技术与标准的国际化，全国水运专用计量器具计量技术委员会(MTC31)的建立，负责我国水运领域计量技术规范制修订、审查、报批及宣贯和开展计量标准国内量值比对等归口管理工作，完善了交通运输计量体系。从 20 世纪 80 年代至今，我国已制定数百项水文测绘技术标准与规范，按照标准化对象的基本属性，可分为基础通用、产品检测、环境试验标准三大类，如表 2-3 所示。

表 2-3　国内水文测绘装备计量测试现状

序号	标准分类	标准化范围
1	基础通用标准	基础通用标准可直接应用到水文测绘装备领域，主要包括通用技术语言标准、通用技术标准、通用技术规范三大类。这三大类基础通用标准是为了规范水文测绘技术语言、解决水文测绘仪器设备使用过程中的共性问题，以及统一技术指标，获得高质量的测量数据而制定的
2	产品测试标准	产品测试标准主要包括水文、水质、底质、器具等多个类别。水文测绘装备标准规定了产品的质量要求，包括性能要求、适应性要求、使用技术条件、检验方法要求等，其目的是规范水文测绘仪器的研制、生产、安装等工作，确定共同遵守的准则，使企业生产、技术活动合理化，达到高质量、高效率的目的
3	环境试验标准	环境试验工作遍及水文测绘装备研制生产全过程，通过试验可确定产品性能水平，纠正产品研制缺陷，为决策过程、权衡分析、降低风险和细化要求提供特性信息。环境试验标准帮助水文测绘装备的设计人员和实验人员选择合适的试验方法和试验登记，以保证试验结果的准确性。水文测绘装备环境试验包括室内试验和现场试验，试验标准也分为室内环境试验标准和现场、在线环境试验标准

2.2　国内外水文测绘装备计量测试方法对比分析

2.2.1　水文类测量装备计量测试技术对比分析

水文类测量装备主要为水位、潮位、波浪、流速、流量、海水温度、盐度等参量的测量装备，典型装备关键参数的国内外计量测试技术对比如表 2-4 所示。

表 2-4　水文类测量装备计量测试技术对比

序号	参量	阶段	国内	国外
1	水位	产品设计	国内研制的光电编码器测量精度及分辨率达到国际先进水平，南瑞水情公司设计的 9669-LG-OA 型浮子式水位计，分辨力达到 0.1cm，精度优于 0.03%F.S.；机械编码器码型主要有格雷码、BCD 码两种，分辨力 1cm，量程>10m 时精度±0.2%F.S.。 在仪器的可靠性、稳定性方面与国外存在差距	国外在水位计设计方面已形成较完整的理论体系，处于领先地位，如 ISO 110/1—1981、OSP 4373—1979、GB/T 11828.1—2002 中对浮子式水位计浮筒尺寸、悬索材料、浮子水密性作出了规定，ISO/DIS 4373 中对摩擦力矩作出了规定，为国内仪器设计提供了借鉴与参考
2		性能测试	《浮子式水位计检定规程》(JJG(水利)002—2009)规定了分辨力、量程、最大水位变率、灵敏阈、测量误差和回差等具体要求，通过标准的水位台进行计量测试	国外关于此装备计量测试方法的相关信息较少
3	波浪	产品设计	开展了 X 波段雷达测波技术(姚智超等，2022)、GNSS 测波技术及试验研究(刘会等，2020)，验证了方法的可行性，目前尚未有基于此原理的成熟产品	提出声学测波法、重力(加速度)测波法、压力测波法、雷达测波法、遥感测波法等先进技术并开展相应仪器研发，在行业内起引领作用
4		性能测试	目前我国衡量近岸海浪观测装备的性能参数均以海浪统计参数为主，如最大波高、1/10 波高、有效波高、平均波高、平均周期等，目前仅针对声学测波仪波高、波周期参数发布了海洋行业标准，计量测试能力明显不足	美国近岸技术联合会提出了评估波浪传感器观测能力的“First-5”标准，“First-5”为波浪传感器观测的 5 个重要参数因子，涉及谱能量及低价波谱因子，该标准目前是国际波浪传感器测波能力评估及不同测波仪器比对的主要依据
5	盐度	性能测试	国内利用电子天平对盐度 35 的中国一级标准海水进行稀释，稀释至盐度 30、25、15 和 5，将稀释后的盐度值作为标准盐度值，与盐度计测量值进行比对	加拿大 GUILIDLINE 公司生产的 8400B 型实验室盐度计被用来作为 1978 国际实用盐度和 2010 国际海水热力学方程研究中唯一使用的海水盐度测量的标准器。GUILIDLINE 电极式盐度计盐度最大允许误差优于±0.003，而海水盐度标准物质——中国一级标准海水(U=0.001)仅有盐度 35，无法满足 GUILIDLINE 实验室盐度计校准的需要

续表

序号	参量	阶段	国内	国外
6	电导率	产品设计	国内电导率测量传感器可分为电感式、电极式等，其中国内普遍应用的电极式电导率传感器仍基于两电极法设计	国外采用三电极法、四电极法开展电导率传感器的设计研发工作，在 MEMS 电导率传感器设计、制作工艺上领先于国内
7		性能测试	已发布《电导率仪试验方法》(GB/T 11007—2008)、《电导率仪测量用校准溶液制备方法》(JB/T 8277)、《电导率仪的试验溶液——氯化钠溶液制备方法》等系列文件，通过与标准溶液比对的方法对电子单元、仪器固有误差、温度误差等进行计量测试	电导率仪计量测试方法与国内大致相同，均采用与标准溶液比对的方法进行测定
8	流速流向	产品设计	机械式海流计：以厄克曼海流计和印刷海流计为主，流速测量精度达到满量程的±1.5%，流向测量精度达到±4°，基本达到国外技术水平。 电磁海流计：基于法拉第电磁感应定律，利用地磁场强度的垂直分量测量海流，目前用于科学研究的电磁海流计以国外产品为主。 声学多普勒海流计：先后开展船载多普勒测流技术、宽带声学多普勒测流技术(齐本胜等，2003)、相控阵理论研究(田坦等，2002)，国内多普勒测流的宽带技术研究相对滞后，研制相应工程样机，在运算速度、抗干扰能力等方面仍与国外存在较大差距。 声学时差海流计：研究较少，在声传播微小时差精确测量方法方面进行了理论研究，以国外技术为主，无商业化产品	机械式海流计：萨沃纽斯转子法，流速测量精度高达±1cm/s，流向测量精度±5°，代表了机械海流计的发展水平。 电磁海流计：基于法拉第电磁感应定律，通过人工交变磁场测量海水流速，对海流计外形、尺寸造成的扰流、灵敏度、线性响应、余弦响应等问题进行了深入分析，流速测量精度达到测量值的 2%±1cm/s，流向测量精度±2°。 声学多普勒海流计：宽带声学多普勒测流技术、低频率宽带相控阵技术，测量精度达到 0.3cm/s(>600kHz)，代表了当前 ADCP 技术水平，主导着技术发展方向。 声学时差海流计：基于声信号相位差的流速测量方法，流速测量精度达到 0.3cm/s，流向测量精度±2°

续表

序号	参量	阶段	国内	国外
9	流速流向	性能测试	发布了《直线明槽中的转子式流速仪检定/校准方法》(GB/T 21699—2008),《直线明槽中转子式流速仪的检定方法》(SL/T 150—1995)等国家标准、行业标准,采用流速拖车对转子式流速仪的流速参数进行计量测试。 在声学多普勒流速剖面仪计量测试方面:《声学多普勒流速剖面仪》(GB/T 24558—2009)中,流速、流向测量采用水槽拖车试验方法,规定工作频率大于300kHz的流速剖面仪应进行水槽拖车试验。 《声学多普勒流速剖面仪检测方法》(HY/T 102—2007)规定了ADCP的外观、底跟踪速度、流速、流向、流速剖面最大深度、跟踪最大深度和环境适应性等内容,主要方法是在具有稳定宽阔的分层流场、水流速无显著变化的试验场水域使用全球导航卫星系统(GNSS)进行检测。 《声学多普勒流速剖面仪》(GB/T 24558—2009)中,流速、流向测量采用同步比测试验方法。 中科院声学所进行了使用声学仿真设备检测ADCP的研究,提供了一个在实验室环境条件下检定ADCP的方法	流速水槽测量法:美国戴维泰勒船舶模型水槽试验水池拥有2个拖曳水池,其中1条长760m,宽15m,深5.5m,用于ADCP流速及底跟踪试验。 差分定位系统(DGNSS)测量法:以恒定的航向和速度通过一条长400~800m航线,同时记录DGNSS和ADCP数据,往返测量数次后对ADCP底跟踪测量的距离和DGNSS测量的距离的比值进行处理分析。 比测法:将ADCP与其他测流设备(如Price AA型转子式流速仪)在多个断面进行流量比测。 国外在整机测试方法与国内大致相同,测试水平大致相当
10	流速流向	使用维护	760研究所吴胜权教授(2002)为解决水下测速校准问题提出水下定位法,方法复杂,对设备定标要求高,成本高。目前国内外在ADCP安装校准方面均处于研究阶段,尚无特别合适的方法减小或消除声学换能器安装误差	ADCP安装校准,RDI通过仪器自带校准机构进行,在高精度要求下,通常借助外部定位(无线电导航定位法、水下定位法、DGNSS数据定位法)并通过软件修正的方法校准
11	流量	性能测试	《转子式流量计检定规程》(JJG 257—2007)中对转子式流量计的基本误差、回差、重复性作出规定,其中,液体流量计计量测试方法主要有容积法、称量法、标准表法等,气体流量计计量测试方法主要有钟罩式气体流量标准装置、皂膜式气体流量标准装置、标准法等	国外计量测试方法与国内大致相同,技术水平相当

在水位计量测试方面，国外的水位计标准中相关规定内容较少，侧重规定计量测试的工作程序，如建立基准、设立参考标准、水位计所需的校准频率等，对具体的技术参数、校准方法未作统一规定。我国则针对水位计的不同类型，对浮子式水位计的灵敏阈、测量误差、回差、重复性误差、再现性误差和计时误差作出相应规定。《水位观测标准》（GB/T 50138—2010）也提及了自记水位计的校测：自记水位计的校测应定期或不定期进行，校测频次可根据仪器稳定程度、水位涨落率和巡测条件等确定；每次校测时，应记录校测时间、校测水位值、自记水位值、是否重新设置水位初始值等信息，以之作为水位资料整编的依据。同时，给出了自记水位计可选用的校测方法。

刘彧等（2019）对国内外水位计/测深仪技术标准现状进行了对比分析，如表 2-5 所示。

2.2.2　水体类测量装备计量测试技术对比分析

水体类测量装备主要为内河、港口、航道水质、底质沉积物化学成分参量及悬浮颗粒物化学成分、浓度等参量的监测装备以及采样设备。

水体是一个复杂的多组分的多相体系，包括多种有机和无机的、溶解态的和悬浮态的物质，其含量约为 3.5%，其中各组分的含量相差悬殊。11 种主要溶解成分在海水中占总盐分的 99.99%，其他成分的含量均在百万分之一以下，其中大多数成分的含量都在痕量或超痕量的水平。

水体分析的对象是广阔的水域，样品数量多，种类不同，要求分析方法和使用的仪器必须灵敏、简便、快速和适用于水上工作条件，特别是建立能快速测定的现场自动分析仪器和方法。此外，采样技术的研究，样品存储和防止沾污，海水分样方法的相互校准和规范化等，也都是十分重要的问题。

典型水体测量装备关键参数的国内外计量测试技术对比如表 2-6 所示。

2.2.3　地形地貌类测量装备计量测试技术对比分析

地形地貌类测量装备多基于声学测量原理。1940 年和 1941 年，Maclean 和 Cook 各自独立地提出了互易原理校准电声换能器的方法，是水下电声换能器测量技术的重大突破和奠基石。20 世纪 80 年代开始，随着海军声呐新技术的发展和计算机技术的推动，欧美等先进国家的研究机构在声源级、灵敏度、阻抗、指向性的测量和校准方面取得了很大的成绩。Kenneth G. Foote 在 20 世纪 80 年代开始声呐设备的计量测试方法研究，制造了不同型号、不同材质的标准小球，包括不锈钢、铝、铜、碳钨合金、碳钢合金等；详细分析了各标准小球的声学特征和适用范围，初步建立了用于声呐换能器计量测试的水池。进入 21 世纪，国外水声场飞速发展，其中美国 New Hampshire 大学建立起具有代表性的测试系统，采用先进的计算机控制技术和工业成果，其换能器固定装置旋转误差小于 0.1°，位置精度也达到毫米级别，并且分为室外系统和室内系统。室外系统可以提供最大 24m 长度的测距范围，其测试平台可以以 1.5kn 的恒速移动。室内系统水池长 18m、宽 12m，采用高精度匀速转轴和控制器，可以对换能器进行空间位置移动、旋转等操作，如图 2-1 和图 2-2 所示。

表 2-5 水位/测深计量测试标准国内外对比

序号	参数	隶属情况	类型	标准编号	中文名称	英文名称	采用国际标准情况
1	水位	国际	产品标准	ISO 4373—2008	《水文测验——水位测量装置》	Hydrometry—Water Level Measuring Devices	EN ISO 4373—2009 DIN EN ISO 4373—2009 BS EN ISO 4373—2008 NF EN ISO 4373—2008 KS B ISO 4373—2014 UNI EN ISO 4373—2009 CSN EN ISO 4373—2009 NS-EN ISO 4373—2008 AS 3778. 6. 5—2001(采用 ISO 4373—1995)
2		中国	产品标准	GB/T 11828. 1—2002	《水位测量仪器　第 1 部分：浮子式水位计》	Instruments for Stage Measurement Part 1：Float	—
3		中国	产品标准	GB/T 11828. 2—2005	《水位测量仪器　第 2 部分：压力式水位计》	Instruments for Stage Measurement Part 2：Pressure-Type Stage Gauge	—
4		中国	产品标准	GB/T 11828. 4—2011	《水位测量仪器　第 4 部分：超声波水位计》	Instruments for Stage Measurement Part 4：Ultrasonic Stage Gauge	—
5		中国	产品标准	GB/T 11828. 5—2011	《水位测量仪器　第 5 部分：电子水尺》	Instruments for Stage Measurement Part 5：Electronic Gauge	—
6		中国	产品标准	GB/T 11828. 6—2008	《水位测量仪器　第 6 部分：遥测水位计》	Instruments for Stage Measurement Part 6：Remote Measuring Stage Gauge	—

续表

序号	参数	隶属情况	类型	标准编号	中文名称	英文名称	采用国际标准情况
7	水位	中国	计量标准	JJG(水利) 002—2009	《浮子式水位计检定规程》	Verification Regulation of Float Type Stage Gauge	—
8		中国	产品标准	GB/T 27993—2011	《水位测量仪器通用技术条件》	General Technical Conditions for Stage Measuring Instruments	—
9		美国	方法标准	ASTM D5413—1993 (2013)	《明渠水体的水位测量方法》	Standard Test Methods for Measurement of Water Levels in Open Water Bodies	—
10		中国	方法标准	GB/T 50138—2010	《水位观测标准》	Standard for Stage Observation	—
11	水深	国际	产品标准	ISO 4366—2007	《水文测验——水深测量用回声测深仪》	Hydrometry-EchoSounders for Water Depth Measurements	BS ISO 4366—2007 KS B ISO 4366—2014 AS 3778. 6. 4—1992(采用 ISO 4366—1979)
12		国际	产品标准	ISO 3454—2008	《水文测验——水深的直接测量和悬挂设备》	Hydrometry—Direct Depth Sounding and Suspension Equipment	BS ISO 3454—2008 NF ISO 3454—2014 KS B ISO 3454—2014 CSN ISO 3454—1994(采用 ISO 3454—1983) AS 3778. 6. 2—1992 (采用 ISO 3454—1983)
13		中国	产品标准	GB/T 27992. 1—2011	《水深测量仪器　第 1 部分：水文测杆》	Water Depth Finding Equipment Part 1：Hydrologic Sounding Rod	—
14		中国	产品标准	GB/T 27992. 3—2016	《水深测量仪器　第 3 部分：超声波测深仪》	Instruments for Water- Depth Measurement　Part 3：Echo Sounder	—
15		中国	计量标准	JJG(水利) 003—2009	《超声波测深仪检定规程》	Verification Regulation of Ultrasonic Sounder	—

表 2-6 水体测量装备计量测试技术对比

序号	参量	阶段	国内	国外
1	pH 值	性能测试	pH 值/碱度参量计量测试方法为目视比测法、酸碱滴定法、pH 电测法等。 pH 值的监测装备主要为 pH 计，其产品多依据电测法设计，目前主要依据《实验室 pH(酸度)计检定规程》(JJG 119—2018)、《船用 pH 计检定规程》(JJG 390—1985)、《在线 pH 计校准规范》(JJF 1547—2015)，采用有证标准物质，通过直接比对法对示值误差进行计量测试，并对关键电学参数进行计量，此外，也有专门的 pH 计检定仪对 pH 计的示值误差、稳定性进行计量	法国标准化协会发布了《pH 计校准用 pH 值测量标准溶液》(NF T01-012—1973)、《表面活性剂 · 水溶液 pH 值测定 · 电位计法》(NF T73-206—1996)，英国标准学会发布了《实验室用 pH 计规范》(BS 3145—1978)，印度尼西亚发布了《水和废水　第 11 部分：用 pH 计法测定酸度水平(pH 值)》(SNI 06-6989. 11—2004)。其对 pH 计的计量测试方法与国内大致相同，关于在线 pH 计计量测试手段国外暂未见相关报道
2	溶解氧	产品设计	覆膜电极法、荧光猝灭法、气相色谱法、分光光度法等，主要基于覆膜电极法和应用猝灭法设计仪器	溶解氧测量方法与国内大致相同，研制的仪器在响应时间上优于国内产品，主要参数技术水平与国内相当
		性能测试	已发布《溶解氧测定仪检定规程》(JJG 291—2018)、《海水溶解氧测量仪检测方法》(HY/T 096—2007)、《在线覆膜电极溶解氧测定仪检定规程》(JJG(浙)111—2010)、《便携式溶解氧测定仪技术要求及检测方法》(HJ 925—2017)、《电化学分析器性能表示　第 4 部分：采用覆膜电流式传感器测量水中溶解氧》(GB/T 20245. 4—2013)等系列标准、规范，采用与标准溶液比对的方法对仪器的零值误差、示值误差、示值重复性等参量进行计量测试	已发布《电化学分析仪的性能表示 第 4 部分：用有薄膜覆盖的电流传感器测定水中溶解氧》(DIN IEC 746-4—1996)、《溶解氧自动测定仪》(JIS K0803—1995)、《水中溶解氧含量的测试方法》(ASTM D888—2012)等系列标准、规范，测量方法与国内大致相当，注重计量测试的自动化
3	化学需氧量	产品设计	化学法(重铬酸钾法、高锰酸钾指数、碱性高锰酸钾法)、电化学、分光光度法、光谱法、化学发光分析法、光催化、相关系数法、紫外吸收法(UV 法)。 我国没有电化学法相关的方法标准，没有仪器的安装使用标准及相关仪器性能评判标准，采用电化学法的 COD 监测仪较少。 目前我国测定海水中 COD 的国家标准方法是碱性高锰酸钾法(GB 17378-4—2007)，测定环境水中 COD 的国家标准方法是重铬酸钾法(GB 11914—1989)和高锰酸盐指数法(GB 11892—1989)，主要据此设计仪器	国内外仪器中采用最多的测量原理为强氧化剂氧化法，电化学法主要应用在德国，UV 法主要应用在日本。 国外 COD 在线监测仪与国内相比，具有更高的准确性和稳定性，具有更高的光源稳定性、光路准直性和光电检测灵敏度。此外，国外仪器主要采用微控制系统，具有体积小、功耗低的优点，国内一般采用 PLC 进行控制，虽然可保证精度，但所占体积较大，且人机交互界面有一定限制

续表

序号	参量	阶段	国内	国外
4	氨氮	设计加工	水杨酸分光光度法、比色法、蒸馏-滴定法、电极法等，氨气敏电极的加工技术还没有达到国际先进水准，自主生产的基于氨气敏电极法的氨氮在线检测仪测量精度普遍较低(±5%~±15%)，远低于国际水平(±2%~±3%)	光度法、电极法、蒸馏-滴定法，而光度法又有纳氏试剂分光光度法、水杨酸分光光度法、连续流动-水杨酸分光光度法和流动注射-水杨酸分光光度法四种，基于此原理设计的产品在精度、稳定性等方面优于国内产品
5	余氯含量	性能测试	国内余氯测定仪主要依据比色法工作原理设计生产，测量原理基于郎伯-比尔光吸收定律。 余氯测定仪的计量测试主要依据《余氯测定仪校准规范》(JJF 1609—2017)，采用余氯标准物质，对仪器的示值误差、重复性等参量进行计量	国外已发布《水中残余氯的标准试验方法》(ASTM D1253—2014)，该方法采用直接安培滴定法进行余氯测量。 国外生产的余氯测定仪测量原理亦为郎伯-比尔光吸收定律设计，如美国哈希公司生产的 DR300 水质分析仪，余氯测量范围为 0.02~2.00mg/L 或 0.10~8.0mg/L Cl_2，仪器的计量测试方法与国内相同，精度相当
6	溶解氧(DO)浓度	性能测试	国内溶解氧的测定主要依据温克勒容量法、气相色谱法等。 溶解氧测定仪主要依据电化学探头法、荧光法原理研制，台式和便携式溶解氧测定仪主要依据《溶解氧测定仪检定规程》(JJG 291—2018)，在恒温水浴中用饱和溶氧水对仪器的示值误差、重复性等参量进行计量测试	国外溶解氧测定方法及仪器设计原理与国内相同，在相同计量测试条件下，国外仪器在响应时间上要优于国产仪器，在其他参量上与国产仪器精度相当
7	营养盐成分/含量	产品设计	水体中营养盐包括亚硝酸盐、硝酸盐、硫酸盐等无机化合物，磷化合物及硅酸盐等，对其含量的计量测试主要依据比色法、分光光度法等	国际上成熟的商品化营养盐检测仪器主要包括意大利 Systea 公司的 NPA 营养盐分析仪、澳大利亚 Green Spna 公司的 AQUALAB 分析仪、美国 Enviro Tech Instruments 公司研发的 Eco LAB 营养盐分析仪等，其产品多依据分光光度法原理设计，且实现了仪器的现场自校准

续表

序号	参量	阶段	国内	国外
7	营养盐成分/含量	性能测试	国内营养盐测定仪多依据比色法进行设计，《海水营养盐测定仪校准规范》(JJF 1793—2020)中采用有证标准物质对其检出限、示值误差、重复性等参量进行计量。 在标准物质研制方面，在我国环境领域涉及硝酸盐的44种标准物质中，仅有国家海洋局第二海洋研究所和国家海洋环境监测中心进行海水硝酸盐标准物质的研制，我国海水营养盐标准物质在种类、数量和研制单位等方面与海洋发达国家和其他国内行业相比均存在较大差距	国外有众多学者致力于标准物质的研究工作，如Aminot等详细描述以实际海水为基底配制海水营养盐标准物质的具体步骤，采用高压灭菌的方法延长该标准物质的保存时间
8	重金属成分/含量	性能测试	水体重金属监测范围主要为Pb、Hg、Cd、Cr、Cu、Zn、Co、Ni等，国内应用于水体重金属检测的分析方法主要有分光光度法、原子光谱法、分子光谱法、质谱法和电化学分析法。 水体重金属监测装备依据《重金属水质在线分析仪校准规范》(JJF 1565—2016)等综合类计量校准规范以及《测汞仪检定规程》(JJG 548—2018)等单参数计量校准规范，采用有证标准物质对其检出限、示值误差、重复性等参量进行计量	国外水体重金属检测分析方法与国内相同，其中，美国、欧盟、日本将原子发射光谱法列为重金属检测的标准方法，德国DIN 38406、DIN 38414中此方法可检测33种元素，国内尚未将该方法列为标准方法。 国外水体重金属监测装备计量测试方法与国内基本相同，主要依据《水质在线分析仪及传感器性能检验方法》(ISO 15839—2003)，采用有证标准物质对其检出限、示值误差、重复性等参量进行计量。在标准物质的研制、保存方面，国外水平要高于国内
9	有机物成分/浓度	产品设计	水体有机物主要涉及总有机碳、总有机氮、烃类化合物、酚类化合物等，计量测试方法包括分光光度法、色谱法、荧光分析法、红外吸收光谱法、散射法等。 在有机物成分/浓度监测装备方面，用于水体中油分浓度监测的水中油分浓度分析仪多依据分光光度法、荧光分析法等技术研发设计，产品的计量测试主要依据《水中油分浓度分析仪检定规程》(JJG 950—2012)，采用有证标准物质对示值误差、检出限、重复性等参量进行计量测试	国外有机物成分/浓度监测方法与国内大致相同，监测装备设计原理也与国内基本相同，但国外在产品设计理念和测量算法上较为成熟，产品精度、稳定性要高于国内。 国外水中油分浓度分析仪如美国BA-200型，利用红外光传输和散射测量原理测量水中油浓度，测量完毕后光学部件自动清洗，减少维护量并消除干扰误差。在计量测试方法上与国内相同，均采用标准物质对装备性能指标进行计量测试

续表

序号	参量	阶段	国内	国外
10	悬浮物含量	产品设计	水体浊度监测方法主要有重量法、分光光度法、光电检测法(散射法、透射法、比值法)等	国外产品设计依据的技术方法与国内相同，但国外产品在监测范围、精度、可靠性和稳定性上要优于国内产品
		性能测试	光电检测法是目前浊度监测装备设计研发依据的主要方法，国内浊度计主要依据《浊度计检定规程》(JJG 880—2006)、《水质综合分析仪检定规程》(JJG 715—1991)等，采用标准浊度溶液，对仪器示值误差、重复性、稳定性等参量进行计量测试	在装备的计量测试方面，国内外均采用标准浊度溶液的方法进行计量测试，水平相当

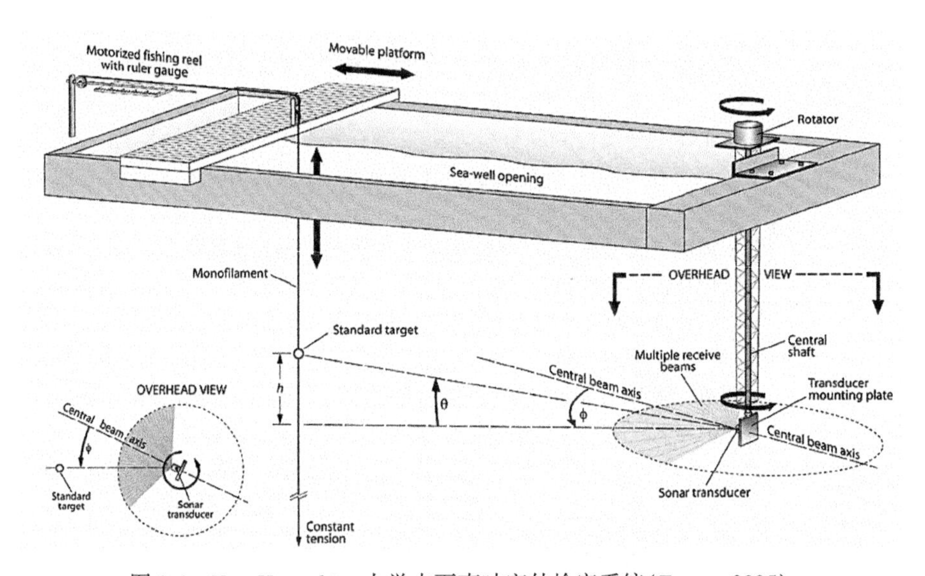

图 2-1　New Hampshire 大学水下声呐室外检定系统(Foote，2005)

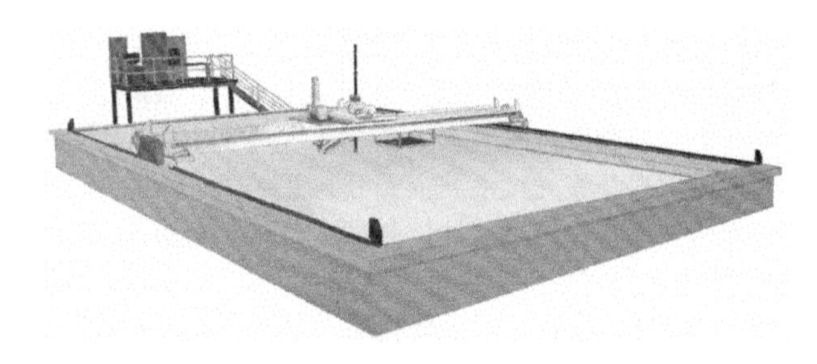

图 2-2　New Hampshire 大学水下声呐室内检定系统(Foote，2005)

我国从1973年之后开始水听器灵敏度(幅值)的计量测试技术研究。朱厚卿(2013)用宽带信号完成了换能器的复数响应校准工作；徐唯义、闫福旺(1980)用比较校准法及精密的脉冲小相角测试仪完成了水听器相位一致性的检测工作。进入21世纪，我国海洋战略推动声呐技术走向高精尖态势，目前已可独立完成电阻抗、声压灵敏度、发送电压响应(级)、发送电流响应(级)、声源级、机械品质因数、指向性、响应带宽及其频谱等所有电声特性参数的计量测试和校准工作。

2002年，中科院声学所建成并启用声学换能器校准系统，可实现换能器阻抗、发射响应、接收灵敏度、指向性等参数测量。该校准系统依托大型消声水池建成，水域空间长22m、宽7m、深5m，沿长度方向分成两部分，大水池长15m，小水池长6.5m。大水池六面铺设消声尖劈，有效消声频率范围4~200kHz。校准系统配备有辅助行车和升降回转装置，可为水声计量测试、设备联调等提供实验平台，如图2-3和图2-4所示。

图2-3　中科院声学所六面消声水池

图2-4　回转/升降装置与移动测试行车

在计量测试设施建设方面，海军大连舰艇学院在国家和军队有关课题的资助下，建立了我国第一个多波束测深计量测试系统，并在多波束测深仪波束角、测深精度、稳定性指标方面提出了一系列的测试方法。此外，国内用于声学实验的消声水池已经建设了不少，比如哈尔滨工程大学的水声技术国防科技重点实验室、山东科技大学的海洋测量综合实验场(如图 2-5 所示)、交通运输部天津水运工程科学研究所大比尺多功能水槽、杭州应用声学研究所的水声换能器设计与检测中心等，以上单位均具备水声换能器计量测试能力。

图 2-5　山东科技大学海洋测量综合实验场

随着国内外相关部门对水下声呐测量仪器计量测试的重视，以及国内外市场对水下声呐测量仪器计量测试技术需求的增加和应用范围的进一步扩展，1977 年国际电工委员会制定了 IEC 标准 565 号《水听器校准》，成为国内外水声计量测试的主要参考依据。20 世纪 90 年代，我国水下声呐测量仪器计量测试技术体系开始形成，中科院声学所和国家市场监督管理总局等单位先后制定了如下相关标准：

《标准水听器》(GB 4128—1984)；

《水听器低频校准方法》(GB 4130—1984)；

《水声材料样品插入损失和回声降低的测量方法》(GB 144360—1993)；

《水声换能器自由场校准方法》(GB 3223—1994)；

《声学水声换能器测量》(GB 7965—2002)；

《水声发射器大功率特性和测量》(GB 7967—2002)。

此后对部分标准或规程进行了修订，使相关内容更加规范和完善。

就计量测试方法而言，无论是国际标准还是我国的国家标准，对水声换能器的计量测试方法大致可分为两个级别：一级校准法和二级校准法。一级校准不得使用已校准的换能器作为参考标准，但可以使用已校准的放大器、阻抗电桥、电压表和振荡器等仪器仪表；二级校准中可以使用已校准的换能器作为参考标准。即在一级校准法中所使用换能器的发送响应或接收灵敏度都是未知的，而在二级校准法中，可以使用已知接收灵敏度值或发送响应值的标准换能器作为参考标准，将待测换能器和标准水听器或标准声源在同一声场环境下进行比较，从而测出待校换能器的发送响应或接收灵敏度。互易校准法是一级校准法中的典型代表，比较校准法是二级校准法的典型代表。

2.2.4 综合类测量装备计量测试技术对比分析

1. 浮标计量测试技术对比分析

1)产品设计

浮标水动力特性计算分析是浮标设计与研制过程中的关键一环，分析浮标体在不同海况下的运动响应和受力情况，可以验证工作和生存海况下的稳定性，对于浮标关键结构的形状尺寸和材料选择有着重要的参考作用，是浮标设计和研制需要解决的前沿问题。

水动力特性研究的主要方法有理论分析、数值模拟、模型试验和现场观测。

针对资料浮标的水动力特性研究，理论分析方法众多，角度各有不同。在海上风、浪、流等环境载荷作用下，浮标体的动力响应和锚泊线上载荷的确定是一个复杂的力学问题，锚泊系统对标体的运动和受力影响较大，耦合效应明显。目前，理论分析方法还是以线性分析为主，考虑部分非线性特性，频域与时域分析相结合，从不同角度研究更复杂浮标系统的水动力性能。国外 Duggal Arun 和 Ryu Sangsoo 等(2006)采用耦合非线性时域方法对深水浮标在纵荡、升沉和纵摇方向的运动响应进行了测试。韩国釜山大学计算机辅助工程实验室针对水下锚泊系统，创建了一种新的局部参照系，将法向量设为流体相对速度方向，从而简化了变换矩阵的计算，同时也减少了计算误差，并基于此理论对一球形锚系浮标进行了数值模拟及模型试验，验证了该理论的可行性。国内谢楠等(2000)针对由浮标-缆-物体组成的综合系统，介绍了一种基于二维时域分析的动力学特性研究方法，并且建立了其各组成部分的运动数学模型；顾鹏等(2001)研究出一种浮标横摇倾角的改进计算方法，可得到浮标的运动倾角；缪泉明等(2003)基于三维势流理论对自由浮标体的附加质量、阻尼系数以及运动响应做了计算分析，对两个三锚系统在极限海况下的运动及受力进行估算。

在数值模拟方面，上海海洋大学宋秋红等(2010)采用流体体积模型(VOF)方法对一种船型浮标体在风浪中的受力情况进行了模拟，并对浮标体底部和侧壁受到的波浪冲击问题进行了数值计算，很好地模拟出底部和侧壁的压力特性；国家海洋技术中心陈春涛等(2015)在对一种新型 GNSS 浮标的设计及研制阶段，基于势流理论对该浮标的动力响应特性进行了详细计算，计算结果符合设计预期；中国海洋大学常宗瑜等(2016)采用多体动力学的方法，针对浮标投放过程，对由水面浮标、缆绳、测量元件、重力锚组成的浮标系统进行建模，得出各节点的动力学方程，并运用数值方法对常微分方程组进行求解，从而得到各节点的瞬时速度、加速度、下落轨迹以及各段缆索的瞬时张力。

模型试验是资料浮标水动力研究最基本、可靠的方法。国家海洋技术中心科研团队(2019)在上海交通大学海洋工程国家重点实验室采用模型试验方法对一小型海洋锚系浮标在波浪中六自由度运动及系泊链上下端张力进行了测量和分析，验证了锚系设计的稳定性；唐友刚等(2012)在天津大学船模试验水池中开展了系列试验研究工作，对海洋柱形浮标进行了静水阻力拖航试验、波浪拖航试验以及规则波试验，验证了数值模拟结果的有效性；山东省海洋仪器仪表研究所张继明等(2015)在大连理工大学试验水池进行了相关试验，通过模型的横摇衰减试验对仿真模型阻尼矩阵进行了修正，并进行了波浪试验加以验证，修正后的仿真结果与试验结果的平均误差不超过 3%。

在现场观测方面，瑞典乌普萨拉大学 Mikael Eriksson 等(1995)在位于瑞典西海岸吕瑟希尔市海域的波浪能研究试验场对柱形锚系浮标做了全尺度试验。他们将拉力传感器安装锚泊系统的缆绳上，测量缆绳上的张力变化，并用安装在浮体内的三轴加速度传感器测量浮体的运动，同时，在距离浮标 80m 处的水域布放了一个波浪骑士，用来测量波浪信息。试验验证了一个基于势流理论且边界条件为线性自由表面的计算模型的准确性，为波浪能转换浮标的设计提供了参考。

目前，国内还没有针对深海锚系浮标截断试验研究的相关记录，相关工作有待开展。

2)性能测试

国内外波浪浮标计量测试的设备主要有桁架结构和旋转架结构。现有的海洋理论认为，可近似把海洋波浪的外部形态视为正弦波，目前主要的模拟形态是赋予被检浮标或传感器以某种方式正弦振动或做近似正弦的垂直振动或圆周运动。波浪浮标旋转式正弦计量测试设备，是将需要检校的传感器或被检装置固定在刚性臂机构上，此机构可绕水平轴转动，从而所要测定的波高就是旋转直径，要测定的波周期就是旋转周期。由于此方法结构简单且模拟方法与海浪理论相近，已被生产设备厂家和研究学者所接受，在当前国际社会中被作为一种主流的波浪浮标计量测试装置使用。

目前国内拥有此类计量测试装置的机构包括国家海洋标准计量中心、山东省科学院海洋仪器仪表研究所等，如图 2-6 所示。其中，国家海洋标准计量中心研制的 JBY1-1 型波浪浮标计量测试装置，采用双桁架结构，可实现重力加速度式测波浮标和波浪加速度传感器的计量测试：波高测量范围为 1~6m，MPE 为±12mm；波周期测量范围为 2~40s，MPE 为±0.2s，负载 180kg 以上。山东省科学海洋仪器仪表研究所研制的 JBA2-1 型波浪浮标计

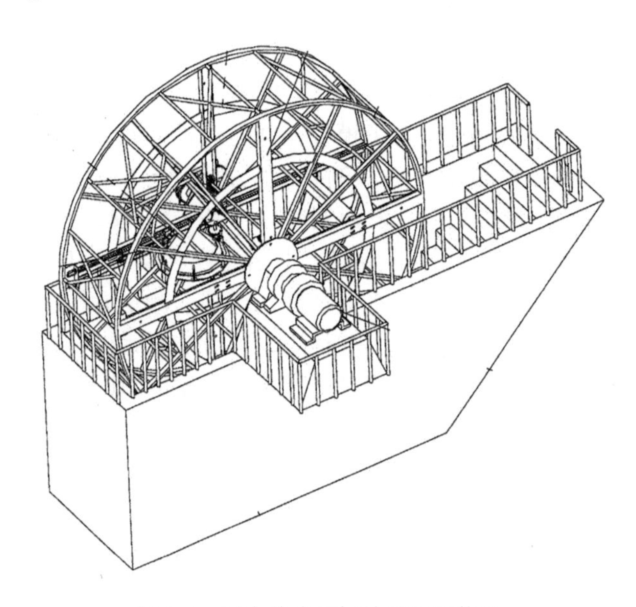

图 2-6　国内波浪浮标计量测试装置

量测试装置，采用单桁架结构：波高测量范围为 0.5~4.0m，准确度为±0.01m，波周期测量范围为 2~30s，准确度为±2%，可承受负载 10kg 左右。

国内波浪浮标计量测试装置的缺点是安装与拆卸麻烦，浮标位置及配重调整繁琐，自动化程度不高。

国际上测波浮标计量测试系统主要有绳索-滑轮组合校准法、摆锤校准法、垂直升降式正弦模拟校准法，以及 NOAA、NMI 采用的浮标校准装置、单臂吊挂旋转式校准装置等，如图 2-7 所示。

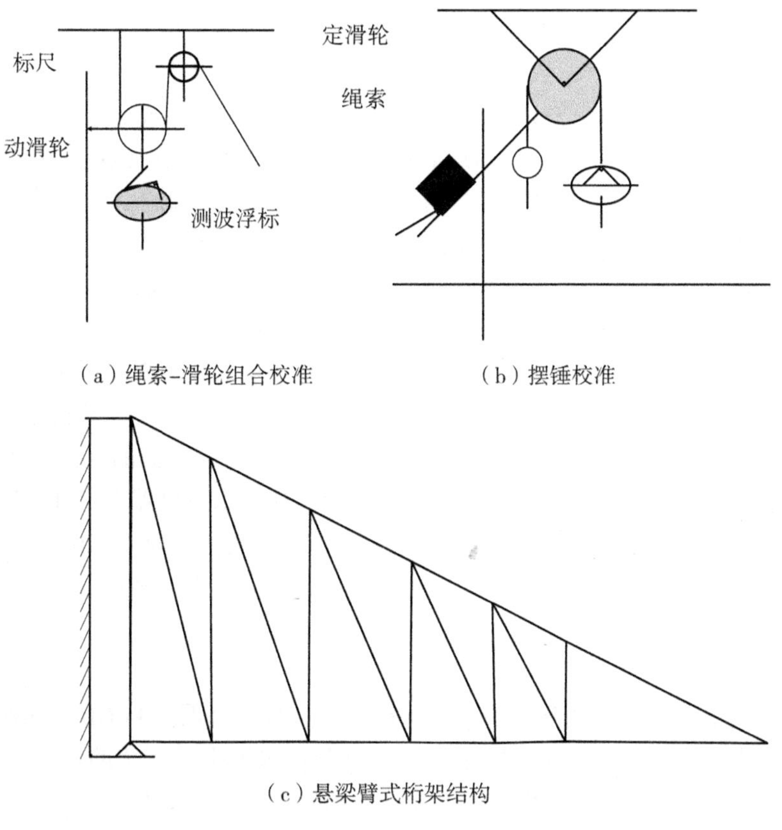

（a）绳索-滑轮组合校准　　（b）摆锤校准

（c）悬梁臂式桁架结构

图 2-7　国外波浪浮标计量测试装置

图 2-7 中，绳索-滑轮组合校准方法在对浮标定量精准校正方面难度颇大，是早期波浪浮标校准设备的代表作；摆锤校准法可通过改变其运动来完成对周期、幅度的调整，不过此方法可校准范围很小，同时存在阻尼作用；英国海事研究所（NMI）提出的校准方法与悬梁臂式桁架结构类似，采用双臂式旋转架，波高测量范围为 1~3m，波周期测量范围为 2.4~40s，浮标直径测量范围为 0.6~1.0m，承载量可达 40kg；挪威水工实验室（NHL）使用双臂式旋转架，波高测量范围为 0~4m，波周期为 2~40s，浮标直径测量范围为 0.7~0.9m，最大承载为 166kg。

2. 水下机器人计量测试技术对比分析

美国、加拿大、英国、日本等国在水下机器人技术研究方面处于领先地位。《交通强国建设纲要》中将水下机器人作为交通水运新型特种设备列入研究计划中，目前代表国内先进水平的、真正进入实质性试验阶段的研究单位主要有沈阳自动化所、上海交通大学、哈尔滨工程大学、中船重工 715 研究所等。

1)设计研发

水下机器人的结构形式和功能需求复杂，设计时需要考虑整体布置、体积、重量、各部件结构强度、静力平衡和动力性能等多个方面，对设计者的综合能力要求较高。国外学者编写了关于水下机器人的专著，总结了 ROV 的应用现状和基本设计方法，为水下机器人设计提供了可靠的参考依据。Robert D. Christ 结合世界上一些先进型号的水下机器人详细讲述了在设计过程中需要考虑的多方面问题，并给出一些改进建议。国内学者蒋新松、张铭均等(1997)对水下机器人的设计、制造和性能计算进行归纳整理，填补了我国在水下机器人技术领域的空缺。目前国内的水下机器人仍处在不断探索和改进的阶段，不少学者总结现有先进水下机器人的设计思想，针对某一系统或模块提出了改进方案。杜加友(2006)分析了影响水下机器人运动的力的各个分量，并通过仿真预测了它的运动轨迹，从姿态调节系统、可变浮力系统以及减阻壳体水部分三块入手，提出了水下滑翔机的机构设计以及壳体设计方法，并通过一系列实验对水下机器人各分系统和整机进行了测试；苏浩(2011)分析了国内外模块化水下机器人的研究成果，总结它们的优点和不足，对水下机器人的功能需求进行了分析和分解，利用设计矩阵建立水下机器人设计的模块化表达方式，最终确定了符合模块化设计原则的单元模块划分方案；杨德文(2011)提出了一种仅用两个螺旋桨并通过相关机构改变喷水方向得到不同方向推力的多自由度喷水推进器，制造了样机，验证了多自由度喷水推进器的有效性与合理性。

2)性能测试

目前，国内水下机器人测试仅有《轻型有缆遥控水下机器人》(GB/T 36896)、《石油天然气工业水下生产系统的设计和操作　第 8 部分：水下生产系统的水下机器人(ROV)接口》(GB/T 21412. 8—2010)等相关国家标准。国外对水下机器人的计量测试也是各个公司、研究所根据内部的测试需求而制定。从水下机器人的组成及其相应的功能来看，水下机器人的计量测试主要包括总成测试、螺旋桨推进器测试、机械手性能测试及其他性能测试等方面。

(1)水下机器人总成测试为水下机器人综合性能测试，主要包括整机尺寸，负载能力测试，正向、横向、垂直方向推力测试，最高航速测试，最大能耗测试等几方面内容。其中，整机尺寸通过相应的长度计量器具进行测量得到；负载能力测试通过在水下机器人上方加特定重量的负载，得到使其能浮在水面上的最大重量；各个方向的推力测试，可通过在水下机器人各个方向施加一束缚力(拉力传感器)，将水下机器人向各个方向全力推进，即可得到正向、横向、垂直方向的最大推进力；最高航速测试通过采用测速仪或在特定距离计时的方法测得；最大能耗测试则在水下机器人全力推进及所安装的所有耗能附件全开的情况下，对其输入功耗进行测试，得到最大功耗。

(2)水下机器人螺旋桨推进器测试。推进器是水下机器人的动力源，推进器的功能决定了水下机器人在水下的活动能力。对螺旋桨推进器的性能测试包括桨叶外径测量、转速测试、系桩推力测试等几方面。实际测试时，测试得到推进器转速-推力-功耗曲线即可。

(3)水下机器人机械手性能测试。作业型水下机器人常带有机械手，对水下目标物进行作业，因此必须对水下机器人配备的机械手进行测试。机械手的测试包括最大伸距、全伸长持重、运动范围、手爪开度等几方面。其中，全伸长持重测试通过将机械手持重测试用特定砝码后，伸长到最长距离即可；机械手运动范围测试通过将机械手上下、左右运动，得到其最大运动尺度。

(4)其他性能测试。对水下机器人的观察距离、摄像头安装云台的运动角、补偿器的高压舱功能、最大水深耐压能力等进行测试，以得到完整的水下机器人的性能。

水下机器人性能测试主要在测试水池中进行水下机器人动力、搭载能力、功耗、航速等性能的测试。国外有一些小型的专门用于水下机器人及其配件性能测试的系统，这些测试系统为国外水下机器人技术的发展提供了强有力的支持，如图 2-8 所示。

（a）麻省理工大学海洋工程系水下机器人测试系统

（b）美国伍兹霍尔海洋研究所 JASON 号水下机器人性能测试

图 2-8　国外水下机器人性能参数计量测试系统

图 2-8(a)中，麻省理工大学海洋工程系水下机器人测试系统该主要用于对水下机器人性能进行测试研究，拥有随机波浪制造机、激光感应装置和数据采集系统等设备，按照水下机器人测试所需要的条件进行设计，能较好地进行水下机器人全性能参数测试。伍兹霍尔海洋研究所海洋应用物理与工程研究室临近海边，并且拥有较为成熟的水下机器人测试技术，其测试、试验一般在海洋中进行，图 2-8(b)中对作业型水下机器人 JASON 号进行的相关性能测试，测试项目包括整机性能测试、俯仰及船艏角度测试、推进器性能测试、机械手作业能力测试、动力定位能力测试、摄像机观测能力测试。Saab Seaeye 公司对于水下机器人的研发、生产制造、性能测试等有一套较为成熟的体系，是当今水下机器

人商业化的典范，拥有顶尖的水下机器人设计实验室、生产车间和室内水下机器人测试水池系统，在水下无刷电机推进器、LED 水下机器人探照灯、水下机器人云台、水下机器人动力控制系统方面拥有较为成熟的研制技术和测试手段，保证了其在该领域的领先水平。

国内的测试水池基本都和船舶模型的水动力测试共用，而不是专门为水下机器人性能测试搭建的(除个别外)，其规模都很大，因而测试的成本较高。

图 2-9　国内水下机器人性能参数计量测试系统

图 2-9 中，上海交通大学海洋工程国家重点实验室拥有配套的深水实验室，深海压力环境模拟装备体系，ROV 装配车间和设计工作室，以及各种潜水器试验平台，是国内研制、测试水下机器人的重要机构之一，其深水实验室中建有一个 50m×40m×10m 的测试水池，水深在 0~10m 范围内可调，用于水下机器人整机航速、推力、功率等性能测试，深海压力环境模拟装备可模拟 4000m 水深海洋压力环境，可对水下机器人关键部件在深海压力下的抗压能力进行测试。沈阳自动化所拥有长 20m、宽 12m、深 9m 的试验水池及相配套的各种调试、吊装设备和仪器仪表、环境试验装置等，可进行各种水下机器人整机调试和功能试验。哈尔滨工程大学深水试验水池长 50m、宽 30m、深 10m，可进行水下机器人整机性能测试，包括航速、推力、定位等，以及螺旋桨推进器敞水性能测试等水下机器人相关性能测试，处于国际领先水平。浙江大学海洋装备试验技术浙江省工程实验室主要定位为水下机器人性能测试，拥有 20m×5m×4. 5m 的水下机器人测试小型水池，并在该水池附近布置相应的测速、测力、测功率、螺旋桨测试、机械臂性能测试的相应传感器及装置，能对水下机器人性能进行一站式测试。

从国内外的整体情况来看，凡是拥有先进水下机器人研制技术的机构，都有一套与之匹配的专门测试系统。相比国外先进的水下机器人制造及测试技术，国内相关机构还是以测试海洋船舶相关性能为主，很少或未开展水下机器人性能测试的研究，而已开展水下机器人测试的机构，很多也是由船舶测试系统改造而成的，设备较大，测试成本较高。

综上所述，我国高端水运监测装备技术水平、研发与制造平台的建设、产业的发展与国外水运强国仍存在一定差距。在水运监测装备产业计量测试领域，因为缺少标准顶层设计和完整的标准体系，以及部门之间的合作不协调，从而造成了标准制定比较分散。

◎ 本章参考文献

[1]杨书凯，刘慧，汤永佐，等．浮子、压力和雷达验潮仪的比较[J]. 信息技术与信息化，2019(3)：132-134.
[2]王明，徐剑，赵婧，等．广东省海洋工程装备与船舶制造产业标准体系框架构建[J]. 标准科学，2015(7)：65-68.
[3]王平，邬金，张济博，等．国内外侧扫声呐测量标准比较研究[J]. 海洋学研究，2018，36(2)：74-79.
[4]张淑静，吕聪俐，马敏．国内外海上多功能浮标发展探讨[J]. 中国海事，2019(9)：47-51.
[5]刘彧，徐红，齐莹，等．国内外水位计/测深仪技术标准现状对比分析[J]. 人民黄河，2019，41(7)：51-56.
[6]姚永熙．国内外应用水文仪器简析[J]. 水文，2018，38(4)：25-28.
[7]姚永熙．国内外转子式流速仪检定方法分析[J]. 水文，2012，32(3)：1-5.
[8]李晶，杨立，李健．海洋观测装备标准化建设现状、分析及思考[J]. 中国标准化，2015(9)：88-92.
[9]王云飞，管泉，王淑玲，等．海洋环境监测仪器国际专利竞争态势分析[J]. 情报杂志，2013，32(9)：62-67.
[10]江帆，高山峻，程绍华．海洋领域计量标准研建现状及发展方向[J]. 计测技术，2016，36(S1)：251-254.
[11]陈毅．海洋声探测关键计量标准及溯源技术研究[J]. 科技成果管理与研究，2020(8)：63-65.
[12]杨益新，韩一娜，赵瑞琴，等．海洋声学目标探测技术研究现状和发展趋势[J]. 水下无人系统学报．2018，26(5)：369-386，367.
[13]翟少婧，王娜，林修栋．海洋水文气象环境监测需求与技术[J]. 中国科技纵横，2014(9)：9-11.
[14]张小磊．基于海洋环境监测与现代传感器技术的研究[J]. 中国新通信，2018，20(20)：78.
[15]杨立．浅谈海洋监测装备在研制过程中的计量保障[J]. 海洋技术，2005(4)：132-134.
[16]陈平，李曌，李俊龙．日本海洋环境质量标准体系现状及启示[J]. 环境与可持续发展，2012，37(6)：69-76.
[17]王瑛，段景宽，高缘，等．深海装备用环氧基复合浮力材料综述[J]. 塑料工业，2020，48(7)：1-4，10.
[18]邓锴，张兆伟，俞建林，等．声学多普勒流速剖面仪(ADCP)国内外进展[J]. 海洋信息，2019，34(4)：8-11.

[19]牛福义. 水文仪器设备与测试计量技术[J]. 水利技术监督, 2012, 20(1): 6-8.
[20]徐红, 杨子光. 水文仪器设备与测试计量技术的有关思考[J]. 商情, 2013: 205.
[21]何施, 黄科舫, 吕鹏辉. 我国高端装备制造业关键材料科技成果计量分析[J]. 情报杂志, 2013, 32(2): 57-61.
[22]申家双, 葛忠孝, 陈长林. 我国海洋测绘研究进展[J]. 海洋测绘, 2018, 38(4): 1-10.
[23]王蕾. 我国海洋工程装备领域专利申请现状分析[J]. 科学技术创新, 2018(25): 59-60.
[24]姜永富, 李薇. 我国水文标准化工作的现状与发展[J]. 水文, 2008, 28(6): 61-64.
[25]陆旭. 我国水文测验仪器计量技术管理综析——关于水位测量及流速观测仪器的计量需求[J]. 水利技术监督, 2008(5): 23-27.
[26]张博, 袁玲玲, 陈华, 等. 中国-国际海洋观测标准比对分析研究[J]. 标准科学, 2019(11): 117-120.
[27]姚智超, 楚晓亮, 范筠益, 等. 基于 Prewitt 算子的 X 波段雷达有效波高反演研究[J]. 系统工程与电子技术, 2022, 44(4): 1182-1187.
[28]刘会, 马鑫程, 辛明真, 等. GNSS 浮标导出多普勒速度测波应用研究[J]. 山东科技大学学报, 2020, 39(2): 36-43.
[29]齐本胜, 范新南, 王森, 等. 宽带声学多普勒测流仪设计[J]. 仪器仪表学报, 2003, 24(z2), 233-234.
[30]田坦, 张殿伦, 卢逢春, 等. 相控阵多普勒测速技术研究[J]. 哈尔滨工程大学学报, 2002, 23(1): 80-85.
[31]谢楠, 郜焕秋. 浮标-缆-物体综合系统动力学二维时域分析[J]. 水动力学研究与进展, 2000, 15(2): 202-213.
[32]顾鹏, 董艳秋, 唐有刚. 浮标横摇倾角的改进计算方法[J]. 中国海上油气(工程), 2001, 13(4): 10-13.
[33]宋秋红, 唐歆, 兰雅梅, 等. 海洋渔业环境监测浮标的优化设计[J]. 渔业现代化, 2010, 37(5): 47-49.

第3章 水文测绘装备产业链分析

3.1 产业分布

2006年颁布实施的《全国沿海港口布局规划》明确将全国沿海港口划分为环渤海、长江三角洲、东南沿海、珠江三角洲和西南沿海5个港口群体，布局24个沿海主要港口，形成煤炭、石油、铁矿石、集装箱、粮食、商品汽车、陆岛滚装和旅客运输等8个运输系统的布局。2007年颁布实施的《全国内河航道与港口布局规划》明确：形成长江干线、西江航运干线、京杭运河、长江三角洲高等级航道网、珠江三角洲高等级航道网、18条主要干支流高等级航道组成的"两横一纵两网十八线"(简称2-1-2-18)和28个内河主要港口布局。

经过多年建设和发展，沿海港口空间布局基本形成。以天津港、上海港、大连港、青岛港、宁波舟山港、深圳港、广州港等主要港口为引领，地区性重要港口和一般港口共同发展的多层次发展格局总体形成。内河水运建设全面加快，航道条件明显改善，支撑作用不断增强，长江干线、西江航运干线、京杭运河、长江三角洲和珠江三角洲的高等级航道网成为综合交通运输体系的骨干，是区域协调发展的重要纽带和沿江(河)产业布局的重要依托。

我国水运监测装备产业发展主要分布于环渤海、长三角、东南沿海、珠三角等水运发达的天津、北京、大连、青岛、杭州、上海、武汉、广州、深圳等城市，基本特点是依托科研机构沿产业链自上而下发展，体现为一体化的研发、制造、销售和服务的产业发展模式，如表3-1所示。

表3-1 中国主要城市水运监测装备产业发展情况

城市	特点	主要机构
天津	水上无人机、水下机器人等装备制造具备较强实力；导航通信自动化、船舶探测等领域在全国领先；水下滑翔机和水质分析等新型精密仪器设备在全国领先	交通运输部天津水运工程科学研究所、国家海洋标准计量中心、天津大学、天津深之蓝、瀚海蓝帆等
青岛	多类别水运、海洋监测测量设备研制、水下焊接设备上具有优势	国家海洋科学与技术实验室、国家海洋监测设备工程技术研究中心、山东省科学院海洋仪器仪表研究所、中国科学院海洋所、中国海洋大学、中国科学院地质研究所、国家海洋局第一海洋研究所等

续表

城市	特点	主要机构
杭州	水下声呐监测技术及装备研制实力较强	国家海洋局第二海洋研究所、浙江省海洋产业计量测试中心
沈阳	水下机器人国内领先	中国科学院自动化研究所
上海	水上导航定位技术及设备制造国内领先	上海华测导航
广东	水文、地形地貌监测装备实力较强	中国科学院南海海洋研究所、中海达、珠海云洲等
北京	水下声呐、水质分析等核心传感器及装备研发，水运监测装备信息化实力较强	中科院声学所、海卓同创、星天海洋等

天津依托天然港口优势，围绕水文测绘装备产业计量测试需求，集聚深之蓝、智汇海洋等多家水文测绘装备制造龙头企业及配套企业，国家海洋技术中心、国家水运工程检测设备计量站等多家国家级专业涉水科研机构，交通运输部天津水运工程科学研究所、中船重工 707 研究所、天津大学、天津科技大学等 10 余家涉水研究院所、高校，建有省部级

图 3-1　天津市水文测绘装备产业基础

以上涉水重点实验室 15 个，研发中心、工程技术中心和装备质检中心 13 个，人才队伍数量及科技成果数位居国内前列。2020 年，天津市水运装备产业规模达 200 亿元，预计 2024 年将达到 600 亿元，形成水运装备产业集群。同时，天津作为国际港口城市和北方航运中心，是海上丝绸之路的战略支点、“一带一路”的交会点，同时也是京津冀一体化协同发展的重要枢纽，如图 3-1 所示。

天津市在多类别水文测绘装备研制上具有优势，航海通信导航设备和水文测绘装备及配套设备制造等领域具备明显的产业基础，掌握了水域立体监测、深水自主探测技术等一批共性关键技术；水文测绘高端装备人才队伍和科技成果数量居全国前列；拥有水上无人机、水下机器人等水文测绘装备制造、海洋重力仪等船舶关键设备的研发和制造能力，通信导航自动化、船舶探测等领域在全国领先，水下滑翔机和水质分析等新型精密仪器设备亦实现在全国领先；建成标准化和专业化的水下声学探测成套装备研发和测试基地，产业集聚效应明显，如图 3-2 所示。

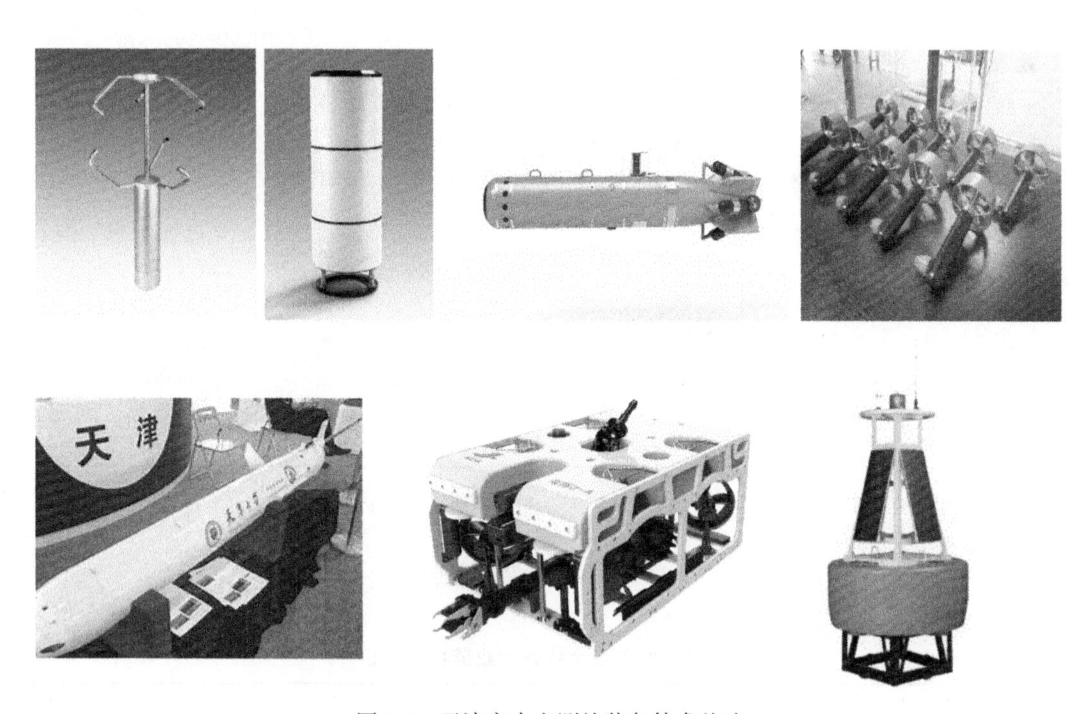

图 3-2　天津市水文测绘装备技术基础

3.2　产业链分析

水文测绘装备是国家战略新兴产业布局中的重要组成部分，属于交通运输高新技术装备领域，因高端装备处于技术链和价值链的高端，对整个装备制造业有重要引领的作用，是世界各国必争之地，是一个国家制造业的脊梁。

3.2.1 产业链特征

水文测绘装备种类较多，要根据用户的实际需求进行总体设计和研发，装备本身的结构复杂性也导致其从设计到生产、运输等过程中的环节较多，产业链庞大。因此，水文测绘装备制造产业链是在研发设计的基础上，从自然资源开始，通过原材料加工和各级设备的生产，并经过工程装备服务进行向下转移，最终以特定的装备产品供用户使用，如图3-3所示，水文测绘装备生产制造产业链的特征总结如表3-2所示。

图3-3 水文测绘装备产业链

表3-2 水文测绘装备产业链特征分析

产业链环节		主要特征
上游	原辅料加工	主要为资源加工型企业，为装备各部件的生产组装提供原材料；业内厂家实力普遍较强，但技术与生产设备差异较小，竞争压力大，市场集中度低；产业附加值不高
	基础部件生产	占据中低端市场，技术度相对较低，产能大，竞争激烈，产品差异化程度小，附加值相对较低

续表

产业链环节		主要特征
中游	产品设计	产业链的战略主导，掌握核心设计标准，决定产业链发展走向；在深水领域，国外企业占垄断地位，我国部分企业刚开始介入；主要根据用户需求定制设计，部分为标准化设计，需要创新能力，容易产生新工艺、新技术和新产品理念；附加值高，科技含量高、投入高，中下游企业很难介入
	加工制造	产业链的能力主导，掌握行业生产标准；主要包括专业配套设备、关键通用部件和特种直接工程装备的生产制造，市场集中度高，但该环节企业的竞争压力小；科技含量高，大部分技术核心被国外垄断；附加值高，技术与设备差异较大
下游	工程装备服务	用户的需求指导服务的方式和内容，涉及设备储运、安装调试和维修改造等；部分服务依据行业标准，同装备的生产过程配套；需明确装备制造的全部工艺流程，对管理经验要求高

1. 产业链上游

产业链上游的原辅料供应主要包括声学材料、浮力材料、耐压材料、防腐材料、密封材料等，应用于水运特殊环境材料的生产、加工，还包括基础机械零部件、电子元器件、水下密封插件、高强度缆线的加工、制造，以及声、光、电、磁等各类传感器的生产、制造。

我国在声学材料声压反射系数、透声系数、吸声系数等声学性能参数的测量方面已发布系列国家标准，掌握了行波管法、互易法等多种计量测试技术，具备较好的研究基础和条件，逐步接近国际先进水平。

在浮力材料方面，先进的浮力材料制备技术主要被美国、俄罗斯等国掌握，其材料密度一般可达到 0.4~0.6g/cm^3，耐压强度则在 40~210MPa；国内目前应用最广泛的微珠复合泡沫浮力材料，其基本能满足 7000m 以内深度监测的需求，但因其密度大和吸水率高等缺点，不能满足全海深测量需求。目前国际上已商品化的全海深浮力材料主要包括 Trelleborg Offshore 生产的 DS-39，Engineered Syntactic Systems 生产的 HZ-45，Ron Allum Deepsea Services 生产的 DR11；我国海洋化工研究院有限公司和中国科学院理化技术研究所也在进行全海深浮力材料的研制工作，材料密度达到 0.7g/cm^{3}左右，耐压强度突破 150MPa。但目前我国已研制成功的全海深浮力材料普遍密度大、吸水率高且不能满足 1.5 倍耐压安全系数要求，因此需要进一步发展新型的轻质、高强度和高可靠性的浮力材料，较有发展前景的浮力材料包括陶瓷浮力材料、无缝陶瓷空心浮球和碳纳米管增强复合数据泡沫浮力材料等。

水文测绘装备防腐涂料市场几乎完全被国外企业垄断，就技术水平而言，国内的部分涂料技术已达到可应用的水平，但缺少实际工程应用机会，直接影响国内相关关键技术的发展。此外，传统防腐涂料含有重金属和一些难降解的有机物，其无论在生产或使用过程中，均会危害环境。电化学保护方法中，我国常规牺牲阳极占世界份额的绝对优势，但高档稳定化牺牲阳极仍然依赖进口，而且我国目前没有生产大电流阴极保护系统的能力。我国严重缺乏水运装备材料表面改性等特殊防护技术，特别是关键重要部件的防护技术，从设备、材料到技术，主要依赖进口，受到工业发达国家的技术制约。

在水密接插件方面，目前我国已攻克了干插拔水密连接技术，设计出可用于7000m水深的干插拔水密连接器，已经生产满足不同水深、电压、电流的电气、光纤水密接插件产品；由沈阳自动化所海洋技术装备研究室承担的“深水水密电缆接插件工程化技术”项目(2014)顺利完成规范化海上试验，获取了深水环境下原始数据，为国产化产品后续的改进提升及推广应用奠定了基础。

在水文测绘传感器方面，我国自行研制的温盐深(CTD)传感器，其实验室测量精度已与国外同类产品不相上下，温度精度达到±0.001℃，电导率精度达到±0.0003mS/cm，压力精度达到±0.015%，但由于数据采样、传输效率不高，缺乏水上工作的稳定性、可靠性，现场观测精度难以保证。在内河、港口与海洋中浮标、潜标等移动观测平台上，温度、电导率、压力等传感器，90%以上仍依靠国外进口。此外，目前我国尚不具备全面、完整的微生物数据库，适合长期监测的便携、低功耗、原位、实时、快速、精确的微生物传感器也未有相关产品，国内的研究机构和企业经历了靠购买国外的主要元部件从事系统集成到模仿国外的技术路径从事国产化制造的过程，在性能，尤其是稳定性上还缺乏竞争力，尚未达到国际水平。

2. 产业链中游

产业链中游主要针对特定环境或一定使用条件下的用户需求，开展水文测绘装备的总体设计和研发。中游的产品生产主要涉及水文、水体、地形地貌及综合类的测量装备的设计、制造、装配、测试。其中，水文测量装备主要包括水位计、波浪观测仪、流速仪、流量计等，水体测量装备主要包括浊度仪、含沙量测定仪、多参数水质分析仪等，地形地貌测量装备主要包括多波束测深仪、扫描声呐、合成孔径声呐、超短基线定位系统等，综合类测量装备主要包括浮标、潜标、潜水器等。装备的设计环节主要涉及产品结构设计、性能指标设计、工艺设计、试验方案设计等方面，装备的制造环节主要涉及产品零部件加工工艺、装配工艺等方面，装备的性能测试环节主要涉及产品的功能测试、整机测试、环境适应性测试、机械适应性测试等。产业链中游主要以产品生产厂家、涉水科研院所、高等院校及计量测试机构为主。

在水文测量装备设计、制造、测试方面，温、盐、深、浪、流、潮等水动力参数传感器在性能上已经达到国际先进水平，环境适应性也不低于进口产品。但在更尖端的传感技术方面，与国外的差距依然巨大，而且有持续拉大的趋势，如高精度海水温盐深(CTD)剖面仪、相控阵海流剖面仪、声学多普勒流速剖面仪(ADCP)、投弃式温盐度深(XCTD)和投弃式温度深(XBT)等传感器技术成果在指标上仍不及国外技术发达国家的产品。

美国、日本等发达国家的温盐深测量技术处于世界领先水平，其传感器种类及精度指标一直垄断全球水运仪器市场，在我国使用较多的产品品牌有美国的海鸟、FSI、IO 和 YSI 等，日本的自容式温盐深仪器以体积小、易携带与功耗低、功能丰富等优点得到了广泛的应用。我国研制的温盐深监测装备存在便携性不足、设备的数据采集速度以及集成化程度不高、仪器精度的稳定性不好、系统的智能化处理较弱等缺点，实际应用中仍有大量的产品依靠国外进口。在流速测量方面，国内海水测流测速方向已形成多个频段产品，主要差距在于产品化方面。国际上 ADCP 开始向多频组合、小型化和深水相控阵等方向发展。在多频 ADCP 方面，美国 Sontek 公司率先推出了用于河道流速和流量测验的 Riversurveyor M9 型产品，集成了 2 个频率的测流换能器，能够实现 1MHz 和 3MHz 两个频率测流；挪威 Nortek 公司推出了用于海洋测流的 Signature55 型 ADCP，该产品采用 1 套换能器实现 55kHz 和 75kHz 两个频率测流。在小型化设计方面，美国 RDI 公司推出了 Pathfinder 系列产品，体积重量均远小于前期产品，换能器和电子舱的总重量小于 2kg；挪威 Nortek 公司推出了能够安装在水下滑翔机的 AD2CP 型产品。在深水相控阵产品方面，美国 RDI 公司推出了能供用于 4500m 深海的 Pioneer 系列产品。国内杭州应用声学研究所研制的 SLC38 深海走航式 ADCP 在剖面测量范围、层数、底跟踪深度、精度等方面已达国际先进水平，但在流速测量精度、稳定性等方面与国外产品仍有一定差距。

在水体测量装备设计、制造、测试方面，欧美及日本等在 20 世纪 70 年代已有便携式多参数水质分析仪出售，20 世纪 80 年代连续多参数水质分析仪获得应用，如日本 ALEC 公司 COMPACT 的 AAQl71，美国哈希公司的 HydroLab 系列和 YSI 多参数水质分析仪，在一个探头主体上可同时配备浊度、色度、叶绿素 a、电导率、溶解氧、温度、压力、水中油等多种常规参数，且可以实现多参数同步测量，具有体积小、集成度高的优点。国内山东省科学院海洋仪器仪表研究所、国家海洋技术中心等机构开展了多参数水质分析仪的研究，取得了不错的成果，但在仪器的稳定性、数据可靠性、环境适应性以及集成方面仍需提高。在营养盐分析仪方面，在我国水文测绘装备领域市场占有率较高的主要是英国 Seal 公司和荷兰 SKALAR 公司生产的营养盐分析仪，两种仪器均采用流动注射分析法，主要应用于实验室检测；意大利 Systea 公司的 WIZ probe 野外营养盐在线分析仪，美国 SubChem 公司的水下原位营养盐在线监测系统 Microlab，广泛应用于水下原位测量。国家海洋技术中心研制的营养盐自动分析仪技术相对成熟，经过国内权威部门的计量检验和在海洋站、监测船的多次示范应用，在技术指标上达到国外同类仪器技术水平。此外，国内新研制的化学需氧量测定仪(COD)、重金属测定仪等在主要指标方面已达到国际领先水平，特别是在微流控芯片设计、放射性监测等新技术方面处于国际先进水平。

在地形地貌测量装备设计、制造、测试方面，我国深水多波束测深声呐尚未形成产品系列，在信号处理、声呐阵制造、电子硬件、采集与后处理软件等核心技术方面与国外有 5~15 年的差距，整体技术水平与国外相比有 10 年的差距；合成孔径声呐在浅海技术方面基本与国外同步，深海合成孔径技术尚未开展相关工作，与国际先进水平有 5~8 年的差距；高频成像、前视成像方面已有初步样机，但成像效果不及国外先进水平，差距主要集中在系统集成和换能器器件工艺方面。综合来看，我国的水下声学探测技术与国外有 10 年左右的差距，对于声学系统而言，从样机到产品需要很好地解决环境性能可靠性、主要器件特别是换能器的工艺稳定性和一致性、水下机械部件工作可靠性等产品级关键性技术工艺问题。

3. 产业链下游

产业链下游主要包括提供水文测绘装备的安装调试、运输维护、计量测试等多种服务的工程装备服务企业及计量测试机构。由于水文测绘装备多为非强检设备，在产业链中游的生产制造阶段，各生产厂家尚能根据指标要求以自行检验或委托计量测试机构代为测试的方式对设计、制造工艺水平及产品性能进行把控，产品交付使用后，对其在现场工作条件下的数据可靠性、稳定性及定期维护保养的关注度较低，加之缺乏相关政策支持，生产厂家、计量测试机构服务产业链下游的能力不足。

3.2.2　目前存在的问题

整体来看，国内水文测绘装备产业与国际先进水平的差距正在缩小，在原材料、基础零部件生产、部分主流监测装备研发、制造等方面已达到国际先进水平，但在产品附加值高的高精度传感器制造、特殊功能传感技术研究及设计、制造等领域与国外仍存在较大差距，产品多处于试验样机阶段，尚不具备商业开发条件。目前水文测绘装备产业存在的问题主要体现在以下几个方面。

1. 产业规模小

水文测绘装备产业发展模式较为单一，重大项目、高端产品和龙头企业较少，尚未成为有分量的新经济增长点，至今还很少有通过市场竞争而取得出口权的水运监测装备企业。据国家统计局和有关行业部门统计，国内中档产品以及许多关键零部件60%以上的市场份额被国外公司垄断，而大型和高精度水文测绘装备则更依靠进口，在产业规模、技术方面与先进国家的差距较大。国内用户在选择国外进口产品时，不得不接受其价格高、供货周期长、服务响应慢等问题。另外，进口产品长期占领国内市场的现实使得国内用户较难接受国产设备，致使国内企业缺少研发动力。

2. 产业化水平低

水文测绘装备的研发周期长、投资大且风险高，缺乏针对使用对象而开发的专用解决方案，主要研究机构为高校和研究院所，未形成需求驱动，产业化水平低，技术研发与市场机制未能有效结合。由于缺乏产学研结合的机制，高技术成果在产业化过程中仍存在市场和用户等方面的限制。以天津为例，据估计水文测绘装备科技成果只有30%实现转化。

3. 产业链不完整

由于水文测绘装备制造业具有投入高、风险大、用户单一和经济收效慢的特点，国内水文测绘仪器企业的参与积极性普遍不高，企业总体数量较低，而具有较强竞争力和产业链整合能力的龙头企业不多，且同上下游关联企业的协同性较弱。产业结构不合理和配套设施不完善，配套行业的企业多为参差不齐的小型企业，没有制定向产业集群方向发展的战略，缺乏配套产业及关联产业，水文测绘装备产业的相关支撑产业还落后于国外。

4. 产品的技术水平较低，可靠性较差

水文测绘参数的准确性取决于水文测绘装备量值传递的准确性，水文测绘装备的计量保障必须得到确认，不仅要注重研制过程的计量保障，更要注重装备使用过程的计量保障。然而，目前我国水文测绘装备产业计量测试缺乏统筹布局与顶层设计，产业体系构建困难，影响水文测绘装备规范化发展。水文测绘技术或装备的国家或行业技术标准不足，一方面不利于科技成果向产品转化，阻碍产业化进程；另一方面，工程样机技术水平参差不齐，数据接口与格式互不兼容，难以获取高质量、可靠的水文测绘数据。绝大部分产品技术处于国际上 20 世纪 90 年代初中期的水平，技术含量高的自动化仪表及系统、科学测试仪器、传感器元器件等产品同国外差距明显，产品的可靠性与国外产品相差 2 个数量级，测量精度与国外产品相差 1 个数量级。在基础技术和制造工艺上的精度有所欠缺，对产品品质的控制仍不够严格，特别是在可靠性问题上，一些关键技术还没有得到突破。

5. 高端人才数量不足，结构不尽合理

目前，国内水文测绘装备高端技术人才和项目运营人才紧缺，产业规模小、产业链不完整造成对国际、国内高端人才的吸引力较弱，加之未形成良好的人才培养环境，未建立合理有效的人才培养机制，导致人才培养后劲不足，各层级技术人才配置不合理，从而造成国内高端技术装备多以对国外产品模仿、复制为主，缺乏原创性核心技术。

我国水文测绘装备产业与世界先进水平的差距是由多方面制约因素造成的：

一是我国水运科技领域起步晚，尚不具备应对风险和挑战的能力，与发达国家相比，我国的水文测绘技术研究总体上仍停留在近海和海面这两个方面，尤其是在装备和技术体系的建设方面差距更大。

二是由于技术水平的局限，我国水运安全保障能力仍较为薄弱，国家级水运安全保障平台尚属空白，实时服务保障体系尚未形成。

三是水运高技术产业刚刚起步，规模和核心竞争力与发达国家差距较大，水运战略新兴产业发展急需产业政策的支持。

四是水文测绘装备领域科技条件和产业化平台建设规模小且布局分散，未形成有效的资源共享机制，不能满足科学研究与技术研发、海上试验和成果推广应用需求。

3.3 计量服务产业重点领域

水文测绘是借助各类监测装备对水路运输过程中涉及的水运基础设施及航行安全进行的测量和判定。水文测绘要素空间分布不均匀，变化迅速，是一个复杂的动态测量过程，只有保证仪器的准确、可靠，才能确保测量资料的科学、有效。即使单个装备或要素出现问题，也会直接影响资料的准确性、可靠性和可比性，造成资料长期变化趋势的统计误差，资料的积累变得不可信，甚至会导致整个数据分析的毁坏。

质量提升，计量先行。水文测绘装备产业计量测试的计量服务重点领域主要是为内河、港口、航道的水文、水体、地形地貌等关键要素的测量装备提供计量测试服务，改善

产品质量的关键是控制产品设计、生产制造、应用过程中所涉及的技术指标，探索新的计量测试技术，将计量测试贯穿于产品的全寿命周期，为产品质量提升奠定坚实基础。

3.3.1 水文测量装备领域

水文要素是水文测绘的重要内容之一，通过收集水位、浪、潮、流等信息，为水运基础设施耐久性设计、评价及航行安全研究提供基本数据。近年来，国内水文监测装备在科研和生产方面发展迅速，智能化、小型化、网络化逐渐成为发展趋势。

在产品设计阶段，对于产品的符合性结构设计、关键技术方案、方法论证，目前仍缺乏统一的计量手段，很难从设计阶段统筹考虑、规避产品后期可能出现的技术问题或缺陷。该阶段应作为计量服务产业的重点领域进行开拓，应对装备的可靠性理论、测试方法、误差理论等进行深入全面研究，明确测量装备对数据精度及数量的要求，明确各项指标，为新装备的研制奠定理论基础。

在生产制造环节，想要加强装备的可靠性、提高数据精度，就需努力实现装备的标准化生产，加强质量检测管理，争取做到控制、测验一体化。如为保证装备耐压性、密封性，应对传感器安装结构尺寸、控制模块安装位置进行测试，同时应对各部件的配合间隙、密封面表面质量进行测试；应对传感器关键性能指标进行测试，对电路系统的环境适应性、抗干扰性、功率损耗等进行测试，在产品装配过程中，应对其装配精度、安装位置要求等进行测试。

产品性能测试阶段，主要对装备的功能参数、环境适应性(温度、湿度、盐雾等)、机械适应性(振动、摇摆、冲击等)、抗电磁干扰性能、数据传输性能、整机的功率损耗、数据测量的准确率等参数进行测试。

在产品使用维护阶段，应重点解决工作现场对各类装备关键参数的原位、在线计量测试，还应对因载体或本体在水面摇摆、冲击下的测量准确性进行测试和数据补偿，对数据存储、传输过程中累积的计时误差等参数进行测试。

3.3.2 水体测量装备领域

水体测量装备主要为内河、港口、航道的水质、悬浮颗粒物、底质沉积物等要素监测装备。其中，水质分析多采用化学方法，通过与标准物质进行比对的方式进行水质监测；悬浮颗粒物监测多通过物理、光学手段获取含沙量、海水浊度信息。

在装置研制方面，应对监测装备的可行性分析手段、测试方法、误差理论等进行深入、全面的研究，明确测量装备对数据精度及数量的要求，为新装备的研制奠定理论基础。

在标准物质研制方面，针对内河、港口、航道的水质监测仪器校准、质控、样品分析等应用，重点开展计量测试方法研究，针对不同应用实现标准物质性能指标差异化细分，保证测量标准的一致性和有效性，进一步提升标准物质水平，逐步满足水运监测、水资源利用和水运科学研究的需求。

针对深水、极地等领域的极值量、航道监测中的动态量和多参数综合参量，开展多参数水质仪等多参数综合参量的相关量值溯源技术方法研究，以及开展内河、港口、航道的船舶尾气、压载水、溢油等监测仪器/传感器的现场检测、在线校准技术方法研究。

3.3.3　地形地貌测量装备领域

地形地貌测量装备是人类开发内河、港口、航道的工具，也是水运领域高端装备制造产业的重要分支。地形地貌测量装备主要实现水下地形、地貌、地层及水下定位的测量，装备的智能化、自动化程度较高。随着新技术、新方法、新需求大量涌现，尤其随着载人潜水器等深海运载器探测技术，以及声学、光学、电磁学和热学等深水传感探测技术的发展，对于获取实时、准确、可靠的水下数据提出了更高的要求，需要尽快建立服务于深水监测仪器装备精准计量检测的尖端硬件基础，提供便捷的现场、实时校准水运计量服务，建立与之相适应的水运计量技术和监管体系，提高水下探测装备计量测试能力。

产品设计阶段，主要根据功能需求和工作环境条件进行材料选择和方案设计，水运高湿度、高盐度等复杂的腐蚀环境，导致材料更容易发生腐蚀，且腐蚀程度往往较其他环境更严重，需从装备选材与结构环境适应性、有效表面防护、环境控制、维护保养等方面解决水运环境中环境腐蚀问题。对水声材料声学参数的测量是水声学研究的基础和关键，以水声换能器为例，需对水声材料的声反射系数、声透射系数、声吸收系数、插入损失、压电转换特性等参数进行测试，用于确定换能器基阵、发射系统、接收系统能达到的参数指标。

产品加工制造阶段，主要根据设计指标要求进行产品的加工、装配，包括机械本体的加工、各功能部件的加工、传感器敏感单元的加工等，包括机械部件间焊接工艺、表面处理工艺、密封工艺、涂装工艺等，还包括各功能部件及整机的装配工艺等。由于声学换能器各项性能间具有复杂的关联性，如在设计阶段根据方向性开角和工作频率可确定基阵的尺寸、振元尺寸和振元数量，当工作频率升高，基阵尺寸将减小，这将导致吸收损耗、输出功率、单位面积辐射声功率的升高，因此，在加工制造阶段基阵尺寸、振元尺寸及振元间距的计量测试将保证方向性开角和工作频率达到设计要求。再比如在设计阶段根据工作频率、机械品质因数确定的发射信号脉宽，在加工制造阶段通过测量发射系统中该模块发射脉宽，也将确保工作频率和机械品质因数的设计要求得到满足。

产品的整机试验阶段，主要根据设计指标对地形地貌测量装备的整体性能指标进行试验验证，如针对多波束测深仪开展的测深、扫宽等几何性能的计量测试及工作频率、发射声源级等声学性能的计量测试，包括对整机工作电压、工作电流、输出功率、电声转换效率、功率损耗等电学参数的计量测试以及环境适应性测试等。

产品的使用维护阶段，主要解决地形地貌测量设备在现场安装、使用及日常维护过程中的计量测试需求，在现场动态水体环境中，温度、盐度、海流等环境参数的变化、安装、定位产生的误差都将对装备的整体性能造成影响，需综合考虑和修正。

此外，现代水文测绘传感器的发展已充分融合了当代科学技术成就，集成化、高效率、长时效、全覆盖、数字化、信息化是主要发展趋势，遥感技术和以无人机动平台为载体的监测技术提高了水路运输应急和机动监测能力，也是发展的主流方向。由于许多内河、港口、航道的地质地貌现象的产生及变化属于长周期过程，因此，长期、定点、连续的多要素同步测量技术是研究水路运输条件变化规律和实现目标监测警戒的重点。对于船载、机载或搭载于浮标、潜标等综合监测平台上的监测装备，尤其是声学类设备，其在现场环境条件下的测量精度、环境适应性参数修正等的计量测试，是计量测试服务的重点领域。

通过提升水文测绘装备计量检定能力，可以有效地提高装备的质量和数据的准确性；此外，还需要加大对水文测绘装备计量测试能力的重视度，构建完善的运行系统，最终增强计量测试工作的有效性。

计量测试技术服务水文测绘装备领域要达到的效果如下：

(1)完善生产环节计量测试技术规范，攻克计量测试技术难题，促进水文测绘装备质量提升。

(2)解决水文测绘装备计量测试技术的共性问题，确保关键技术参数精确、可控。

(3)完善水文测绘装备测量参数溯源体系，提高测量参数准确性和可靠性，保障水文测绘装备产品质量持续提升。

(4)针对智能化、自动化水文测绘综合要素测量装备的计量测试需求，开展新的计量测试技术研究，研制新的计量测试装备，为新型水文测绘装备高质量发展提供计量测试技术支撑。

(5)针对水文测绘装备现场、原位、在线计量测试的需求，研发移动计量系统，从而有效地完善计量检定工作的品质，提升计量检定工作的效率，确保相关设备系统正常运转。

◎ 本章参考文献

[1]刘坤，王金，杜志元，等．大深度载人潜水器浮力材料的应用现状和发展趋势[J]．海洋开发与管理，2019，36(12)：68-71.

[2]路晓磊，张丽婷，王芳，等．海底声学探测技术装备综述[J]．海洋开发与管理，2018，35(6)：91-94.

[3]杨永松．海洋工程焊接技术的现状与分析[J]．环球市场，2017(10)：338.

[4]吴平平，陈峰．海洋工程装备重防腐涂料的应用研究[J]．机电工程技术，2018，47(4)：183-184.

[5]王波，李民，刘世萱，等．海洋资料浮标观测技术应用现状及发展趋势[J]．仪器仪表学报，2014，35(11)：2401-2414.

[6]张伟，周怡圃，朱凌．基于 SWOT-AHP 的我国海洋工程装备产业发展战略分析及选择[J]．海洋经济，2015，5(3)：3-11.

[7]王祎，李志，李芝凤，等．基于产业链分析的海洋工程装备制造业发展研究[J]．海洋开发与管理，2015，32(7)：40-43.

[8]吴平平，陆军．基于产业链分析的海洋工程装备制造业发展研究[J]．机电工程技术，2018，47(5)：36-37，193.

[9]马哲，何乃波，朱喆，等．基于产业链分析的海洋能装备产业培育策略研究[J]．科技管理研究，2018，38(15)：155-160.

[10]母爱英，冯盼，武建奇．京津冀协同发展中海洋产业链的构建研究[J]．河北经贸大学学报，2017，38(1)：91-96.
[11]尚岩，王云飞，朱延雄，等．青岛市无人潜水器产业化建议[J]．中国科技信息，2018(1)：54-56.
[12]孙松，孙晓霞．全面提升海洋综合探测与研究能力——中国科学院海洋先导专项进展[J]．海洋与湖沼，2017，48(6)：1132-1144.
[13]李硕，唐元贵，黄琰，等．深海技术装备研制现状与展望[J]．中国科学院院刊，2016，31(12)：1316-1325.
[14]丁忠军，任玉刚，张奕．深海探测技术研发和展望[J]．海洋开发与管理，2019，36(4)：71-77.
[15]赵羿羽，金伟晨．深海探测装备发展新动态[J]．船舶物资与市场，2018(6)：41-43.
[16]陈元杰，葛锐，孔新雄，等．水下机器人测试及相关机构介绍[J]．计测技术，2014，34(5)：8-12.
[17]范士明．卫星遥感产业化途径探讨[J]．中国航天，2006(2)：14-20.
[18]林薇．我国水文测流仪器发展概述[J]．水利技术监督，2004(2)：60-62.
[19]智永明，刘建华，魏广．一体化遥测水位计工业设计探讨[J]．水利信息化，2017(1)：44-48.
[20]张昕妍，仪德刚，杨漾．中国水下机器人的诞生与样机化发展模式探析[J]．科技和产业，2015，15(7)：15-19，27.

第4章　水文测绘装备产业计量测试需求分析

水文测绘装备主要服务于水运基础设施“建、管、养、用”全寿命周期管理及水运装备航行安全，涉及水文、水体、地形地貌三大领域，按测量位置、功能分为水文、水体、地形地貌、综合类的测量装备，形成覆盖水面—水中—水下全方位立体监测网络。

4.1　全产业链计量测试需求分析

4.1.1　产业链上游

水文测绘装备产业链上游主要为水声、浮力、耐压、防腐、密封材料，基础机械零部件、电子元器件、水下密封接插件、高强度水密缆，以及基于声、光、电、磁原理的应力、应变、位移、速度、角度、编码器等传感器。

在装备材料方面，水声材料主要包括平面层状材料、均匀和分层均匀材料、密实高分子材料、压电陶瓷材料、稀土材料等，其声压反射系数、声压透射系数、吸声系数、损耗因数、插入损失、纵波声速、复反射系数、纵向伸缩模频率常数、径向频率常数、谐振频率、机械品质因数、横向频率常数、杂质含量、颗粒度等参数均需开展计量测试，以保证声学换能器、机械部件功能设计的符合性。其中，现已发布声压发射系数、透声系数、吸声系数等声学性能参数的测量的系列国家标准，如《声学水声材料样品声压反射系数、声压透射系数和吸声系数的测量行波管法》(GB/T 32523—2016)、《声学　声学材料阻尼性能的弯曲共振测试方法》(GB/T 16406—1996)、《声学水声材料样品插入损失和回声降低的测量方法》(GB/T 14369—1993)、《声学水声材料纵波声速和衰减系数的测量脉冲管法》(GB/T 5266—2006)等，掌握了行波管法、互易法等多种计量测试技术，具备了较好的研究基础和条件，逐步接近国际先进水平，如图4-1所示，水声材料的计量测试需求如表4-1所示。

在水文测绘装备浮力材料方面，较有发展前景的浮力材料包括陶瓷浮力材料、无缝陶瓷空心浮球和碳纳米管增强复合数据泡沫浮力材料等，国内目前应用最广泛的微珠复合泡沫浮力材料，基本能满足7000m以内深度监测的需求。其中，密度、吸水率、耐压强度、抗压模量等参数是浮力材料的关键计量参数，目前尚无国家标准、行业标准对其进行计量测试。美国、俄罗斯等国研制的浮力材料密度一般可达到0.4～0.6g/cm^3，耐压强度可达40～210MPa；我国海洋化工研究院有限公司和中国科学院理化技术研究所研制的全海深浮力材料密度达到0.7g/cm^{3}左右，破碎压力突破150MPa，但目前已研制成功的全海深浮

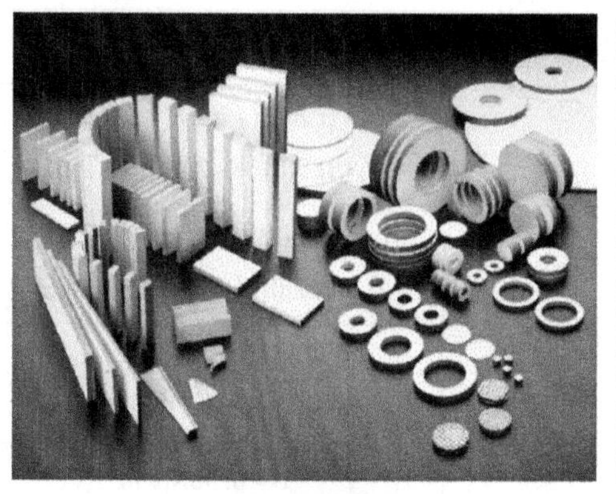

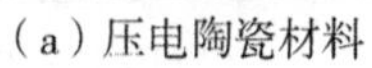

（a）压电陶瓷材料

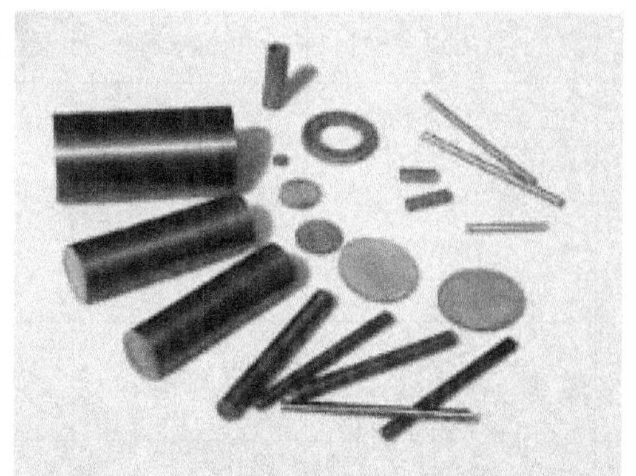

（b）稀土材料

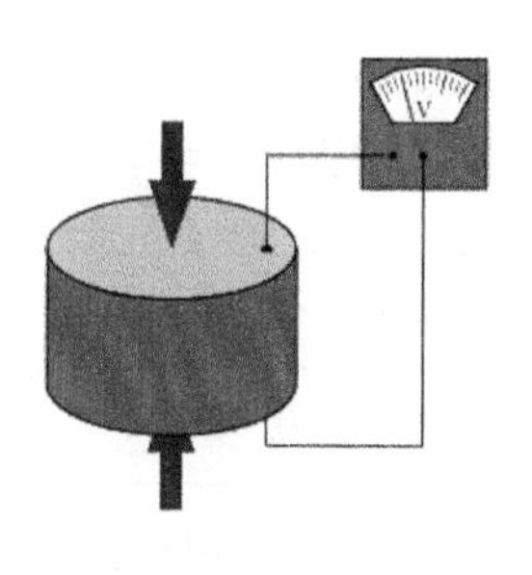

（c）正压电效应

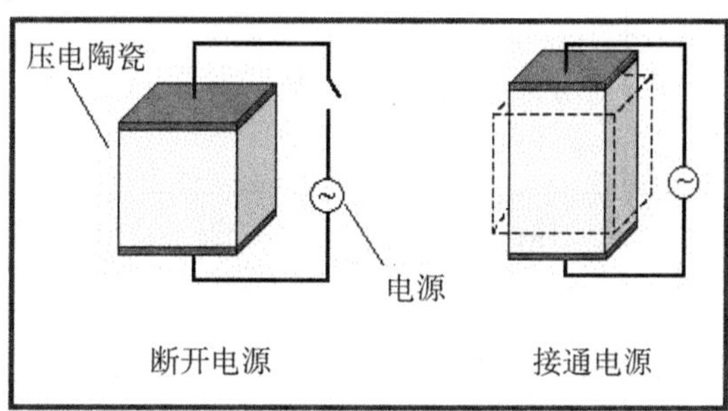

（b）负压电效应

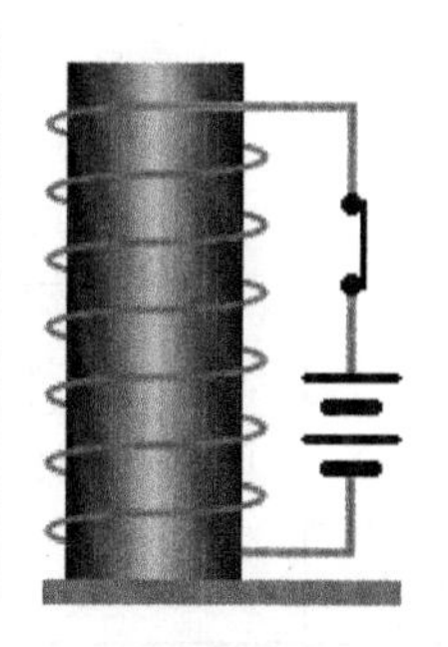

（c）磁致伸缩效应

图 4-1　声学材料及特性

表 4-1　水声材料计量测试需求

序号	类别	指标名称	测量范围/量值	测量技术要求
1	水声材料特性（平面层状样品，100～3150Hz）	声压反射系数	—	$U_R \leqslant 0.1(k=2)$
2		声压透射系数	—	$U_T \leqslant 0.1(k=2)$
3		吸声系数	—	$U_a \leqslant 0.2(k=2)$
4	水声材料特性（均匀和分层均匀样品）	储能弯曲模量	≥0.5MPa	$U \leqslant 5\%$（均匀材料） $U \leqslant 20\%$（复合材料）
5		损耗因数	$10^{-2} \sim 10^{-1}$量级	$U(\sigma)=1.4\%$（均匀材料，$u(f)=0.1\%$） $U(\sigma) \leqslant 5\%$（复合材料）

续表

序号	类别	指标名称	测量范围/量值	测量技术要求
6	水声材料特性（均匀和分层均匀样品）	插入损失	—	$U_I=0.8\text{dB}(k=2)$（脉冲管法） $U_I<1.2\text{dB}(k=2)$（自由场法）
7		回声降低	—	$U_E=0.8\text{dB}(k=2)$（脉冲管法） $U_E<1.2\text{dB}(k=2)$（自由场法）
8	水声材料特性（均匀、密实高分子材料）	纵波声速	—	$U=156\text{m/s}$ （置信水平 95%，$k=2$）
9		衰减系数	—	$U=0.98\text{Np/m}$ （置信水平 95%，$k=2$）
10	水声材料/水声结构特性（低频声学性能）	复反射系数	—	模：MPEV：±5% 相位：MPEV：±3°
11	压电陶瓷材料特性	体积密度	$m\geqslant 2\text{g}$	MPE：±0.5%
12		杂质含量	—	0.2%~0.5%
13		颗粒度	—	MPE：≤0.2μm

力材料普遍密度大、吸水率高且不能满足 1.5 倍耐压安全系数要求。浮力材料及制备工艺如图 4-2 所示，计量测试需求如表 4-2 所示。

表 4-2　浮力材料计量测试需求

序号	类别	指标名称	测量范围/量值	测量技术要求
1	固体浮力材料特性	密度	$385\pm32\text{kg/m}^3$	$U=0.01\text{kg/m}^3(k=2)$
2		吸水率	≤3%Max	MPE：±5%
3		抗压强度	≥22.1MPa	MPE：±3%
4		抗压模量	≥1GPa	MPE：±2%

在水密接插件方面，考虑水运领域应用的特殊性，对其外表面的防腐蚀膜厚度、抗拉强度、抗弯强度、抗冲击等力学性能具有计量测试需求，对连接端的锁紧力矩、轴径向强度、插拔力等机械性能具有计量测试需求，对接触件的耐电压、表面比电阻、绝缘电阻、静态耐压、动态耐压、静电放电抗扰度、电快速瞬变脉冲群抗扰度等电学参数具有计量测试需求。目前，我国已攻克了干插拔水密连接技术，已经出现满足不同水深、电压、电流

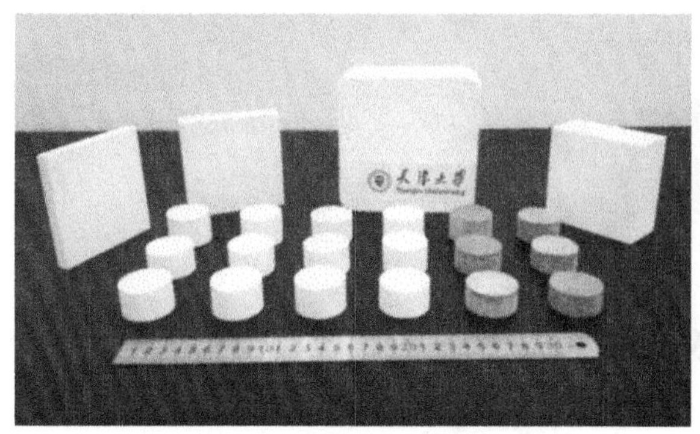

（a）陶瓷浮力材料

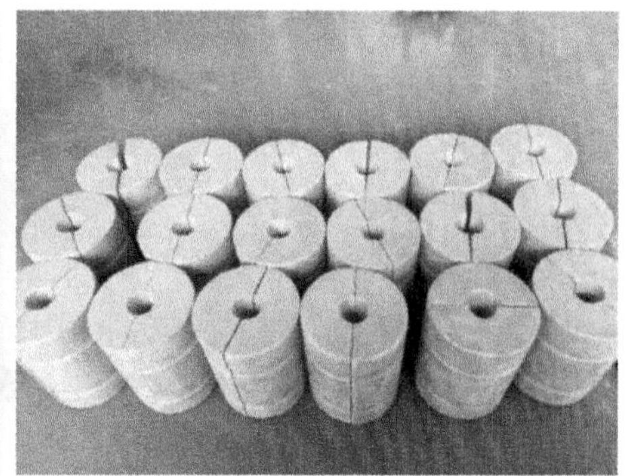

（b）泡沫浮力材料

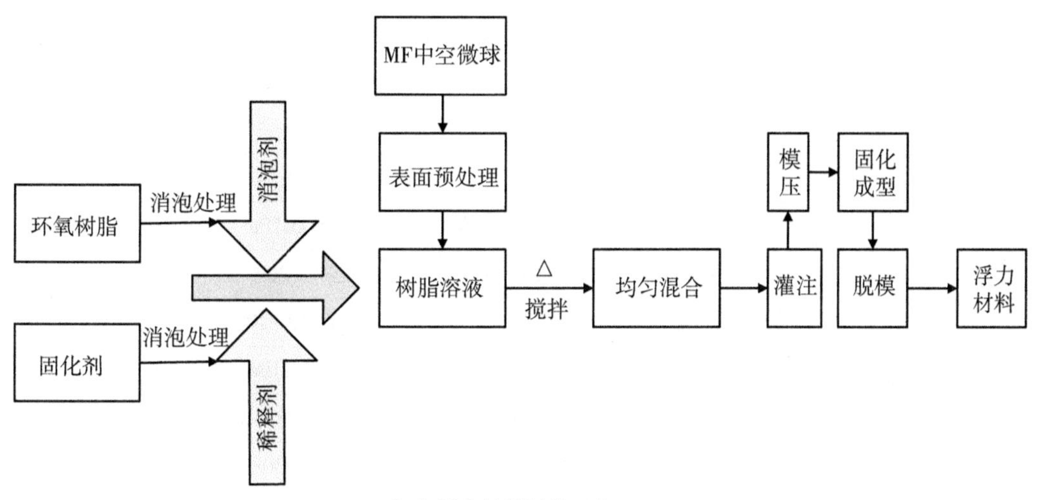

（c）浮力材料制备工艺

图 4-2　浮力材料及制备工艺

的电气、光纤水密接插件产品，在标准制定方面，已发布了《声呐用水密连接器》（CB/T 4387—2013）、《水下电连接器》（CB/T 3939—2000）等军工标准，但在相关国家标准、水运行业标准方面仍处于空白状态，尚未有成熟的方法对其性能参数进行计量测试。水密接插件及其密封工艺如图 4-3 所示，计量测试需求如表 4-3 所示。

表 4-3　水密接插件计量测试需求

序号	类别	指标名称	测量范围/量值	测量技术要求
1	水下电连接器壳体材料	镍铝铜合金化学成分	Cu：77%~82% Al：7.0%~11.0% Ni：3.0%~6.0% Fe：2.0%~6.0% Mn：0.5%~4.0%	—

图 4-3　水密接插件

续表

序号	类别	指标名称	测量范围/量值	测量技术要求
2	水下电连接器壳体材料机械性能	镍铝铜合金力学性能-6b 抗拉强度	≥500MPa	—
3		镍铝铜合金力学性能-伸长率	15%~20%	—
4		镍铝铜合金力学性能-弹性模量	124~130GPa	—
5		镍铝铜合金力学性能-屈服强度	≥250MPa	—
6		镍铝铜合金力学性能-硬度	140~180GB	—
7		镍铝铜防腐蚀膜厚度	900~1000nm	—
8	水下电连接器绝缘体性能	抗拉强度	$(1961\sim3521)\times10^4$Pa	—
9		断裂伸长率	250%~500%	—
10		抗压强度	$\geq1952\times10^4$Pa	—
11		抗冲击	24. 6~31. 6kgf · cm/cm^2	—
12		抗弯强度	$(1834\sim2030)\times10^4$Pa	—
13		硬度 HB	≥4. 54	—
14		摩擦系数	0. 13~0. 16	—
15		介电常数	2. 1(50Hz) 2. 1(10^6Hz)	—
16		耐电压	≥60kV/mm	—
17		体积比电阻	1018Ω · cm	—
18		表面比电阻	1014Ω	—
19		晶体熔点	327~330℃	—

续表

序号	类别	指标名称	测量范围/量值	测量技术要求
20		接触端尺寸精度	—	≤0.03mm
21		接触端镀金厚度	≥1.27μm	MPE：±10%
22		接触端稳定处理	175~185℃	MPE：±5%
23		弹簧片定型热处理	(HV320~360)	—
24		接触件配合误差	—	≤0.1mm
25	水下电连接器接触件	接触件同轴度偏差	—	≤0.15mm (#4~16) 0.13(#20~28)
26		导线芯线直径与焊杯内径比	0.5~0.7	—
27		导线芯线直径与焊孔内径比	0.6~0.8	—
28		接触件插拔力	>0.4N(0.749mm) <1.4N(0.775mm)	—
29		插孔端部最佳收口量	0.66mm	—

在水文测绘传感器方面，主要涉及应力、应变、位移、速度、液位、定位、定向等类型基础传感器，传感器的激励电压、激励电流、基础电容、电容增量比、输出电压、输出电流、输入/输出阻抗、负载阻抗、非线性、迟滞、重复性、零点稳定性等参数是计量测试的重点。我国已发布了《电阻应变式压力传感器总规范》(GB/T 18806—2002)、《硅电容式压力传感器》(GB/T 28854—2012)等国家标准。我国自行研制的温盐深(CTD)传感器，其室内温度测量精度达到±0.001℃，电导率测量精度达到±0.0003mS/cm，压力测量精度达到±0.015%，但由于数据采样、传输效率不高，缺乏水上工作的稳定性、可靠性，现场观测精度仍难以保证，尚未达到国际水平。水文测绘传感器及工艺流程如图 4-4 所示，计量测试需求如表 4-4 所示。

1MHz电池溶液浓度检测换能器

2MHz插入式换能器

8kHz水声换能器（小体积）

110kHz水声换能器

400kHz水声换能器

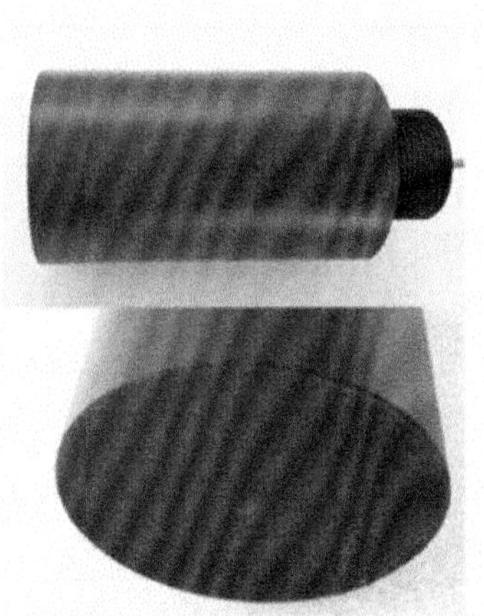

28kHz水平无方向性柱形水声换能器

(a)水文测绘传感器

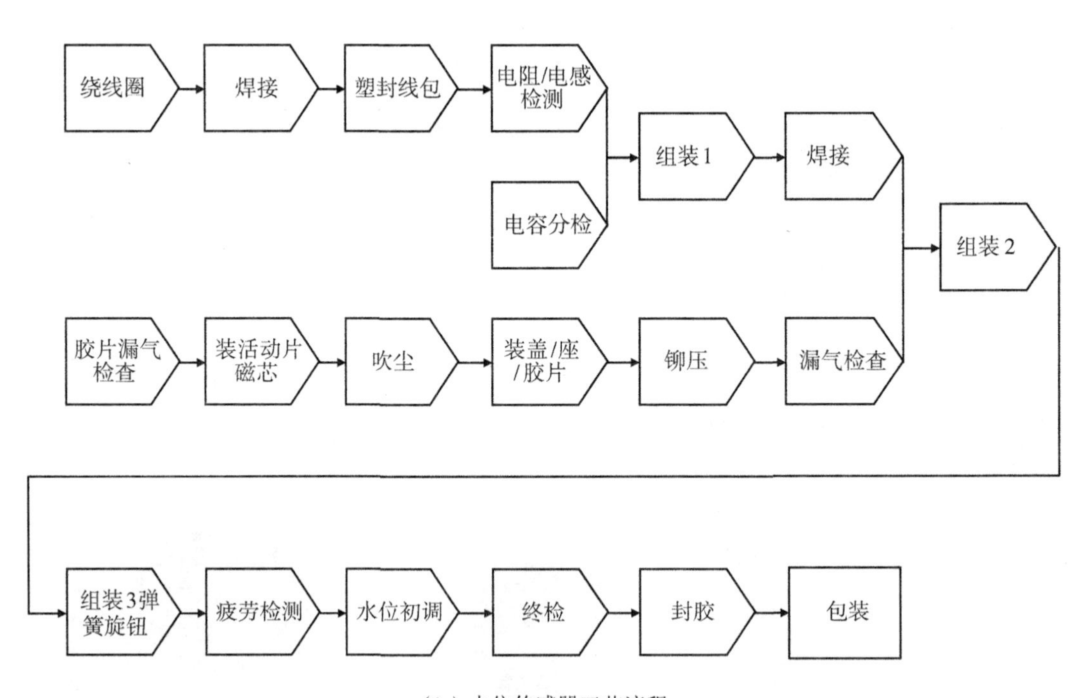

(b)水位传感器工艺流程

图4-4 水文测绘传感器及制造工艺流程

4.1.2 产业链中游

水文测绘装备的产业链中游，主要是水文测绘装备的设计研发、加工制造、性能测试。

表 4-4 水文测绘传感器计量测试需求

序号	类别	指标名称	测量范围/量值	测量技术要求
1	水位（压力式水位计—压阻式传感器）	激励电压	(6~24)VDC	MPE：±0.5V
2		激励电流	1~10mA	MPE：±0.1mA
3		输入/输出阻抗	≤10kΩ	MPE：±1kΩ
4		负载阻抗	≥100kΩ	MPE：±10kΩ
5		绝缘电阻	≥100MΩ	MPE：±5%
6		工作温度	-5~40℃	MPE：±0.5℃
7		输出电压	0~100mV	MPE：±10%
8		输出电流	4~20mA	MPE：±10%
9		精确度	0~5MPa	MPE：±0.05%F.S.
10		非线性	0~5MPa	MPE：±0.025%F.S.
11		迟滞	0~5MPa	MPE：±0.025%F.S.
12		重复性	0~5MPa	MPE：±0.025%F.S.
13		零点漂移	0~5MPa	MPE：±0.01%F.S./℃
14		零点稳定性	0~5MPa	MPE：±0.1%/年
15		满量程输出稳定性	0~40MPa	MPE：±0.1%/年

1. 设计研发

在水文测绘装备的设计研发方面，主要包括装备的结构设计、功能设计、参数指标设计等。

在水文测绘装备中，以流速流向监测为例，在设计研发阶段，针对旋桨流速仪，对旋桨的旋转直径、水力螺距、起转速度、最大转速等参数尤为关注，以保证其旋转的平稳性和计数的准确性；而声学多普勒流速剖面仪(ADCP)，则重点关注工作电压、工作电流、输出电压、输出电流、工作频率等参数及声学换能器性能指标，以保证其流速、流向测量的准确性。目前国内已发布了《转子式流速仪》(GB/T 11826—2019)、《水运工程超声波流速仪》(JT/T 569—2004)、《超声波流速仪》(SL/T 186—1997)、《声学多普勒海流单点测量仪》(JJG 1166—2019)等国家标准、行业标准及技术规范，但在上述结构参数、换能器设计参数方面仍未形成统一的标准，亟须开展相关计量测试技术研究。ADCP 结构设计如图 4-5 所示，设计研发阶段部分计量测试需求如表 4-5 所示。

在水体测量装备中，以浊度、含沙量监测为例，在设计研发阶段，对装备材料的抗腐蚀性能、强度、透光率等参数需开展计量测试，对选用光源的波长需进行设计论证，对发射光束与接收光束间的角度需进行建模分析论证，这些参数将直接影响到浊度、含沙量测

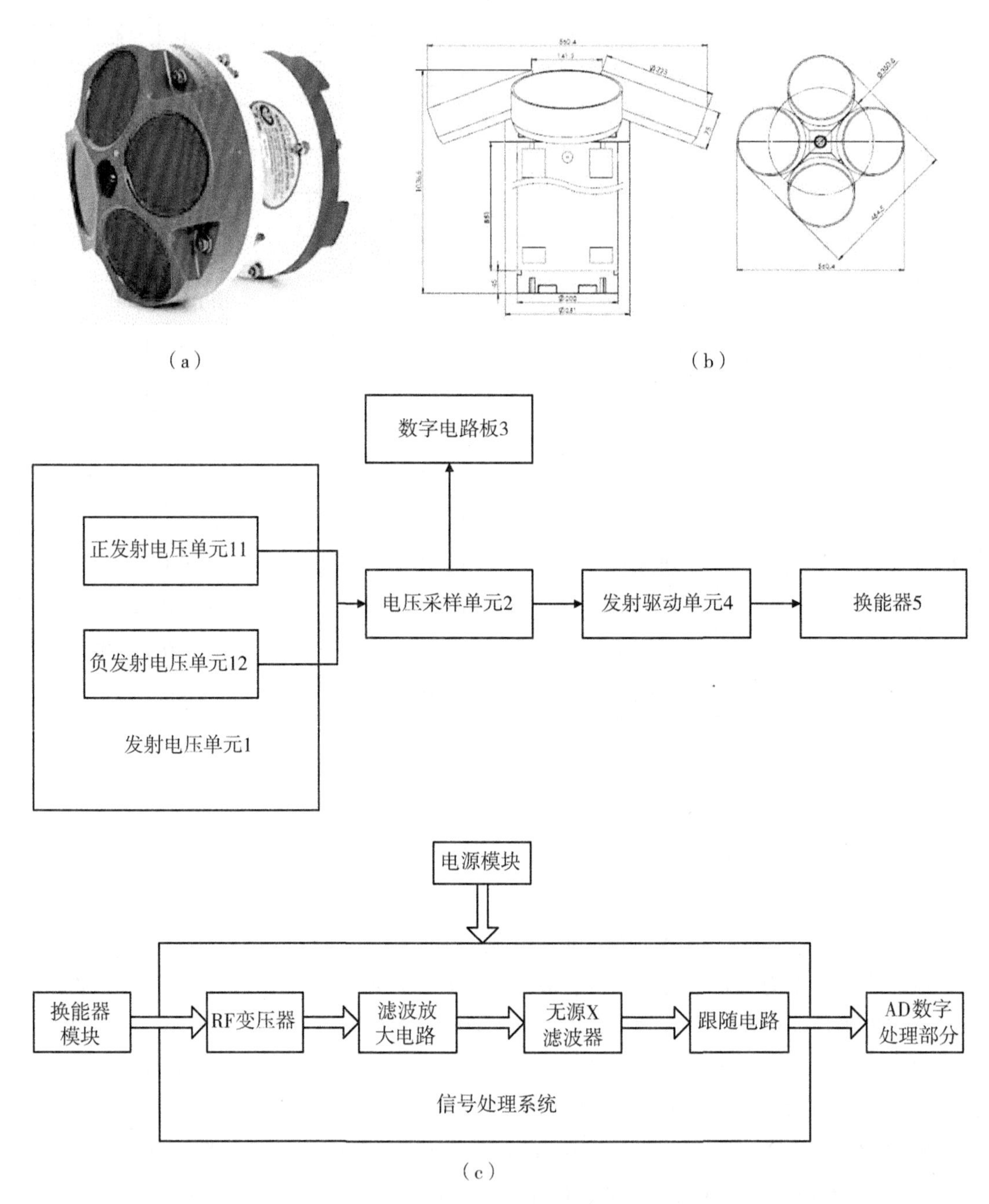

图 4-5　声学多普勒流速剖面仪及结构设计示意图

量的准确性和抗外界干扰性。目前，国内针对含沙量、浊度测量装备设计研发阶段尚未形成统一的标准和技术规范；国内产品功能单一，性能指标与国外相比差距较大，基本依靠进口。含沙量测定仪如图 4-6 所示，设计研发阶段计量测试需求如表 4-6 所示。

表 4-5　流速仪设计研发计量测试需求分析

序号	类别	指标名称	测量范围/量值	测量技术要求
1	流速流向（旋桨式流速仪）	旋桨旋转直径	20mm、30mm、40mm、50mm、60mm、80mm、100mm、120mm	MPE：±1mm
2		旋桨水力螺距	20mm、50mm、80mm、100mm、120mm、200mm、250mm、500mm	MPE：±1mm
3		水力螺距	0.240～0.520m	MPE：±0.01m
4		仪器常数	0.004～0.055m/s	MPE：±0.002m/s
5	流速流向（超声波流速仪）	直流工作电压	6V、12V、24V	MPE：-15%～+10%
6		交流工作电压	220V	MPE：10%
7		交流工作频率	50Hz	MPE：±4%
8		输出电压信号	0～100mV	MPE：±10%
9		输出电流信号	4～20mA	MPE：±10%
10		机壳与交流电源线间绝缘电阻	≥1MΩ	MPE：±1kΩ
11		信号线间绝缘电阻	≥5MΩ	MPE：±1kΩ

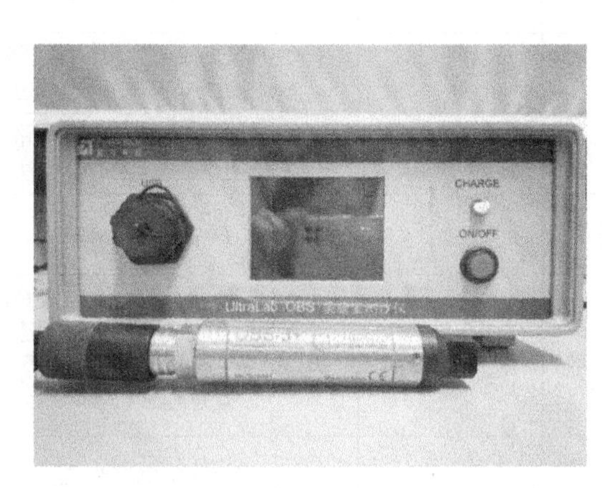

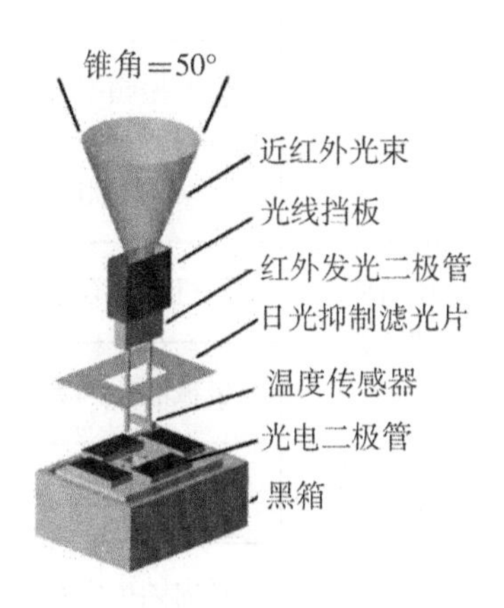

图 4-6　含沙量测定仪及结构设计

表 4-6 含沙量测定仪设计研发计量测试需求

序号	类别	指标名称	测量范围/量值	测量技术要求
1	浊度（浊度计材质要求）	抗腐蚀	—	$R_p \geqslant 5$
2		强度	—	$\delta_S \geqslant 170$MPa
3		透光率	—	$T>90\%$
4		绝缘电阻	—	$R>100$MΩ
5		光源波长	850nm	MPE：±2%

在地形地貌测量装备中，主要工作为水下声学换能器的设计研发，主要设计流程为：依据要求的电声指标确定换能器的类型，利用有限元、等效电路法等方法确定各部分尺寸，进行换能器结构设计，设计合理的预应力施加工艺、装配工艺、封装工艺。目前，国内已发布《压电陶瓷材料性能试验方法圆片径向伸缩振动模式》(GB/T 2414. 1—1998)、《长条横向长度伸缩振动模式》(GB/T 2414. 2—1998)国家标准，主要用于换能器设计用压电陶瓷材料的性能测试，而对于换能器结构设计、电声设计参数涉及较少，尚未形成统一的标准和技术规范。水声换能器结构参数如图 4-7 所示，关键计量测试需求如表 4-7 所示。

表 4-7 水声换能器设计研发计量测试需求

序号	类别	指标名称	测量范围/量值	测量技术要求
1	压电陶瓷圆片径向伸缩振动	自由电容(圆片)	—	$U\leqslant\pm1\%(k=2)$
2		介质损耗(圆片)	—	$U\leqslant\pm10\%(k=2)$
3		谐振频率(圆片)	—	$U\leqslant\pm0.3\%(k=2)$(传输线路法) $U\leqslant\pm0.3\%(k=2)$(电桥法)
4		动态电阻(圆片)	—	$U\leqslant\pm20\%(k=2)$(传输线路法) $U\leqslant\pm10\%(k=2)$(电桥法)
5		平面机电耦合系数(圆片)	—	$U\leqslant\pm1\%(k=2)$
6		机械品质因数(圆片)	—	$U\leqslant\pm20\%(k=2)$(传输线路法) $U\leqslant\pm10\%(k=2)$(电桥法)
7		自由相对电容率(圆片)	—	$U\leqslant\pm2\%(k=2)$
8		径向频率常数(圆片)	—	$U\leqslant\pm0.5\%(k=2)$
9		径向声速(圆片)	—	$U\leqslant\pm0.5\%(k=2)$

续表

序号	类别	指标名称	测量范围/量值	测量技术要求
10	压电陶瓷圆片径向伸缩振动	弹性柔顺常数(圆片)	—	$U_{s11}^{E} \leqslant \pm 3\%(k=2)$ $U_{s11}^{P} \leqslant \pm 5\%(k=2)$ $U_{s12}^{E} \leqslant \pm 5\%(k=2)$ $U_{s12}^{P} \leqslant \pm 5\%(k=2)$
11		压电应变常数(圆片)	—	$U \leqslant \pm 5\%(k=2)$
12		压电电压常数(圆片)	—	$U \leqslant \pm 5\%(k=2)$
13	压电陶瓷横向长度伸缩振动	自由电容(长条)	—	$U \leqslant \pm 1\%(k=2)$
14		介质损耗(长条)	—	$U \leqslant \pm 10\%(k=2)$
15		谐振频率(长条)	—	$U \leqslant \pm 0.3\%(k=2)$(传输线路法) $U \leqslant \pm 0.3\%(k=2)$(电桥法)
16		动态电阻(长条)	—	$U \leqslant \pm 10\%(k=2)$(传输线路法) $U \leqslant \pm 5\%(k=2)$(电桥法)
17		横向机电耦合系数(长条)	—	$U \leqslant \pm 1\%(k=2)$
18		机械品质因数(长条)	—	$U \leqslant \pm 10\%(k=2)$
19		自由相对电容率(长条)	—	$U \leqslant \pm 2\%(k=2)$
20		横向频率常数(长条)	—	$U \leqslant \pm 0.3\%(k=2)$
21		横向声速(长条)	—	$U \leqslant \pm 0.5\%(k=2)$
22		弹性柔顺常数(长条)	—	$U_{s11}{}^{E} \leqslant \pm 1\%(k=2)$ $U_{s11}{}^{D} \leqslant \pm 2\%(k=2)$
23		压电应变常数(长条)	—	$U \leqslant \pm 3\%(k=2)$
24		压电电压常数(长条)	—	$U \leqslant \pm 3\%(k=2)$

在水文测绘综合类测量装备中，以当前科技水平、集成度较高的潜水器为例，目前国内仅针对轻型有缆遥控水下机器人发布了系列国家标准，包括《轻型有缆遥控水下机器人　第 1 部分：总则》(GB/T 36896.1—2018)，规定了水下机器人的水下脐带缆的通信带宽等参数设计要求；《轻型有缆遥控水下机器人　第 2 部分：机械手与液压系统》(GB/T 36896.2—2018)，规定了液压系统额定输出流量、压力等参数设计要求，《轻型有缆遥控

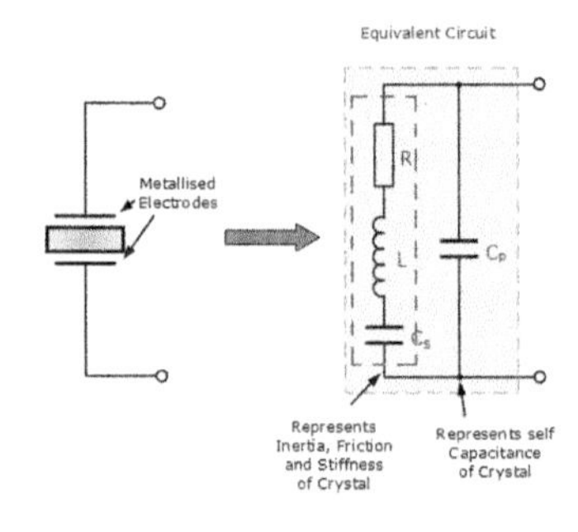

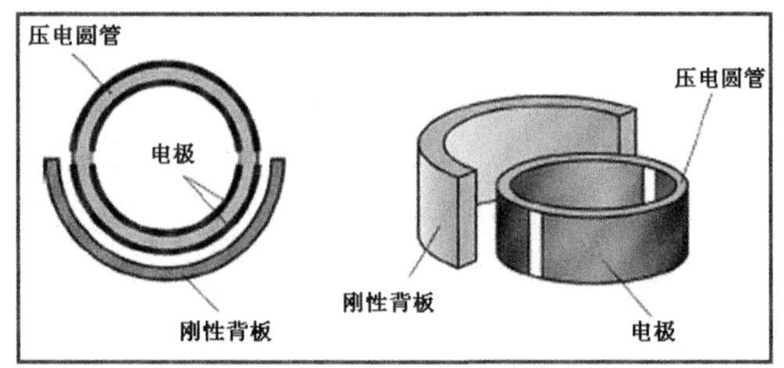

（a）等效电路、结构设计

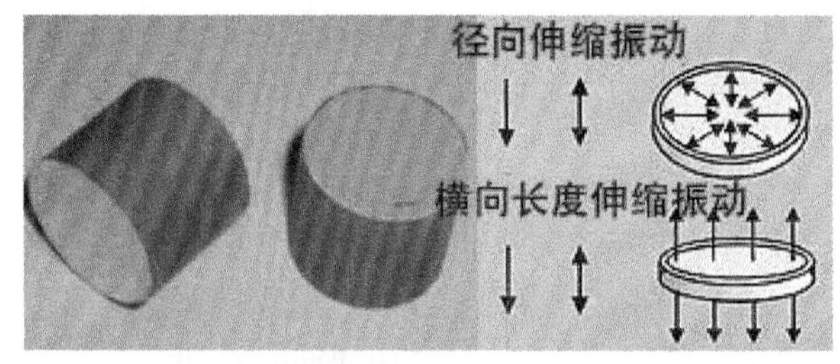

（b）压电陶瓷径向及厚度振动测试

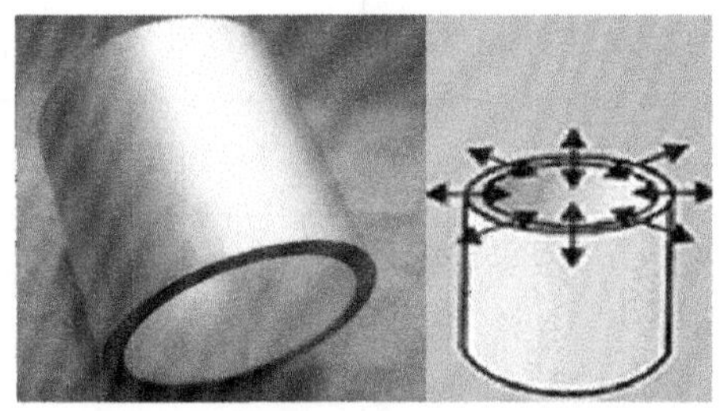

（c）压电陶瓷圆管径向振动

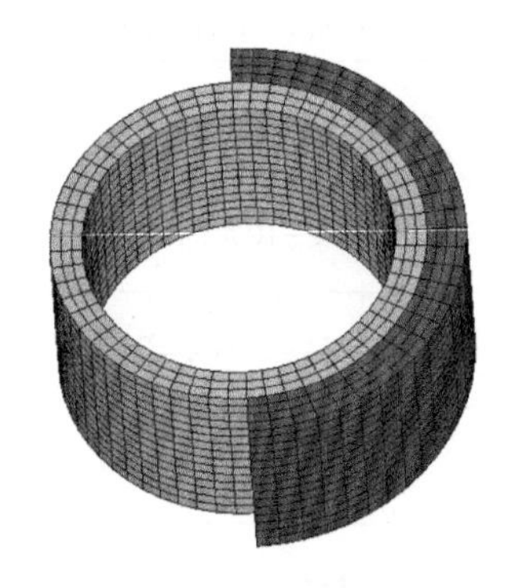

（d）指向性圆管换能器有限元模型

（e）指向性圆管换能器模态分析

（f）动态位移分布

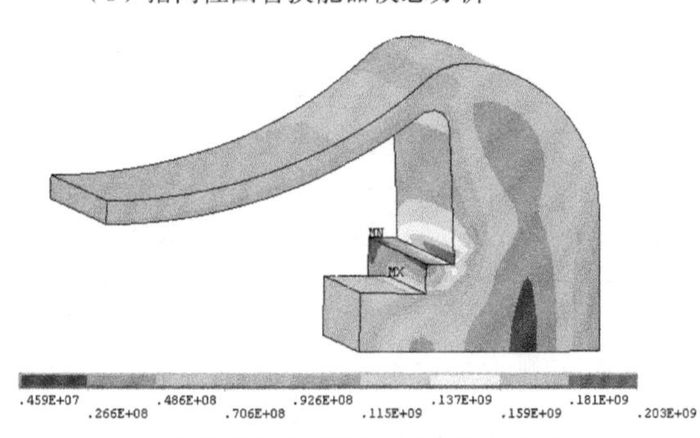

（g）模拟静水压环境下壳体应力分布

图 4-7　水声换能器结构设计及参数测试

水下机器人　第3部分：导管螺旋桨推进器》(GB/T 36896.3—2018)，规定了输出额定系柱推力、推进器一致性等参数设计要求；《轻型有缆遥控水下机器人　第4部分：摄像、照明与云台》(GB/T 36896.4—2018)，规定了中心水平分辨力、承压水密光学窗口玻璃光透射比等参数设计要求。而对于水下机器人的机械结构设计以及电源、控制、采集、传输等电路系统设计方面，目前仍以各厂家自己的技术标准为准，尚未形成统一的技术规范。轻型有缆水下机器人如图4-8所示，其关键计量测试需求如表4-8所示。

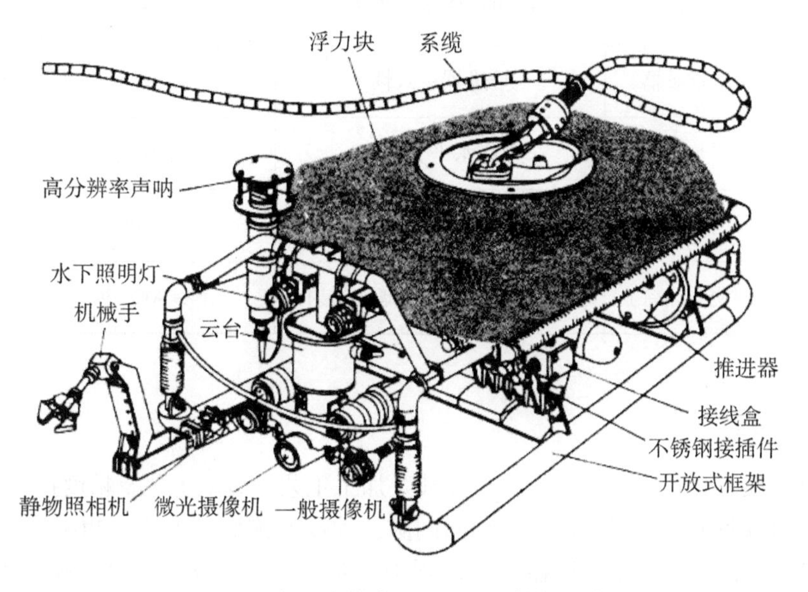

图4-8　轻型有缆水下机器人及结构设计

表4-8　轻型有缆水下机器人设计研发计量测试需求

序号	类别	指标名称	测量范围/量值	测量技术要求
1	—	脐带缆通信带宽	≥50MHz	—
2	—	脐带缆通信误码率	$\leqslant 10^{-3}$	—

续表

序号	类别	指标名称	测量范围/量值	测量技术要求
3	绝缘电阻（轻型有缆遥控水下机器人）	水面控制单元绝缘电阻	≥50MΩ（冷态） ≥1MΩ（热态）	MPE：±5%
4		水下控制舱绝缘电阻	≥20MΩ（冷态） ≥1MΩ（热态）	MPE：±5%
5		充油舱绝缘电阻	≥10MΩ（冷态） ≥0.5MΩ（热态）	MPE：±5%
6		水密电缆绝缘电阻	≥10MΩ（冷态） ≥0.5MΩ（热态）	MPE：±5%
7	（液压系统）	额定输出流量	≥1.5L/min	—
8	（液压系统）	额定输出压力	≥21MPa	—
9	（液压系统）	液压源总效率	≥60%	—
10	（导管螺旋桨推进器）	输出额定系柱推力	≥50N	—
11	（导管螺旋桨推进器）	推进器一致性	—	MPE：±15%
12	（摄像、照明与云台）	中心水平分辨力	≥650 线	—
13	（摄像、照明与云台）	信噪比	≥50dB	—
14	（摄像、照明与云台）	承压水密光学窗口玻璃光透射比	≥80%	—

2. 加工制造

水文测绘装备在加工制造阶段，主要涉及加工工艺、装配工艺及精度控制等方面的计量测试。如流速流向监测装备的旋桨轴向间隙，浊度监测装备的表面粗糙度、几何公差、静态耐压、动态耐压，水下换能器加工过程中的基阵尺寸、振元尺寸、振元间距以及装配过程中的压电晶片预紧力等，加工、制造、装配的精度是实现设计研发目标、保证性能测试合格的重要基础。在加工制造阶段，目前国内仍以各生产厂家自己制定的工艺流程开展工作，尚未形成统一、成熟的技术规范，此阶段产品过程控制的重要节点是产业计量测试重点关注的内容。水下换能器加工装配如图 4-9 所示，部分计量测试需求分析如表 4-9 所示。

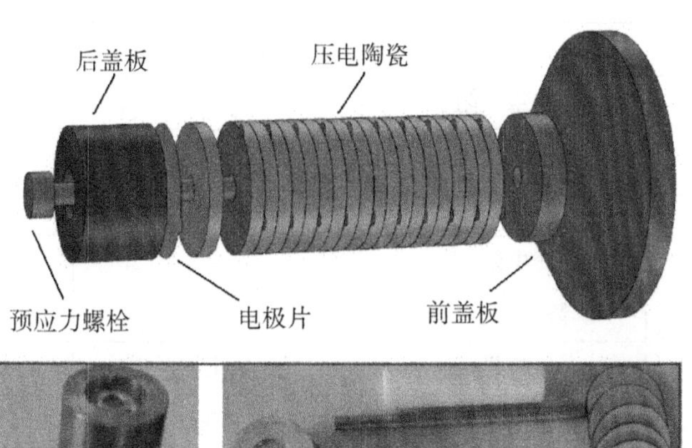

（a）换能器机械加工、装备

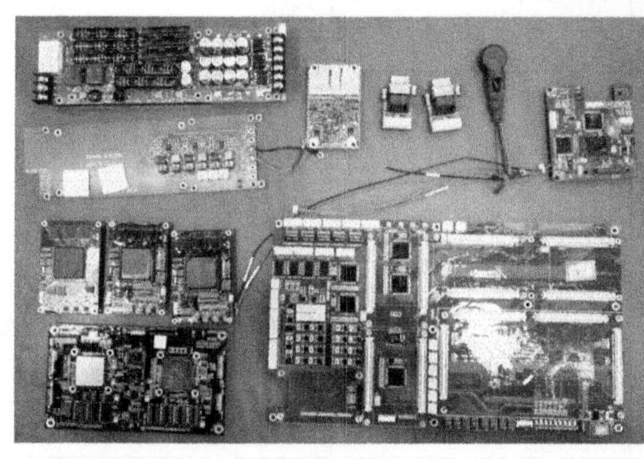

（b）电路系统焊接、调试、测试

图 4-9 水下换能器加工制造

表 4-9 水文测绘装备加工制造阶段计量测试需求分析

序号	类别	指标名称	测量范围/量值	测量技术要求
1	流速流向（直读式海流计）	旋桨轴向间隙	0.1~0.3mm	MPE：±0.05mm
2	浊度(浊度计加工要求)	表面粗糙度	—	R_a<0.01
3		几何公差	—	O<0.025
4		几何公差	—	等级 N

续表

序号	类别	指标名称	测量范围/量值	测量技术要求
5	浊度(浊度计密封要求)	绝缘电阻	—	R>100MΩ
7		静态耐压	—	P_S>10. 0MPa
8		动态耐压	—	P_d>10. 0MPa
9	浊度(浊度计电学性能参数)	电阻	—	MPE：±0. 1%
10		静态电容量	—	MPE：±5%
11		电源供电	9-15V	MPE：±1%
12		输出信号	4-20mA	MPE：±5%
13	水下换能器基阵加工	基阵尺寸	—	MPE：±2%
14		振元尺寸	—	MPE：±2%
15		振元间距	—	MPE：±2%
16		振元灵敏度	—	—
17		振元静态电容量	C_0≥500pF	MPE：±10%
18		振元谐振频率	—	MPE：±2. 5%
19		振元谐振阻抗	≤35Ω	MPE：±0. 1%
20		振元绝缘阻抗	≥100MΩ	MPE：±5%
21		基阵单位面积辐射功率	—	—
22		基阵辐射面积	—	—
23	换能器装配	压电晶片预紧力	3000~3500N/cm	MPE：±5%
24		黏接剂混合比例(双组分)	—	MPE：±2%
25		换能器胶接阻抗	≤300Ω	MPE：±20%

3. 性能测试

水文测绘装备性能测试阶段主要包括各模块的机械性能、电气性能测试、装配后整机性能的计量测试以及环境适应性测试，性能测试是衡量产品设计研发、加工制造工艺的科学性、合理性、相符性、一致性的重要技术手段。

在水文测绘装备性能测试阶段，以基于声学原理的流速、流向测量装备为例，其交直流工作电压、输出电压/电流信号、绝缘电阻等电学参数，其流速和流向的示值误差、底跟踪最大深度、温度示值误差、地理方位示值误差等几何、物理参数是性能测试的重要内容。目前，针对此阶段计量测试需求，国内已发布《声学多普勒流速剖面仪》(GB/T 24558—2009)、《水文仪器基本参数及通用技术条件》(GB/T 15966—2017)、《声学多普勒流速剖面仪检测方法》(HY/T 102—2007)、《超声波流速仪》(SL/T 186—1997)等国家标准、行业标准，依托全国水运专用计量器具计量技术委员会发布了《声学多普勒流速剖面仪》(JJG(交通)138—2017)等计量检定规程，国家水运工程检测设备计量站据此建立的交通运输行业最高计量标准“声学多普勒流速剖面仪”，可开展流速、流向、底跟踪、温度、方位示值误差的计量测试，为流速、流向及相关水文监测参数的精准测量提供了技术保障。声学多普勒流速剖面仪的流速、流向参数性能测试如图 4-10 所示，水文监测装备性能测试阶段计量测试需求分析如表 4-10 所示。

图 4-10　声学多普勒流速剖面仪性能测试

表 4-10　水文测量装备性能测试阶段计量测试需求分析

序号	类别	指标名称	测量范围/量值	测量技术要求
1	流速流向（声学多普勒海流单点测量仪）	流速示值误差	5~300cm/s	MPE：±5cm/s(≤100cm/s) MPE：±5%读数(>100cm/s)
2		流速示值重复性	5~300cm/s	≤3cm/s
3		流向示值误差	0°~360°	MPE：±5°
4		流向示值重复性	0°~360°	≤5°
5	流速流向（超声波流速仪）	流速示值误差	下限：0.05m/s、0.08m/s 上限：2.00m/s、4.00m/s	MPE：±0.03m/s(≤0.5m/s) MPE：±3%(>0.5m/s)
6		流速示值误差	时差法：0~±3m/s、0~±6m/s； 多普勒：0~±6m/s、0~±10m/s、0~±15m/s	MPE：±3%(时差法)， 0.5%F.S.，±0.5cm/s(多普勒)

续表

序号	类别	指标名称	测量范围/量值	测量技术要求
7	流速流向（声学多普勒流速剖面仪）	流速示值误差	-4~4m/s	MPE：$(v\times1\%\pm0.01)$m/s（<300kHz） MPE：$(v\times1\%\pm0.005)$m/s（≥300kHz）
8		流向示值误差	0°~360°	MPE：±5°
9		最大深度	70~125m	MPE：±2m
10		底跟踪最大深度	150~225m	MPE：±2m
11		温度示值误差	-2~35℃	MPE：±0.5℃
12		地理方位示值误差	0°~360°	MPE：±5°
13		倾斜摇摆示值误差	-15°~15°	MPE：±1°

在水体测量装备性能测试阶段，以水运领域长期以来重点关注的含沙量监测装备为例，其含沙量示值误差、稳定性、重复性、零点漂移等参数是计量测试的重点。目前，国内已发布了《水文仪器基本参数及通用技术条件》(GB/T 15966—2017)、《泥沙河流测验及颗粒分析仪器基本技术条件》(GB/T 27991—2011)、《海水浊度测量仪检测方法》(HY/T 100—2007)等国家标准、行业标准，依托全国水运专用计量器具计量技术委员会编制了《含沙量测定仪检定规程》(JJG(交通)166—2020)部门计量检定规程及国家校准规范，依据此规程，国家水运工程检测设备计量站建设了“含沙量测定仪”交通运输行业最高计量标准，可开展上述参数的计量测试工作。含沙量测定仪及计量标准如图 4-11 所示，水体测量装备性能测试阶段部分计量测试需求分析如表 4-11 所示。

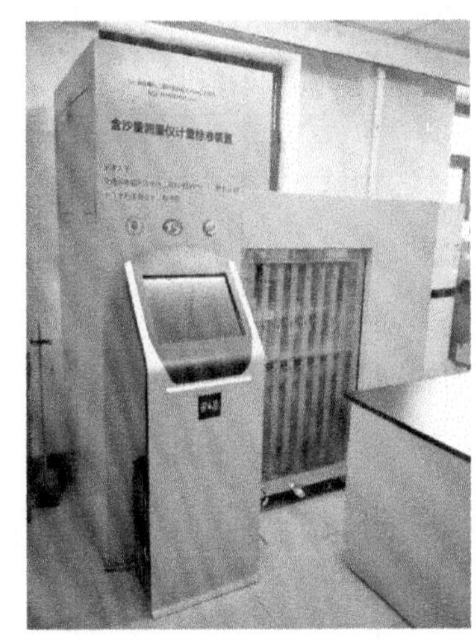

图 4-11　含沙量测定仪及计量标准装置

表 4-11 水体测量装备性能测试阶段计量测试需求分析

序号	类别	指标名称	测量范围/量值	测量技术要求
1	浊度（浊度计性能）	浊度示值误差	—	MPE：±10%
2		浊度示值重复性	—	≤2%
3		浊度示值稳定性	—	MPE：±1.5%
4		浊度示值零点漂移	—	MPE：±1.5%
5	浊度（在线浊度计）	浊度示值误差	0~5NTU >5NTU	MPE：±15% MPE：±10%
6		浊度示值稳定性	0~5NTU >5NTU	MPE：±0.1NTU/h MPE：±2%
7		浊度示值零点漂移	0~5NTU 0~10NTU	MPE：±0.1NTU/h MPE：±1.5%
8	浊度(海水浊度测量仪)	浊度示值误差	0~1000FTU	MPE：±5%F.S.
9		浊度测量重复性	0~1000FTU	MPE：±1%F.S.
10	含沙量(同位素测沙仪)	含沙量	2.1~1000.0kg/m^3	MPE：±5%(模型)、±10%(野外)
11	含沙量(光电测沙仪)	含沙量	≤5kg/m^3	MPE：±5%(模型)、±10%(野外)
12	含沙量（振动式测沙仪）	含沙量	1.0~1000.0kg/m^3	MPE：±5%(模型)、±10%(野外)
13	含沙量(超声波测沙仪)	含沙量	0.5~1000.0kg/m^3	MPE：±5%(模型)、±10%(野外)

在地形地貌测量装备性能测试阶段，以多波束测深仪为例，其测深、扫宽范围等几何参数，工作频率、换能器带宽、电声转换效率、水声发射效率、功率损耗等声学参数、电导率、发射电压等电学参数以及温度、盐雾、振动、水压等环境适应性参数是计量测试的重点内容。目前，国内仅全国港口标准化技术委员会编制了《多波束测深仪 浅水》(JT/T 1154—2017)，全国水运专用计量器具计量技术委员会编制了《多波束测深仪 浅水》(JJG(交通)139—2017)，依据此规程，国家水运检测设备计量站建立了国内唯一的“多波束测深仪”交通运输行业最高计量标准，形成了基于原型深水港池的水下探测装备外场计量测试平台，解决了多源信息融合设备在水下大尺寸测量中的量值评定难题，达到了国际先进水平。多波束测深仪计量标准装置及关键参数的计量测试如图 4-12 所示，地形地貌测量装备性能测试阶段部分计量测试需求分析如表 4-12 所示。

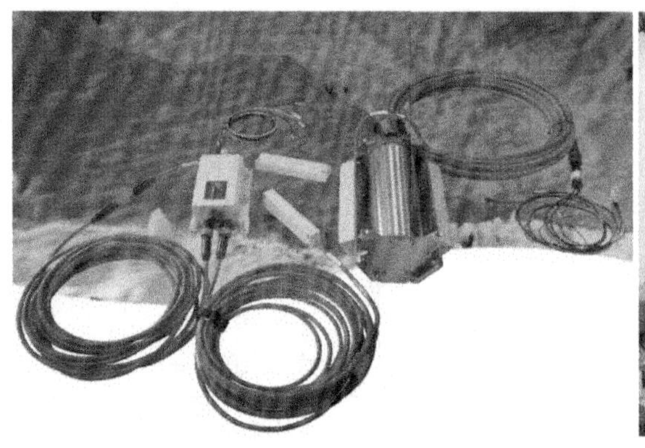

（a）多波束测深仪

（b）室内功能测试

（c）消声水池声学指标测试

（d）室外水域几何、声学指标测试

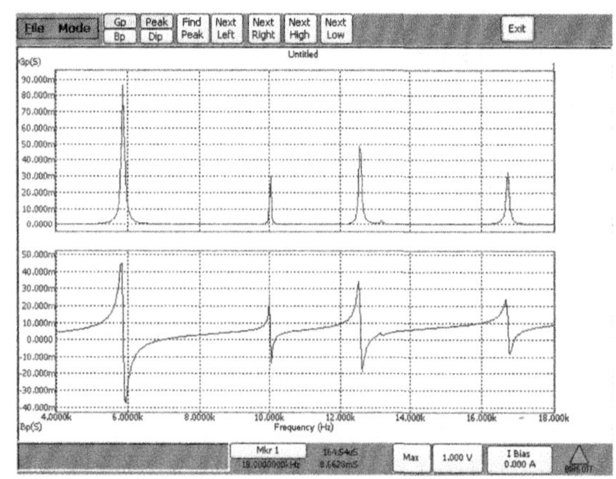

（e）电导纳测试曲线

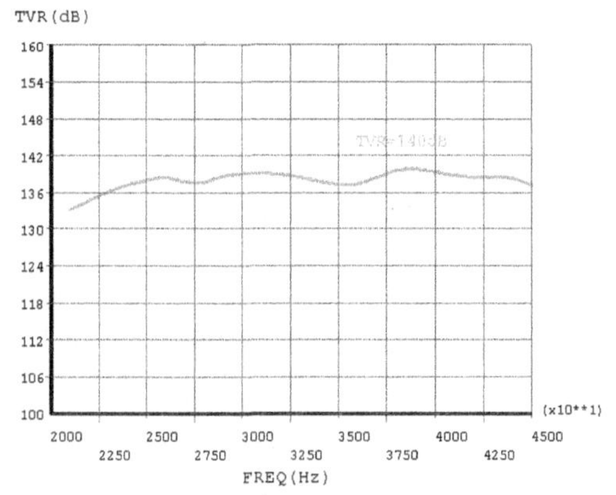

（f）发射电压测试曲线

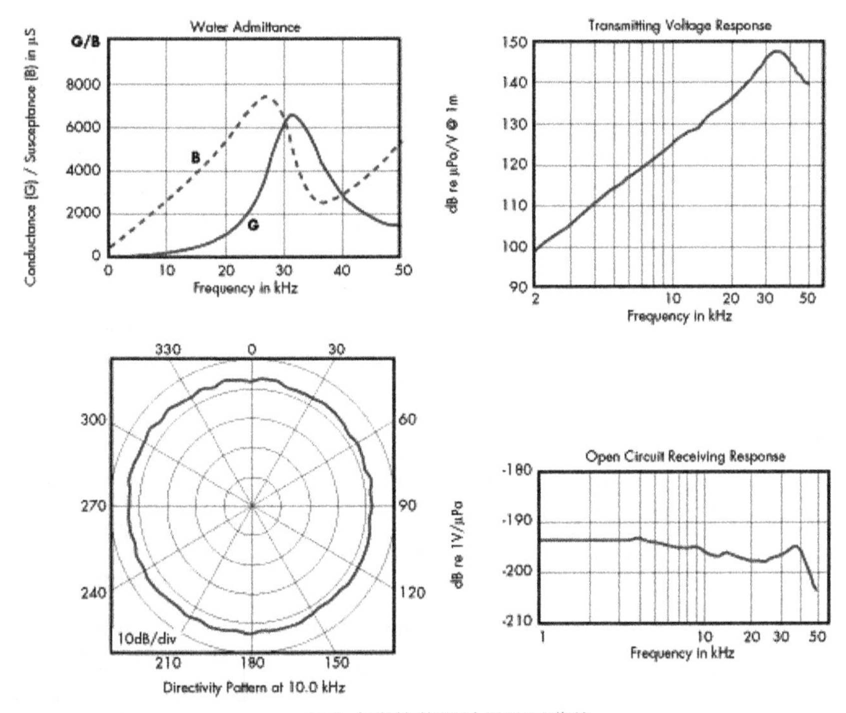

（g）水声换能器计量测试曲线

（h）高低温、振动、盐雾等环境适应性测试

图 4-12　多波束测深仪关键性能指标计量测试

表 4-12　地形地貌测量装备性能测试阶段计量测试需求分析

序号	类别	指标名称	测量范围/量值	测量技术要求
1	多波束测深仪	测深范围	1~500m 5~2000m 5~5000m	MPE：±0.5m(≤20m) MPE：±0.6m(≤30m) MPE：±0.7m(≤50m) MPE：±1.5m(≤100m) MPE：±3%(>100m)
2		垂直指向性开角	0.5°~8°	U_{rel}=5%~10%(k=2)
3		水平开角	0.5°~6°	U_{rel}=5%~10%(k=2)
4		最大 Ping 率	60Hz	MPE：±0.5Hz
5		工作频率	100~750kHz	MPEV：2×10^{-3}/d
6		换能器带宽	≥5kHz	MPE：±5%
7		最大输出脉冲功率	150W	MPE：±5%
8		电声转换效率	40%~70%	MPE：±5%
9		水声发射效率	≥40%	MPE：±5%
10		水声传播损失	≤100dB	MPE：±2%
11		功率损耗	≤120W	MPE：±3%
12	试验环境条件	声压	1Hz~2kHz 1~100kHz 0.1~5MHz	U=1.1dB(k=2) U=1.5dB(k=2) U=2.5dB(k=2)
13		声场	≤630Hz 800~5000Hz 6300~10000Hz >10000Hz	最大允许误差(dB)： 平方反比率：消声空间±1.5、±1.0、±1.5，半消声空间±2.5、±2.0、±3.0； 声源指向性：消声空间±1.5、±2.0、±2.5、±5.0， 半消声空间±2.0、±2.5、±3.0、±5.0
14	环境适应性	低温试验温度稳定性	(−2±3)℃ (−10±3)℃ (−20±3)℃ (−55±3)℃	U=0.4℃(k=2)
15		温度变化速率	0.7~1.0℃/min	MPE：±10%

续表

序号	类别	指标名称	测量范围/量值	测量技术要求
16	环境适应性	低温储存温度稳定性	(−40±3)℃ (−55±3)℃ (−65±3)℃	U=0.4℃(k=2)
17		高温测试温度稳定性	(40±2)℃ (50±2)℃ (60±2)℃	U=0.4℃(k=2)
18		高温储存温度稳定性	(55±2)℃ (70±2)℃	U=0.4℃(k=2)
19		交变湿热环境稳定性	(25±2)℃ 95%~100%RH (40±2)℃ (55±2)℃ 90%~96%RH	U=0.4℃(k=2)
20		温度变化环境稳定性	(−2±3)℃/ (−10±3)℃/ (−20±3)℃/ (−55±3)℃ 2℃ (40±2)℃/ (50±2)℃/ (60±2)℃ 20℃	U=0.4℃(k=2)
21		盐溶液浓度 (盐雾环境试验)	(5±1)%	MPE：±0.05pNa
22		盐溶液 pH 值 (盐雾环境试验)	6.5~7.2	MPE：±0.03
23		盐雾沉降率	1.0~2.0mL/ (h·80cm^2)	MPE：±5%
24		盐雾试验温度	(35±2)℃	MPE：±0.5℃

续表

序号	类别	指标名称	测量范围/量值	测量技术要求
25	机械适应性	振动测试环境性能	位移幅值： 0.35mm 0.5mm 0.75mm 1.0mm 1.6mm 2.6mm 加速度幅值： 5m/s^2 10m/s^2 25m/s^2 40m/s^2 50m/s^2 100m/s^2	检测点信号容差：±25% 扫频耐久容差： ±20%，0.25~5Hz ±1Hz，5~50Hz ±2%，>50Hz 定期耐久容差： ±20%，0.25~5Hz ±1Hz，5~50Hz ±2%，>50Hz 危险频率测量容差： ±10%，0.5~5Hz ±1Hz，5~100Hz ±0.5%，>100Hz
26		水压试验系统波动度	0.1~1MPa 1~10MPa >10MPa	MPE：0.05MPa MPE：0.1MPa MPE：<1MPa

在综合参数测量装备性能测试阶段，以水下机器人为例，其机械手的最大伸长距离、全伸距持重、自重与全伸距持重比等参数，液压系统的自重与总系统推力比，推进器的转速控制精度、最低平稳转速、正反额定转速切换时间等参数，摄像、照明、云台的定位误差、照度、转角、负载转矩等参数以及整机的最大静水速度、负载能力、偏航角控制精度、深度控制精度、高度控制精度等参数、环境适应性参数是此阶段重点关注的对象。目前，国内仅发布了《轻型有缆遥控水下机器人》(GB/T 36896—2018)系列标准，尚未有针对滑翔机、AUV 等潜水器的国家标准、行业标准及技术规范，对其关键性能参数计量测试能力的建设是国家水运监测装备产业计量测试中心筹建的重要内容。交通运输部天津水运工程科学研究所拥有全球最大的 450m 长大比尺波浪水槽、60m 长流速水槽以及港航计量测试培训基地，目前可开展水下机器人的动力性能、拖曳性能等关键参数的计量测试工作。水下机器人及其性能测试如图 4-13 所示，其计量测试需求分析如表 4-13 所示。

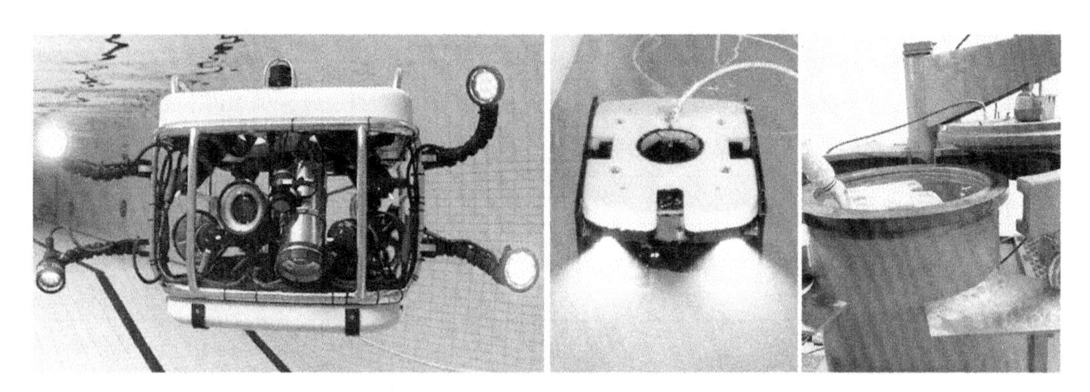

图 4-13 水下机器人及其性能测试

表 4-13 轻型有缆遥控水下机器人性能测试阶段计量测试需求分析

序号	类别	指标名称	测量范围/量值	测量技术要求
1	整机性能 (轻型有缆遥控水下机器人)	最大静水速度	≥3kn(前进) ≥2kn(后退) ≥0.5kn(垂向)	—
2		总系助推力	≥150N(前进) ≥120N(后退) ≥75N(横向) ≥75N(升沉)	—
3		负载能力	≥5kg(观测型) ≥20kg(作业型)	—
4		偏航角控制精度	—	$a \leqslant 0.005$(1 级) $0.005 < a \leqslant 0.01$(2 级) $0.01 < a \leqslant 0.03$(3 级) $0.03 < a \leqslant 0.1$(4 级)
5		深度控制精度	—	$D \leqslant 0.005$(1 级) $0.005 < D \leqslant 0.01$(2 级) $0.01 < D \leqslant 0.03$(3 级) $0.03 < D \leqslant 0.1$(4 级)
6		高度控制精度	—	$L \leqslant 0.005$(1 级) $0.005 < L \leqslant 0.01$(2 级) $0.01 < L \leqslant 0.03$(3 级) $0.03 < L \leqslant 0.1$(4 级)

续表

序号	类别	指标名称	测量范围/量值	测量技术要求
7	环境适应性（轻型有缆遥控水下机器人）	环境温度	0～40℃	MPE：±5℃
8		储存温度	-10～60℃	MPE：±5℃
9		静水压力	—	—
10		振动	f：13.2～100Hz 振幅：7m/s^2	—
11		盐雾	浓度：4.9%～5.1% pH：6.5～7.2(35℃)	—
12	—	电源适应性	—	电压波动 MPE：±15% 频率波动 MPE：±10% 零线电压波动 MPE：±10%
13	（机械手）	最大伸长距离	≥0.8m	—
14	（机械手）	全伸距持重	≥20kg（折叠型） ≥60kg（伸缩型）	—
15	（机械手）	自重与全伸距持重比	—	≤1.6
16	（机械手）	指端和手爪内折覆盖范围	≥90°（水平面投影） ≥120°（垂直面投影） ≥150°（垂直面投影） ≥45°（内折方向覆盖方位） ≥300°（内折角）	—
17	（机械手）	手爪最低平稳转速	≤8r/min	—
18	（机械手）	转角控制精度	—	a≤0.005（1 级） 0.005<a≤0.01（2 级） 0.01<a≤0.03（3 级） 0.03<a≤0.1（4 级）
19	（液压系统）	自重与总系统推力比	≤0.5	—

续表

序号	类别	指标名称	测量范围/量值	测量技术要求
20	(导管螺旋桨推进器)	转速控制精度	—	$a\leqslant0.005$(1级) $0.005<a\leqslant0.01$(2级) $0.01<a\leqslant0.03$(3级) $0.03<a\leqslant0.1$(4级)
21	(导管螺旋桨推进器)	自重与输出系助推力比值	≥28kg/kN	—
22	(导管螺旋桨推进器)	最低平稳转速与额定转速比	≥10%	—
23	(导管螺旋桨推进器)	正反额定转速切换时间	≤1s	—
24	(摄像、照明与云台)	定位误差(测量型)	—	MPE：±2mm
25	(摄像、照明与云台)	最低可用照度(微光型)	$\leqslant10^{-3}$lx	—
26	(摄像、照明与云台)	云台最小转角	≥±90°	—
27	(摄像、照明与云台)	最低平稳转速	≤8r/min	—
28	(摄像、照明与云台)	负载扭矩	≥10N·m	—

4.1.3 产业链下游

水文测绘装备的产业链下游主要为装备的安装、使用、定期维护等。对于水文测绘装备来说，由于室内静水环境和室外开阔水域自然环境的差异，室内测试的性能指标在现场应用时不一定能符合现场环境条件下的应用需求，对于需安装在交通运输工具(船舶、海上平台)或者综合监测装备(浮标、机器人等)上面的水运监测装备，其室内量值评定考虑的不确定因素、复杂度远小于现场环境，因此安装使用过程中装备的横摇、纵摇、艏摇、时间定位误差等现场参数的计量测试及误差补偿工作显得尤为重要，这也是国内产品在稳定性、一致性、耐久性方面与国外产品的差距所在。目前，以山东科技大学、哈尔滨工程大学、交通运输部天津水运工程科学研究所等高校、科研院所为代表的专家、学者，对水运监测装备现场应用条件下的量值评定问题进行了深入研究并取得了系列成果，提高了水运监测装备在内河、港口、海洋环境使用中的测量精度，保障了水运安全。水文监测装备安装、使用、维护如图 4-14 所示，水文测绘装备产业链下游计量测试需求分析如表 4-14 所示。

图 4-14　水文测绘装备安装、使用、维护

表 4-14　水文测绘装备产业链下游计量测试需求分析

序号	类别	指标名称	测量范围/量值	测量技术要求
1	ADCP	倾斜摇摆示值误差	-15°~15°	MPE：±1°
2	含沙量测定仪	测点流速	<2m/s	MPE：±0.1m/s
3		测点水深	≤15m	MPE：±1m
4	多波束测深仪	艏摇误差	0°~320°	MPE：±0.1°
5		横摇误差	0°~15°	MPE：±0.05°
6		纵摇误差	0°~15°	MPE：±0.3°
7		定位延时误差	0~1200ms	MPE：±50ms
8		升沉精度	±10m	MPE：±5cm 或 5%量程 MPE：±2cm 或 2%量程

4.2　全寿命周期计量测试需求分析

4.2.1　水文要素测量装备全寿命周期计量测试需求分析

产品设计阶段，主要涉及材料（如水位计浮子材料、ADCP 本体材料、声学换能器材

料、表面涂覆材料等)的选择与性能测试、核心传感器件(如编码器、流速/流量传感器、深度传感器等)的选型与测试，配套设备(如水下连接器、水密缆、供电电池等)的选型、制作与测试，包括机械结构(耐压、密封性能)的设计与验证、电路系统(包括信号采集、处理、存储、通信)的设计与仿真、电子元器件的选型与性能验证等。由于水文测绘装备主要为测量海面水位、浪、潮、流、海水温度等要素的仪器装备，多安装于浮标、船体等载体上，因此在材料选择时应充分考虑其耐腐蚀性、水密性，在机械设计时应充分考虑其结构的稳定性、紧凑性，在电路系统设计时应考虑测量数据的稳定性、供电方式、功率损耗等参量。此外，水文测量装备实际使用过程中存在横滚、纵倾、航偏等情况，以声学多普勒流速剖面仪(ADCP)为例，对于船用 ADCP，船本身的摇摆颠簸，海流的冲击，以及安装不规范等都会使 ADCP 偏离竖直。对于坐底 ADCP，海底的不平，也将使 ADCP 偏离竖直。为了 ADCP 能用于这些非竖直布放的场合，设计时需要解决的首要问题是确定 4 个波束上同一水层对应的回波，即选层。

产品加工制造阶段，主要根据设计方案和指标进行监测装备的加工、制造及装配，包括机械结构的加工、制造，电路系统的焊接与调试，机械结构的加工、制造中，为保证其耐压性、密封性，应对其传感器安装结构尺寸、电路系统安装位置进行测试，保证在水面环境下各部件的稳固；同时应对各部件的配合间隙、密封面表面质量进行测试，电路系统的焊接、调试过程中，应对传感器(如编码器的脉冲宽度、幅度，声学传感器的发射功率、工作频率、接收灵敏度)的关键性能指标进行测试，对电路系统的环境适应性、抗干扰性、功率损耗等进行测试，在产品装配过程中，应对其装配精度、安装位置要求等进行测试。

产品性能测试阶段，主要对装备的功能参数(如水位、潮位、流速、流向、流量等)、装备的环境适应性(温度、湿热、盐雾等)、机械适应性(振动、摇摆、冲击等)、抗电磁干扰性能、数据传输性能、整机的功率损耗、数据测量的准确率等参数进行测试。由于水文测量装备参数多为水动力学参数，在测试设备方面，以声学多普勒流速剖面仪(ADCP)为例，对于试验所需长度大于 200m、宽度大于 15m、深度大于 4.5m 的深水水池，必须考虑水池本身沉降、渗漏及变形等如何控制，水池配套设施在精度、协调等方面如何满足需求，池壁和池底对声波的反射、对检测信号是否影响等问题。此外，ADCP 可测量最大流速为 5~10m/s，目前国内生产的重型高精度拖车理想情况下最大速度可达 7m/s，此速度还不能满足当今 ADCP 计量测试要求，在测试过程中，须保持水体中稳定的散射体数量及均匀分布，目前气泡作为散射体还处于研究探索阶段，且存在气泡粒径控制难度大、水层停留时间无法准确计算及气泡体积分数难以控制等难题。

产品使用维护阶段，应重点解决工作现场对各类装备关键参数的原位、在线计量测试，还应对因载体或本体在水面摇摆、冲击下的测量准确性进行测试和数据补偿，对数据存储、传输过程中累积的计时误差等参数进行测试。由于现场工作环境的复杂性，产品使用维护阶段的计量测试工作将是未来研究的重点内容。以走航式 ADCP 为例，由于声学换能器安装时不能确保与载体的三维方向一致，从而引入了测速误差，严重影响了测流的性能，在正式使用声学换能器前必须在载体上进行安装校准，计算出需要校正的常量，如基阵安装偏角等，以使流速测量得到的速度尽可能接近待测的真实速度。由于要求走航式 ADCP 测流精度高且工作距离大，因而校准相对困难，是国内外一直重点研究的课题。

水文要素测量装备工艺流程如图 4-15 所示。

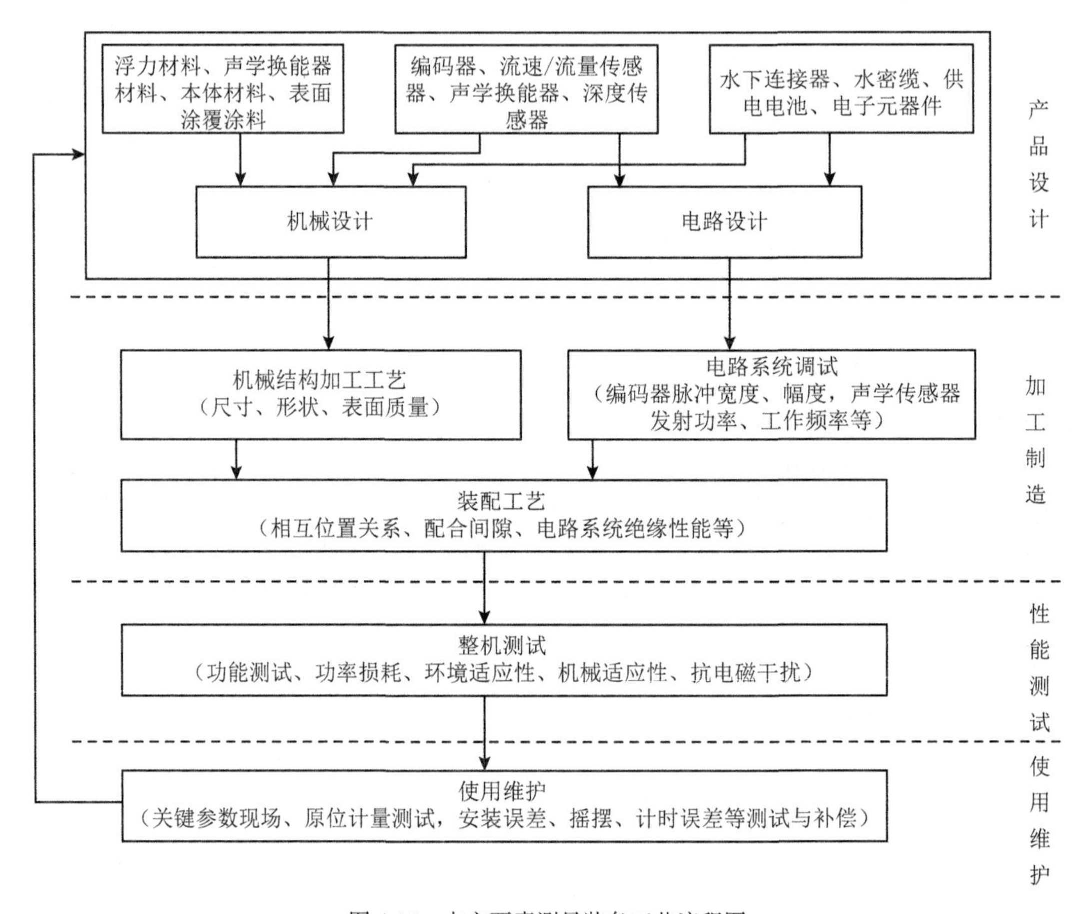

图 4-15　水文要素测量装备工艺流程图

4.2.2　水体要素测量装备全寿命周期计量测试需求分析

水体要素测量装备主要为内河、港口、航道的水质、悬浮颗粒物、底质沉积物及生物体监测设备以及水质、沉积物、生物体采样装备等。其中，水质、悬浮颗粒物、底质沉积物分析装备多采用化学方法，通过与标准物质进行比对的方式进行水质监测，悬浮颗粒物监测多通过物理、光学手段获取含沙量、海水浊度信息，采样装备涉及多种机械结构的采样装备及通用玻璃量器。

产品设计阶段，主要包括材料的选择、标准物质的制备、测量仪器机械结构的设计、电路结构的设计。其中，以浊度计为例，浊度计基于光学原理进行测量，对光学传感器的波长、中心频率、发光强度、功率均需进行计量测试，对光学发射窗口的材质、透光率需进行测试；此外，其壳体材料应满足抗腐蚀、耐压强度要求；在机械结构设计时应充分考虑密封性能的要求；由于浊度计多采用电池供电，因此电路系统设计过程中应充分考虑其低功耗性能。

产品加工制造阶段，主要为机械结构的加工、电路系统加工以及整机装配。其中，机械结构加工过程中，需对其表面质量、关键尺寸几何公差进行计量测试，对电路系统的输出信号、静态电容量等进行计量测试；整机装配过程中，应对浊度计发射传感器与接收传感器间角度要求进行测试，以避免发射端与接收端的光学干涉。

产品性能测试阶段，应对其示值误差、示值稳定性、零点漂移、重复性等性能参数进行计量测试，应对其环境适应性、机械适应性进行计量测试，此外，也应对浊度计的功耗、稳定性进行计量测试。

产品使用维护阶段，开发适合现场测量的便携式计量测试装置，满足其现场应用过程中性能的高效测试，是目前研究的重点。

水体要素测量装备工艺流程如图 4-16 所示。

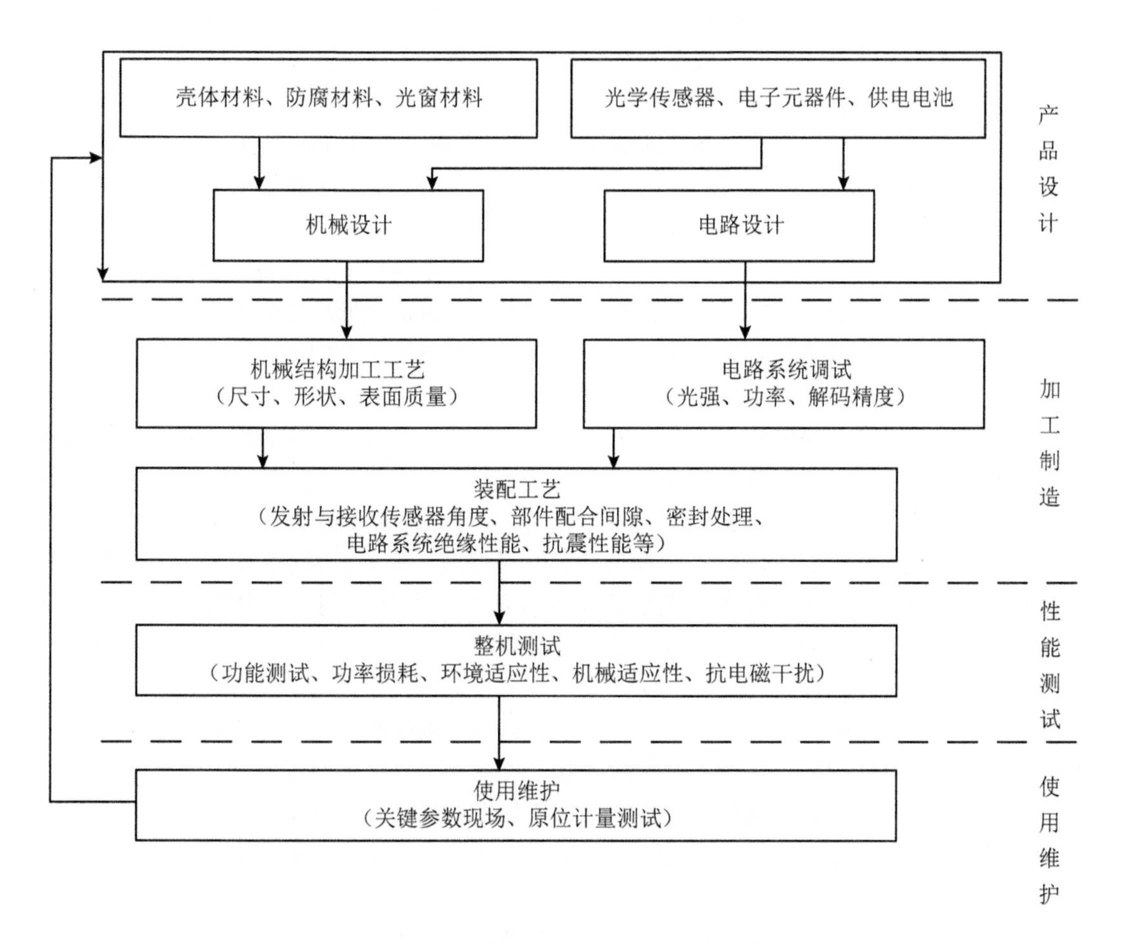

图 4-16　水体要素测量装备工艺流程图

4.2.3 地形地貌要素测量装备产业计量测试需求分析

产品设计阶段，主要根据功能需求和工作环境条件进行材料选择和方案设计，包括水声材料(锆钛酸铅压电陶瓷PZT、稀土超磁致伸缩材料、弛豫铁电单晶材料)、防腐材料(环氧树脂防腐涂料、聚氨酯类防腐涂料、橡胶防腐涂料、有机(无机)硅类树脂涂料和有机(无机)富锌涂料等)、密封材料(聚氨酯等)、浮力材料(化学发泡法固体浮力材料、纯复合泡沫浮力材料、合成复合泡沫浮力材料等)等，根据对其化学成分、物理性能的计量测试结果确定水下探测装备的设计参数，以达到设计要求。以水声换能器为例，需对水声材料的声反射系数、声透射系数、声吸收系数、插入损失等参数进行测试，在设计时，将换能器视为做机械振动的弹性体，通过对材料振动方向(厚度、切向、纵向)、振动模式(伸缩、弯曲、扭转)以及压电转换特性(电-声、声-电、收发兼用)的计量测试，建立机械系统状态方程式和电路系统状态方程式，从而确定换能器基阵、发射系统、接收系统能达到的参数指标。此外，要实现水下探测装备的采集、控制、通信、电源管理等功能，还需要保证电路系统的设计性能，根据功能设计、工作条件(温度、湿度、压力、振动、冲击、电磁等)进行印制电路板的材料选择、布线设计、散热设计以及绝缘、抗震等功能设计，进行核心电子元器件的选型和功能测试(如决定发射系统性能的晶体管功放器件的选型和测试)，还包括焊料、水密缆、连接器等配件的参数设计、选型及化学、电学参量的计量测试，从而在产品设计阶段保证方案的可行性。

产品加工制造阶段，主要根据设计指标要求进行产品的加工、装备，包括机械本体的加工、各功能部件的加工、传感器敏感单元的加工等，包括机械部件间焊接工艺、表面处理工艺、密封工艺、涂装工艺等，还包括各功能部件及整机的装配工艺等。此外，在加工制造阶段，还涉及对中间加工件装配前性能的计量测试。以水声换能器为例，需对机械本体加工中的分段尺寸、外形形状、局部平面度、直线度、垂直度、同轴度、锥度等参数进行计量测试，需对压电陶瓷片的掺杂效果等化学性能、形状尺寸、表面粗糙度等机械性能、电极结合强度等电学性能进行计量测试，需要对部件装配中的装配检验(位置、角度、焊接规格)、分段装配准确度(边缘形状、余量控制、偏差测量)、密封、涂装等工艺参数进行计量测试，还包括对各组成部件中间性能参数的计量测试、电路板的功能调试等，如声学基阵的排列分布、声学换能器的性能参数测试等。由于声学换能器各项性能间具有复杂的关联性，如在设计阶段根据方向性开角和工作频率可确定基阵尺寸、振元尺寸和振元数量，工作频率升高，基阵尺寸将减小，这将导致吸收损耗、输出功率、单位面积辐射声功率的升高，因此，在加工制造阶段基阵尺寸、振元尺寸及振元间距的计量测试将保证方向性开角和工作频率达到设计要求。再比如在设计阶段根据工作频率、机械品质因数确定的发射信号脉宽，在加工制造阶段测量发射系统中该模块发射脉宽，也将确保工作频率和机械品质因数的设计要求得到满足。

产品的整机试验阶段，主要根据设计指标对地形地貌测量装备的整体性能指标进行试验验证，如针对多波束测深仪开展的测深、扫宽等几何性能的计量测试及工作频率、发射声源级等声学性能的计量测试，包括对整机工作电压、工作电流、输出功率、电声转换效率、功率损耗等电学参数的计量测试，还包括针对水下探测装备开展的低温、高温、低温储存、高温储存、交变湿热、温度变化、盐雾等环境适应性测试，以及冲击、碰撞、振动、倾斜和摇摆、水静压力等机械适应性测试等。

产品的使用维护阶段，主要解决地形地貌测量设备在现场安装、使用及日常维护过程中的计量测试需求，在现场动态水体环境中，温度、盐度、海流等环境参数的变化、安装、定位误差的存在都将对装备的整体性能造成影响，需综合考虑和修正，如船载水下探测装备在安装使用中存在的艏摇、横摇、纵摇误差的测量及修正，GNSS 定位延时的测量与修正，声学延时的测量与修正，以及使用过程中升沉、声速、航向等参数的计量测试等。

地形地貌要素测量装备工艺流程如图 4-17 所示。

4.2.4 综合要素测量装备产业计量测试需求分析

综合要素测量装备主要为浮标、无人船、潜水器等载体装备，其自身无测量功能，通过其上安装的水温、流速、流量装备实现水文、水体、地形地貌环境的实时监测，其主要为各类测量装备提供多参数采集、处理、储存、传输及电源供给。综合要素测量装备的稳定性直接影响各类水文测绘装备的测量精度和稳定性。

产品设计阶段，以水下机器人为例，主要涉及材料的选择(包括浮力材料、防腐材料、密封材料、本体材料、浮标锚链材料等)，需对各种材料的关键性能进行测试，以确保其符合工作环境要求；涉及机械结构设计，主要包括本体结构设计、各传感器安装位置、高度设计(工作无干涉)，以及锚链结构、固定结构设计；涉及电路结构设计，主要包括多传感器信号采集、数据分析处理、数据存储、远程通信等模块设计；此外，还包括供电方式设计(太阳能板供电、电池供电等)，电源管理系统设计(为不同传感器提供符合其工作需求的电源)。

产品加工制造阶段，主要涉及本体结构的加工、表面处理，各部件的加工制造及表面处理，以及电路系统的焊接、联调，功耗测试等。由于不同传感器对工作环境要求不同，信号输入/输出方式、供电方式存在差异，因此在装配时，对关键部件、传感器的安装精度要求、配合间隙、安装角度、表面精度等均需要进行测试，对电路系统的电磁干扰、绝缘性能也需要计量测试。

产品性能测试阶段，主要对浮标的整体功能、环境适应性、机械适应性等进行测试。

产品使用维护阶段，应对水下机器人的机械密封性、漂浮稳定性、供电系统等进行测试。

4.3 全溯源性计量测试需求分析

水文测绘装备全溯源性计量测试需求梳理从水运监测装备全产业链、全寿命周期各环节关键参数开始，根据参数的属性、测量范围、精度要求确定所需的工作计量器具及精度等级，并向上溯源到计量标/基准，从而形成完整的参数溯源链。通过对产业参数量值溯源信息的分析、整理，归纳出水运监测装备在如下几个方面的全溯源性计量测试需求。

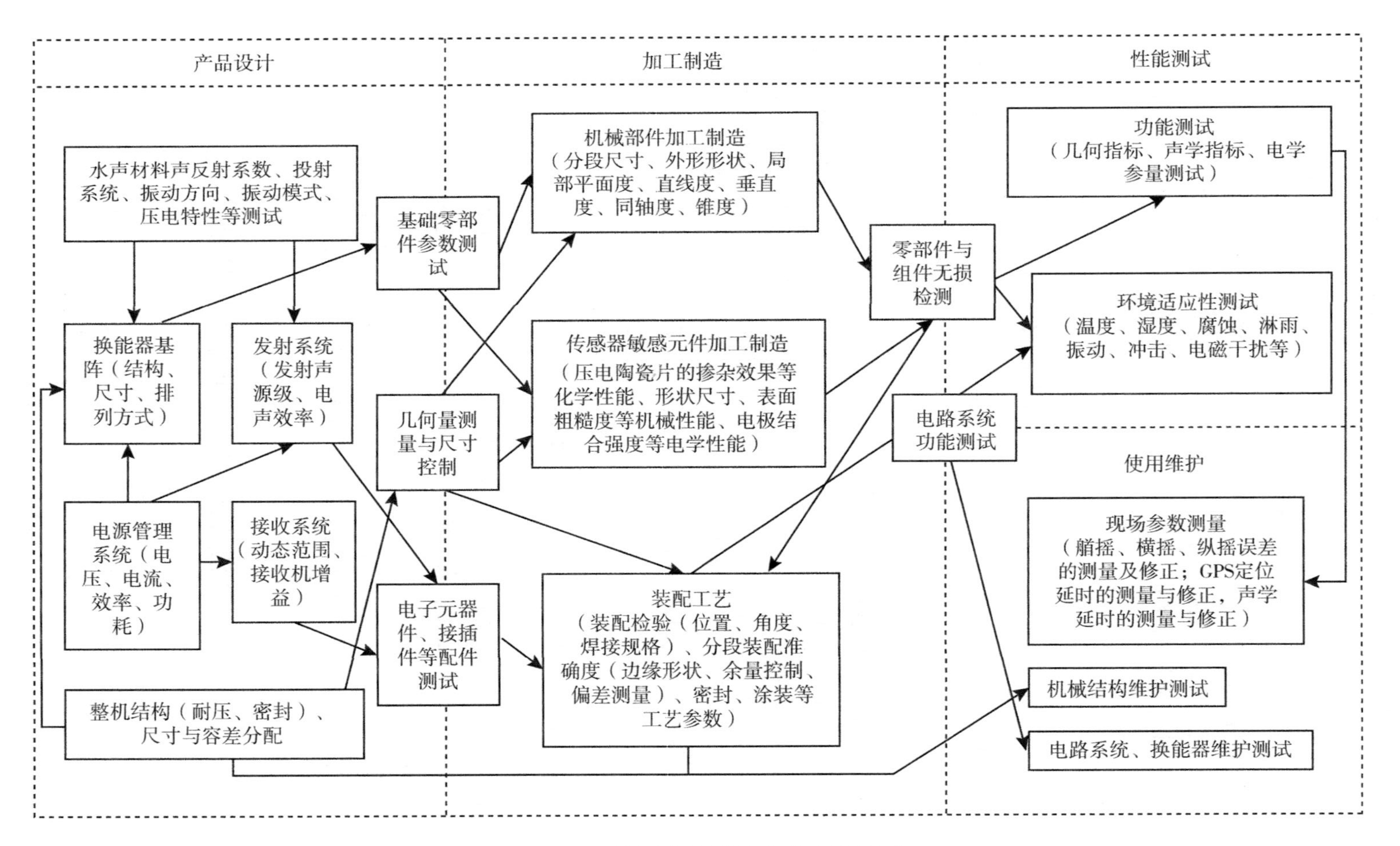

图4-17　地形地貌要素测量装备工艺流程图

4.3.1 水文测绘材料的全溯源性计量测试需求

水文测绘装备工作环境多为潮湿、腐蚀、振动的环境，对水声材料、浮力材料、防腐材料、密封材料均具有较高的性能要求。我国在水文测绘材料方面已发布了系列国家标准、行业标准、规程、技术规范，尤其是水声材料，针对不同材质、不同形状、不同用途的水声材料发布了多项标准文件，但是在材料关键性能参数的量值溯源方面，由于测试方法理论性较强、需要专用的计量测试设备，目前根据调研情况，从生产厂家的角度很难开展材料级的计量测试工作，无法从源头上对产品质量进行控制。其中，如用作装备壳体、轴承材料的化学组分的控制，广泛用作浮力材料的空心玻璃微珠的压缩强度、抗压模量、吸水率等参数，聚氨酯密封材料的黏度、剪切强度等参数，声学换能器声窗材料的透光率、弯曲模量、弯曲强度等参数，水声材料的储能弯曲模量、插入损失、回声降低、复反射系数等参数，压电陶瓷材料的杂质含量、颗粒度、体积密度、动态电阻、谐振频率等参数，都尚未建立有效的量值溯源路线，是后续产业计量测试过程中重点关注和解决的内容。

4.3.2 过程控制参数全溯源性计量测试需求

当前水文测绘装备的设计研发、加工制造、性能测试仍以生产厂家为单位展开，各厂家依据自己的加工、装配工艺流程进行过程质量控制。由于各厂家的标准不同，同一类产品的同一部件间互换性较差、通信接口各异、质量参差不齐。在过程控制参数中，如基于超声原理的风速传感器间距，压电晶片加工过程中晶片旋转切割误差、平面度、表面粗糙度、几何公差、电极结合强度、防腐涂层厚度等，换能器基阵加工过程中的基阵尺寸、振元尺寸、振元间距等，换能器装配过程中的压电晶片预紧力、换能器胶结阻抗等，目前均没有统一的、规范的计量测试方法，未建立有效的量值溯源路线。

4.3.3 现场、原位、动态参量全溯源性计量测试需求

由于水文测绘装备现场工作环境的复杂性，其室内设计、性能测试指标，并不能代表其在实际使用过程中所能达到的范围、精度，这也是国内产品和国外产品在稳定性、一致性、耐久性上的差距。此外，水文测绘装备安装以后的艏摇误差、横摇误差、纵摇误差、定位延时误差、升沉精度等，需进行现场、原位计量测试和量值溯源。目前，以国家水运工程检测设备计量站为代表的水文测绘装备计量测试机构，以海卓同创、无锡海鹰为代表的生产厂家，均在积极进行现场、原位、动态、实时计量测试技术研究，在现场真实工控下实现装备的量值溯源和评定。

4.3.4 中高端水文测绘装备全溯源性计量测试需求

中高端水文测绘装备如含沙量测定仪、多波束测深仪、扫描声呐、超短基线定位系统、水下滑翔机、ROV、AUV 等代表水运装备的最高发展水平，目前的技术、工艺水平仍被发达国家垄断，我们处于跟跑阶段。随着水运基础设施从以建设为主向后期的管理、养护发展，对中高端水运监测装备的需求日益强烈。国家水运检测设备计量站在国内率先

开展多波束测深仪、侧扫声呐、超短基线定位系统、含沙量测定仪等装备的计量测试技术研究，编制并由交通运输部发布了部门计量检定规程，在室内、室外环境下建立了计量标准装置，对上述设备的过程参数、整机性能开展计量校准、测试工作，在一定程度上保障了国内外此类产品的质量；依托 450m 大比尺波浪水槽、60m 流速水槽、180m 港航培训基地开展水下机器人动力性能、拖曳性能的计量测试。但在中高端水运监测装备的全产业链、全寿命周期、全溯源性计量测试能力上仍较弱，仍需进一步提升。

4.3.5　水文测绘装备前瞻性计量测试需求分析

水文测绘装备主要包括水文、水体、地形地貌等要素测量装备，目前与水运工程密切相关的浪、潮、流等参量的监测装备，发展较早，已形成产品系列，从核心技术、制造工艺到测试手段，已具备相对完整的体系方法。随着新技术、新工艺、新方法的应用，常规、老旧设备不断更新换代，新的计量测试需求不断涌现。此外，随着国家建设航运强国、水路运输向深远海进军步伐的加快，以及《交通强国建设纲要》《交通运输标准化“十四五”规划》等政策性文件的陆续发布，代表水文测绘装备较高技术水平的多波束测深仪、侧扫声呐、超短基线、水下机器人等新型设备获得广泛应用。由于关键技术、核心工艺大部分仍掌握在美国、英国等发达国家手中，中高端产品的全产业链、全寿命周期计量测试能力严重不足，也导致国内产品的稳定性、耐久性与国外产品存在较大差距。要实现交通水运装备的先进适用、完备可控，必须解决先进工艺、技术、装备对前瞻性计量测试手段的需求与现阶段计量测试能力不足之间的矛盾。

水文测绘装备前瞻性计量测试需求主要体现在如下几个方面。

1. 含沙量测定仪计量测试技术研究

含沙量是水路运输中“浪、潮、流、沙”监测的重要一环，在港珠澳大桥等国家重大工程项目建设中，对含沙量的准确测量是保证工程质量和进度的必要条件。我国在含沙量测定仪研制方面起步较早，但长期处于高校、科研院所小规模试制、应用阶段，未形成有竞争力的产品，工程上仍靠进口以美国 OBS 3+为代表的测量仪器。交通运输部天津水运工程科学研究所近年来潜心研究，自主研制的含沙量测定仪达到国外产品同等水平，但在设计研发中参数的验证、加工制造中尺寸的规范以及光电模块、整机性能的测试上仍未有成熟的技术方法。国家水运工程检测设备计量站开展含沙量测定仪计量测试技术的研究，形成含沙量测定仪关键技术参数量值溯源技术，为含沙量装备研发提供计量技术支撑。

2. 基于声光效应的声速计量溯源技术研究

水运监测装备中涉及大量的声学设备，围绕声波构造的水下声呐技术，在水下成像、目标定位、地形地貌测量等领域内发挥了主流作用。海水声速的量值溯源，目前主要有间接法和直接法。间接法测量精度较高，但不满足定义复现性；直接法由于引入了难以消除的误差源，且误差分析缺少溯源性依据，导致虽然满足复现性，但无法获得高精度测量数据。建立水中声速的量传路线，保证在实际应用中正确分析和处理信息，具有重要意义和必要性。

3. 多波束测深仪量值评定技术研究

随着交通运输向海洋、深远海发展，多波束测深仪以其测深效率高、测量效果好、无遗漏测量等系列优点获得广泛应用。在多波束测深仪研制过程中，仪器关键性能参数的计量测试是个重要问题，例如，声速剖面误差(表层声速变化、跃层及深度变化和换能器垂直升降运动误差)、安装误差、定位系统误差(GNSS 定位误差、罗经定向误差、运动传感器姿态误差、定位延时误差)、潮位改正误差等，单一的计量器具无法完成对整套系统的量值评定。在水声设备自身性能指标一定的前提下，多源误差引入、缺少复合量值评定方法是导致水下探测准确度难以提升的关键制约因素。

4. 潜水器动力控制及环境适应性参数的计量测试技术研究

水下机器人等潜水器被列入《交通强国建设纲要》重点研制设备中，与常规船载装备不同，潜水器具有水下移动能力，可搭载多种仪器设备开展水下监测、探测和采样，也可载人完成特定的水下作业，用途广泛。潜水器综合了操作控制、通信、导航、数据传输与处理等多方面技术，是集机械、流体、控制、电子等多学科的综合体。我国在潜水器领域的起步较晚，关键核心技术大部分被国外科技机构掌控，在潜水器计量测试方面，目前国内仅发布了《潜水器和水下装置耐压结构制造技术条件》(GB 11631—1989)、《潜水器和水下装置耐压结构材料技术条件》(GB 11632—1989)、《轻型有缆遥控水下机器人　第 1 部分总则》(GB/T 36896. 1—2018)等技术标准，对其设计、生产制造过程中的关键技术参数的计量测试，各生产厂家依据各自的检测手段开展出厂测试，未形成统一的技术规范，严重影响了潜水器的规范化、产业化发展。开展以水下机器人为代表的潜水器动力控制及环境适应性参数的计量测试技术研究，实现潜水器全寿命周期过程中拖曳阻力、侧向阻力等水动力参数，定位定向精度、运动稳定性等动力控制参数，以及温度、压力、振动、盐雾等环境适应性参数的计量测试，具有重要意义。

◎ 本章参考文献

[1]全国声学标准化技术委员会. GB/T 7965—2002 声学水声换能器测量[S]. 北京：中国标准出版社，2004.

[2]全国水文标准化技术委员会. GB/T 9359—2016 水文仪器基本环境试验条件及方法[S]. 北京：中国标准出版社，2017.

[3]中华人民共和国水利部. GB/T 11826—2019 转子式流速仪[S]. 北京：中国标准出版社，2019.

[4]中华人民共和国水利部. SL/T 148. 5—1995 旋杯式流速仪产品质量分等[S]. 1995.

[5]中华人民共和国水利部. GB/T 11828. 1—2019 水位测量仪器 第 1 部分：浮子式水位计[S]. 北京：中国标准出版社，2019.

[6]中华人民共和国水利部. GB/T 11828. 2—2022 水位测量仪器 第 2 部分：压力式水位计[S]. 北京：中国标准出版社，2022.

[7]全国水文标准化技术委员会水文仪器分技术委员会. GB/T 11828. 4—2011 水位测量仪器 第4部分：超声波水位计[S]. 北京：中国标准出版社，2012.
[8]全国水文标准化技术委员会水文仪器分技术委员会. GB/T 11828. 5—2011 水位测量仪器 第5部分：电子水尺[S]. 北京：中国标准出版社，2012.
[9]全国水文标准化技术委员会水文仪器分技术委员会. GB/T 11828. 6—2008 水位测量仪器 第6部分：遥测水位计[S]. 北京：中国标准出版社，2008.
[10]中华人民共和国水利部. GB/T 15966—2017 水文仪器基本参数及通用技术条件[S]. 北京：中国标准出版社，2017.
[11]全国电子设备用阻容件标准化技术委员会. GB/T 18806—2002 电阻应变式压力传感器总规范[S]. 北京：中国标准出版社，2003.
[12]全国海洋标准化技术委员会. GB/T 24558—2009 声学多普勒流速剖面仪[S]. 北京：中国标准出版社，2010.
[13]国家海洋局标准计量中心. HY/T 006—1991 SBA3-2 型台站声学测波仪[S]. 国家海洋局，1992.
[14]国家海洋标准计量中心. HY/T 090—2005 压力式波潮仪[S]. 北京：中国标准出版社，2006.
[15]全国海洋标准化技术委员会. HY/T 145—2011 坐底式声学测波仪[S]. 北京：中国标准出版社，2011.
[16]全国海洋标准化技术委员会. HY/T 157—2013 便携式流速流量仪[S]. 北京：中国质检出版社，中国标准出版社，2013.
[17]全国海洋标准化技术委员会海洋调查技术与方法分技术委员会. HY/T 219—2017 声学多普勒流速剖面仪数据存储格式[S]. 北京：中国标准出版社，2017.
[18]机械工业仪器仪表器件标委会. JB/T 7482—2008 压电式压力传感器[S]. 北京：机械工业出版社，2008.
[19]机械工业仪器仪表器件标委会. JB/T 10524—2005 硅压阻式压力传感器[S]. 北京：机械工业出版社，2005.
[20]中华人民共和国工业和信息化部. JB/T 12596—2016 金属电容式压力传感器[S]. 北京：机械工业出版社，2016.
[21]中华人民共和国工业和信息化部. JB/T 12937—2016 压阻式陶瓷压力传感器[S]. 北京：机械工业出版社，2017.
[22]全国温度计量技术委员会. JJG 288—2005 颠倒温度表检定规程[S]. 北京：中国计量出版社，2005.
[23]全国海洋专用计量器具计量技术委员会. JJG 289—2019 表层水温表检定规程[S]. 2020.
[24]全国物理化学计量技术委员会. JJG 376—2007 电导率仪检定规程[S]. 北京：中国计量出版社，2008.
[25]全国海洋专用计量器具计量技术委员会. JJG 587—2016 浮子式验潮仪检定规程[S]. 北京：中国质检出版社，2017.

[26]全国几何量长度计量技术委员会. JJG 946—1999 压力验潮仪检定规程[S]. 北京：中国计量出版社，2004.
[27]全国几何量长度计量技术委员会. JJG 947—1999 声学验潮仪检定规程[S]. 北京：中国计量出版社，2004.
[28]中华人民共和国交通运输部. JJG(交通)026—2015 水运工程 闸门开度计[S]. 北京：人民交通出版社，2015.
[29]中华人民共和国交通运输部. JJG(交通)033—2015 水运工程 地下水位计[S]. 北京：人民交通出版社，2015.
[30]中华人民共和国交通运输部. JJG(交通)034—2004 水运工程 超声波水位计[S]. 北京：人民交通出版社，2015.
[31]中华人民共和国水利部. JJG(水利)001—2009 转子式流速仪检定规程[S]. 北京：中国水利水电出版社，2009.
[32]中华人民共和国水利部. JJG(水利)002—2009 浮子式水位计检定规程[S]. 北京：中国水利水电出版社，2009.
[33]中华人民共和国交通运输部. JT/T 790—2010 多波束测深系统测量技术要求[S]. 北京：人民交通出版社，2011.
[34]全国水产标准化技术委员会渔具材料分技术委员会. SC/T 5003—2002 塑料浮子试验方法 硬质泡沫[S]. 北京：中国标准出版社，2002.
[35]中华人民共和国电子工业部. SJ/T 10429—1993 压阻式压力传感器总规范[S]. 1993.
[36]全国水文标准化技术委员会水文仪器分技术委员会. SL/T 184—1997 超声波水位计[S]. 1997.
[37]全国水文标准化技术委员会水文仪器分技术委员会. SL/T 198—1997 地下水位计[S]. 1997.
[38]全国水文标准化技术委员会水文仪器分技术委员会. SL/T 243—1999 水位计通用技术条件[S]. 1999.
[39]高奇峰，郑刚强，陈琛. 高端海洋装备工业设计探索——以潜航器设计为例[J]. 设计，2017(9)：18-21.
[40]高占科. 海洋测温仪器的测量不确定度评定[J]. 计量技术，2006(3)：60-62.
[41]李海成，石国平. 海洋环境监测设备及系统的研制初探[J]. 电子技术与软件工程，2014(22)：72.
[42]刘学海，韩磊. 海洋监测设备实验水槽的环境动力参数Ⅱ：模型参数[J]. 海洋技术学报，2015，34(5)：26-30.
[43]韩磊，刘学海. 海洋监测设备实验水槽的环境动力参数Ⅰ：典型海域[J]. 海洋技术学报，2015，34(2)：27-32.
[44]余建星，韩彤，李林奇. 海洋资料浮标水动力特性研究现状分析[J]. 海洋湖沼通报，2017(4)：61-67.
[45]金礼聪，郭冉，陈朋. 基于 FPGA 声学多普勒流速剖面仪的信号处理机设计[J]. 计算机工程，2017，43(1)：67-71.

[46]杨宁，李彦，路宽，等．基于海洋监测设备水动力试验的波浪测量系统研制[J]．海洋技术学报，2015，34(2)：33-38.
[47]陆伯生．基阵最小尺寸的确定[J]．渔业现代化，1982(2)：18-21.
[48]彭东立，马海涛，许伟杰．宽带声学多普勒流速剖面仪的中频正交采样算法[J]．声学技术，2013，32(1)：15-18.
[49]周亦军，彭东立．宽带声学多普勒流速剖面仪回波信号模型分析[J]．声学技术，2012，31(2)：179-183.
[50]张俊，卢秉恒．面向高端装备制造业的高端制造装备需求趋势分析[J]．中国工程科学，2017，19(3)：136-141.
[51]王婷，李飞，杜红亮，等．面向水声换能器的压电单晶复合材料设计研究[J]．人工晶体学报，2020，49(6)：997-1003.
[52]王媛媛．声学多普勒流速剖面仪宽带信号形式的研究[J]．科学技术创新，2018(10)：3-5.
[53]郭海涛，王连玉，朱俊民．声学多普勒流速剖面仪设计中的一个首要问题：如何选层[J]．仪器仪表学报，2005(S1)：4-5，12.
[54]刘艳平，邹君，魏韶辉．声学多普勒流速剖面仪实验室测试方法探讨[J]．测控技术，2018，37(8)：75-77，81.
[55]周庆伟，张松，汪小勇，等．声学多普勒剖面流速仪检测方法探讨[J]．海洋技术学报，2016，35(4)：31-35.
[56]陈建平，何元安，黄爱根．水声材料声学参数及其声管测量方法[J]．声学技术，2015，34(2)：109-114.
[57]濮兴啸，李清，梁朝阳，等．悬浮物特性对声学多普勒流速剖面仪检测的影响研究[J]．气象水文海洋仪器，2016，33(1)：16-19.
[58]陈瑞欢．盐度计(盐分测试仪)校准方法的探讨[J]．计量与测试技术，2019，46(3)：32-33.
[59]牛睿平，张健，王美玲，等．一种新型国产雷达水位计的设计[J]．水利信息化，2015(5)：34-38.
[60]赵明雨．智能旋桨式水流流速仪研发与设计[J]．水利技术监督，2019(1)：24-27.
[61]刘首华，范文静，王慧，等．中国沿岸海洋站自动测波仪器测波特征分析[J]．海洋通报，2017，36(6)：618-630.
[62]阮锐．重力、温度和盐度对压力验潮精度的影响[J]．海洋测绘，2004(3)：58-59.
[63]孟宇．转子式流速仪检定水槽的设计方法[J]．东北水利水电，2016，34(6)：1-4.

第 5 章　水文测绘装备产业计量测试技术

水文测绘装备产业计量测试技术聚焦产业发展计量测试问题，为产业提供“全溯源链、全产业链、全寿命周期、前瞻性”的计量测试服务，帮助企业加强特殊工艺过程、特殊产品的计量控制，提升企业精细化管理水平，推动产业产品质量提升，助推产业创新和高质量发展。

《计量发展规划(2021—2035 年)》指出加快海洋、交通运输等专用计量测试技术研究，补齐关键、特色参数指标的计量测试能力短板，开展海洋装备测量测试技术研究。海洋科学研究、水运交通建设都需要通过水下探测装备准确获取所关注区域内的水深、流速、涌浪、定位等水文要素和地形地貌等信息，并将其作为基础资料与支撑依据。水文测绘装备行之有效的计量溯源方法、标准规范和检定装置是保障海上应急搜救、智能安全航运、海洋调查、水文监测等工程质量与安全的必要先决条件，是我国开展海洋科学研究和海洋资源开发的战略需求。然而，水下计量校准影响因素众多、环境复杂、标准建设成本与难度高，成为制约涉水计量发展的主要瓶颈。虽然国内外对水下探测装备的计量校准已开展了部分研究，但试验环境难以精确控制、计量校准方法不够完善、计量检定装置准确度不符合要求等难题仍未得到有效解决。因此，“水文测绘装备无法从现有计量体系进行直接量值溯源”的问题十分突出，主要体现在如下两个方面：①水下探测装备缺少计量溯源理论和技术支撑，量值溯源途径不健全，溯源体系欠完善，相关计量检定规程缺失；②水下关键探测装备行业最高计量标准尚待研究建立，面向检定/校准业务的计量标准严重缺失，深度影响了水下探测装备的测量性能。

国家水运工程检测设备计量站聚焦水文测绘装备计量标准缺失的现状，致力于解决水深、流速、含沙量、水下定位等量值无法溯源的行业困境，补齐国内外水下关键探测设备无法溯源、无处送检、无效监管的“三无”行业短板，采用了多源要素建模、现场水域验证、标准装置研制的技术方法，提出了 10 种水下关键探测装备计量溯源方法，建立了 10 种水下关键探测装备量值溯源体系及标准装置，按应用领域分如下三个方面。

(1)水下地形地貌测量系统计量溯源方法及标准装置研究(4 种)。

通过分析水下地形地貌测量系统各误差的传播影响规律与影响计量标准特性的关键因素，开展了水深、声速、底物分辨等关键量值的计量溯源方法研究，建立了水下地形地貌探测设备量值溯源体系，研制了整套水下地形地貌测量系统的计量标准装置，制定并发布了相应的技术规范。

(2)浪潮流沙计量溯源方法及标准装置研究(4 种)。

开展了声学多普勒流速剖面仪、超声式波浪测量仪、验潮仪和含沙量测定仪的计量溯源方法研究，建立了流速、流向、波浪、含沙量等量值溯源体系，研制了基于无人船的声学多普勒流速剖面仪校准装置、基于直线静水明槽的超声式波浪测量仪校准装置及基于含沙量标准场的含沙量测定仪校准装置，制定并发布了相应的技术规范。

(3)定位定向计量溯源方法及标准装置研究(2 种)。

开展了姿态测量仪、超短基线水声定位仪的计量溯源方法研究，建立了斜距、水平转角、垂直转角等量值溯源体系。研制了姿态测量仪、超短基线水声定位仪校准装置，制定并发布了相应的技术规范。

5.1　基于声光效应的声速计量溯源技术

人类探索海洋所依赖的信息承载媒介主要有声波、光波以及电磁波等。其中，围绕声波构造的声呐技术，在水下成像、水下目标定位、海底地形测量等海洋探测活动中发挥主流作用，也为声学装备的设计研发、性能测试提供理论依据。这意味着，从海水声速的定义到海洋声速的量传，直至量值应用，都要建立起严格的溯源路线，以保证在实际应用中对探测信息进行正确的分析和处理。

海水声速的测量可分为间接法与直接法。传统的直接法中引入了难以消除的误差源，且误差分析缺少溯源性依据，导致它虽然满足定义复现性，但无法获得高精度的测量数据。目前，国内的计量测试机构多采用间接法对声速装备进行计量测试，如图 5-1 所示。

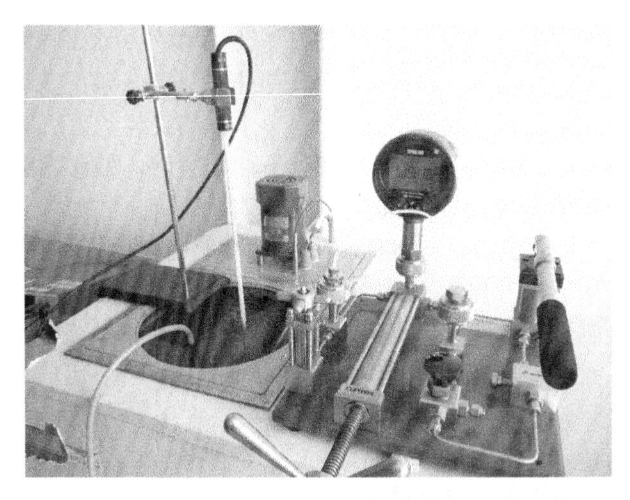

图 5-1　间接法声速计量测试

图 5-1 中，以声速剖面仪为例，以纯水作为传输介质，由恒温水槽提供恒定的温场，采用纯水中声速公式将二等标准铂电阻温度计测量的恒温水槽温度值转换为声速值即作为标准值，声速剖面仪测量恒温水槽中与二等标准铂电阻温度计等高位置的声速值，与标准值进行比对，得到声速校准结果。该方法声速测量范围为 1400～1600m/s，测量不确定度为 $U=0.10\mathrm{m/s}(k=2)$，依据该方法建立的量值溯源路线如图 5-2 所示，声速剖面仪校准证书如图 5-3 所示。

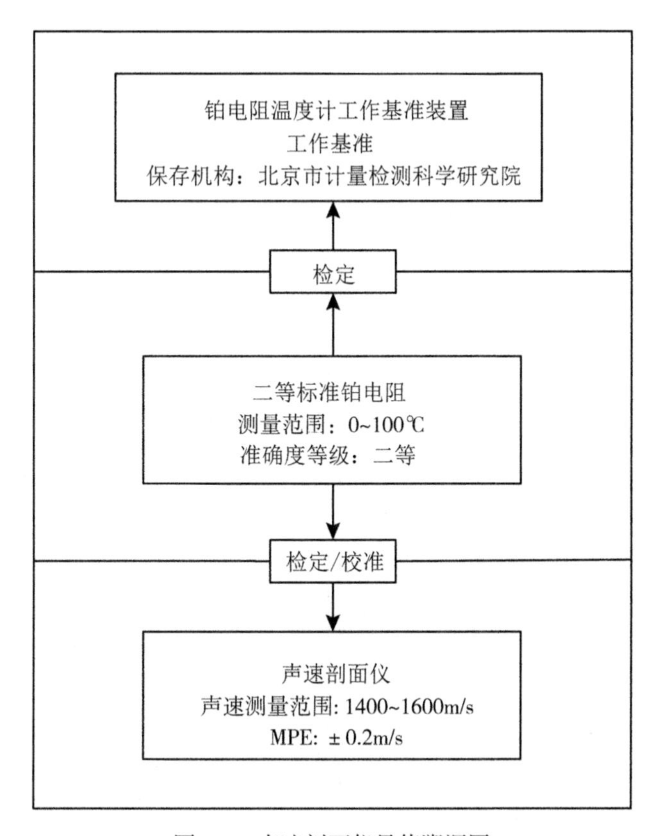

图 5-2 声速剖面仪量值溯源图

在图 5-2 中，间接法的测量精度高，但不满足定义复现性。因此，提升海水声速测量的定义复现能力，既有计量层面的价值，又有量传一致的应用价值。

天津大学薛涛课题组(2018)提出了三种基于声光效应的声速测量方法，不仅能够直接满足声速的定义，且能够大幅度减少误差的引入，从根本上解决了溯源性与精度的两难困境。

1. 基于飞秒激光声频调制的声速测量方法研究

本方法的原理图如图 5-4 所示。

图 5-4 中，s 为两测量臂之间的几何距离，即是声波的飞行距离；t 为声波的飞行时间。由飞秒光梳产生的光脉冲进入双迈克尔逊干涉仪，让两测量臂分别与声波发生作用，则可以得到声速计算公式为

$$v = \frac{s}{t} \tag{5-1}$$

2. 基于声光突变信号标记原理的声速测量方法研究

对于声波飞行距离测量，本方法选用增量式测量方案，通过线性改变两测量臂之间的

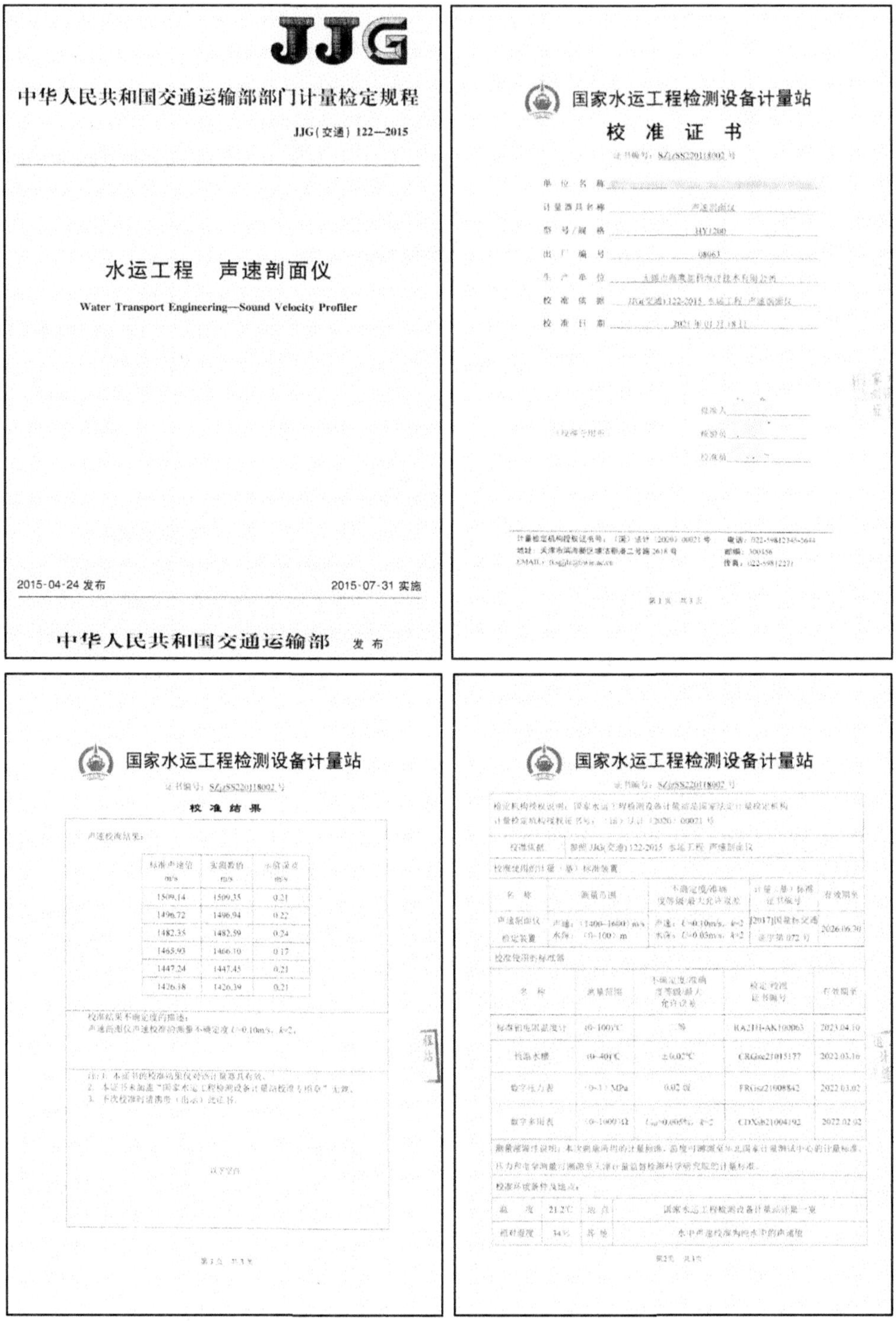

JJG

中华人民共和国交通运输部部门计量检定规程

JJG（交通）122—2015

水运工程　声速剖面仪

Water Transport Engineering—Sound Velocity Profiler

2015-04-24 发布　　2015-07-31 实施

中华人民共和国交通运输部　发布

国家水运工程检测设备计量站

校　准　证　书

计量器具名称　声速剖面仪

型号/规格　HY1200

校准依据　JJG(交通)122-2015 水运工程 声速剖面仪

国家水运工程检测设备计量站

校准结果

声速校准结果：

标准声速值 m/s	实测数值 m/s	示值误差 m/s
1509.14	1509.35	0.21
1496.72	1496.94	0.22
1482.35	1482.59	0.24
1465.93	1466.10	0.17
1447.24	1447.45	0.21
1426.18	1426.39	0.21

校准结果不确定度的描述：

声速剖面仪声速校准的测量不确定度 U=0.10m/s，k=2。

国家水运工程检测设备计量站

名称	测量范围	不确定度/准确度等级/最大允许误差	检定/校准证书编号	有效期至
标准铂电阻温度计	(0~100)℃	二等	RA2JH-AK100063	2023.04.10
恒温水槽	(0~40)℃	±0.02℃	CRGisz21015177	2022.03.16
数字压力表	(0~1) MPa	0.02 级	FRGsz21008842	2022.03.02
数字多用表	(0~1000)Ω		CDXsb21004192	2022.02.02

图 5-3　声速剖面仪计量依据与校准证书

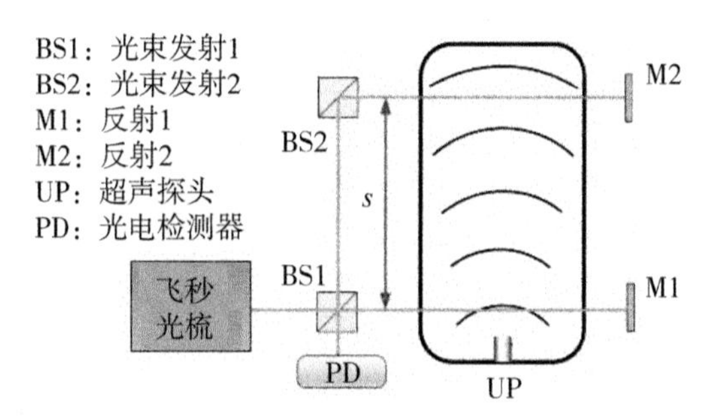

图 5-4 实验原理图

距离，利用增量信息拟合出初始距离，则可以得到声波飞行时间。

3. 基于飞秒光学频率梳与超声脉冲的声速测量方法研究

本方法的测量原理如图 5-5 所示，光学频率梳发出的光射入马赫-曾德尔干涉仪，在参考臂和测量臂的路径中，设置水槽，声波与参考光和测量光分别发生作用，由光电探测器探测干涉仪的输出光，参考臂与测量臂之间的光程差为声波飞行距离 s 的两倍，假设声波由参考臂到测量臂的飞行时间为 t，则声速的计算式为

$$v=\frac{s}{t} \tag{5-2}$$

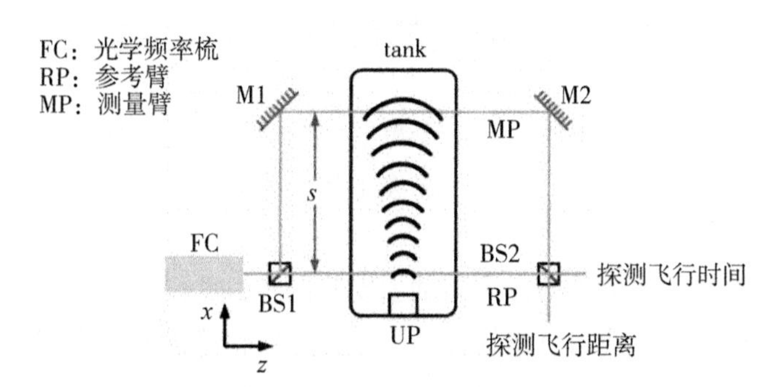

图 5-5 海水声速测量原理图

本方法中的声光效应为拉曼-奈斯衍射。当光穿过有声音传播的区域时，弹光效应会使介质的密度发生周期性变化，等效于透过移动的相位光栅。因此，当衍射发生时，探测光强会由入射光强降低为某一数值；当衍射未发生时，所探测的光强则为入射光强。光强变化如图 5-6 所示。

根据两次光强变化之间的时间差，即可演算出声波的飞行时间。

基于飞秒激光声频调制的声速测量方法，合成不确定度为 0.023m/s；基于声光突变信号的声速测量方法，其合成不确定度为 0.023m/s；基于飞秒光学频率梳和超声脉冲的声速测量方法，其合成不确定度为 0.025m/s。

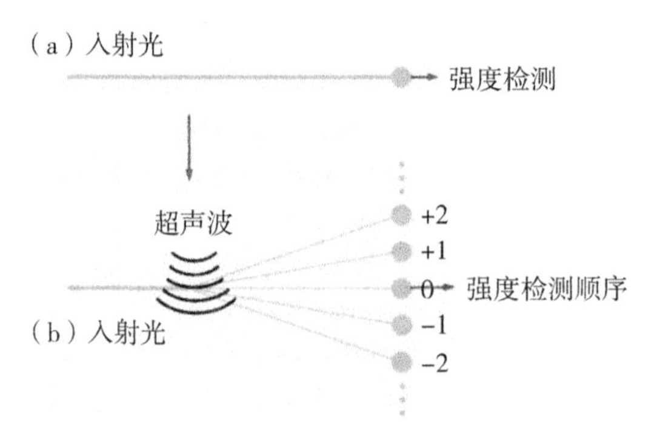

图 5-6　脉冲声光效应原理

目前，该研究仍处于实验室阶段，后期将基于实验室先进的光学实验平台和飞秒激光器，进一步完善飞秒激光声速测量的相关研究，尝试将飞秒激光引入基于突变信号的声速测量方法中，进一步提高精度；同时，尝试利用声光信号突变点为声信号编码，将声光效应进一步推广，提高声光信号突变点法在应用端的实践能力；将声光效应进一步应用至测距中，完成声速仪的设计，加强理论端和应用端的有机融合；同时，开始着手建立基于声光效应的声速测量的方法论系统，完成方法的整合，并且着眼于针对海水声速建立一个完整的基准体系。

5.2　基于专用水槽和模拟回波的回声测深仪多量程水深校准技术

水深测量是水运工程中需要测量的一个重要参数，回声测深仪作为国内最主要的水深测量仪器，其测量结果关系到航行安全、疏浚工程结算和科研成果质量，因而测深仪测量数据的准确性、可靠性至关重要。

目前，回声测深仪水深量值的计量测试主要有两种方式。

一种是基于专用水槽，使用声速剖面仪测量与测深仪换能器同水层位置处的声速值作为测深仪测量系统的标准声速值，将回声测深仪纵向测深转换为横向测距，在计算机精确控制的由测车定位的多个测量点上，以激光测距仪测量的到激光反射靶的水平距离作为标准水深，与测深仪换能器测量的水深值逐一比对，实现回声测深仪水深参数的校准，如图 5-7 所示。该技术的水深测量范围为 0~40m，测量不确定度 $U=13\text{mm}(k=2)$。

图 5-7 中，受边界条件限制，仅能进行短距离浅水测深对比。国家水运工程监测设备计量站研究人员(2019)提出了一种回声测深仪水深模拟回波校准技术，如图 5-8、图 5-9 所示。基于回声测深仪测量原理，采用模拟信号发生器调节脉冲延时的方法，利用延时时间对深度量值进行溯源，设计信号检出电路对测深仪发出的脉冲簇信号进行解析，由回波发生模块模拟出回波信号，按设定水深值对模拟回波信号进行精确延时处理后，将模拟回波信号作为测深回波显示深度变化，与设定深度进行比对实现校准，水深量值溯源如图

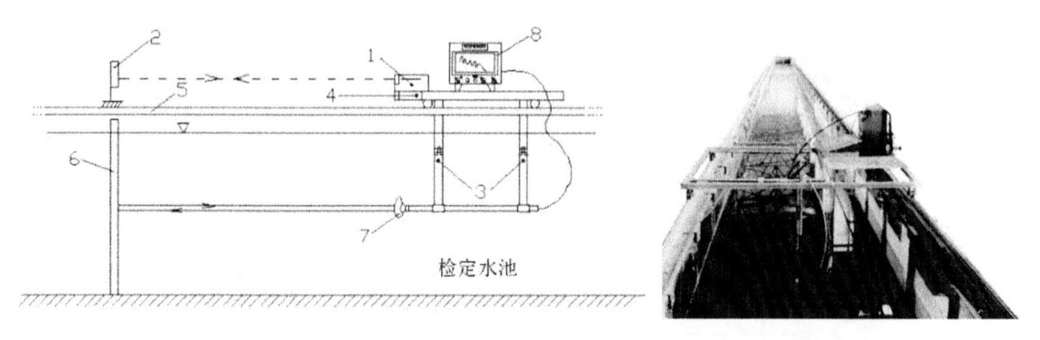

1. 激光测距仪；2. 激光反射靶；3. 换能器定位器；4. 测车；
5. 运行导轨；6. 测深仪反射挡板；7. 测深仪换能器；8. 回声测深仪

图 5-7　基于专用水槽的回声测深仪水深量值溯源技术

5-10 所示。该装置校准精度高，便携性好，水深测量范围 0～300m，测试范围 150m 时，测量不确定度 $U=11\text{mm}(k=2)$。回声测深仪检定证书如图 5-11 所示。

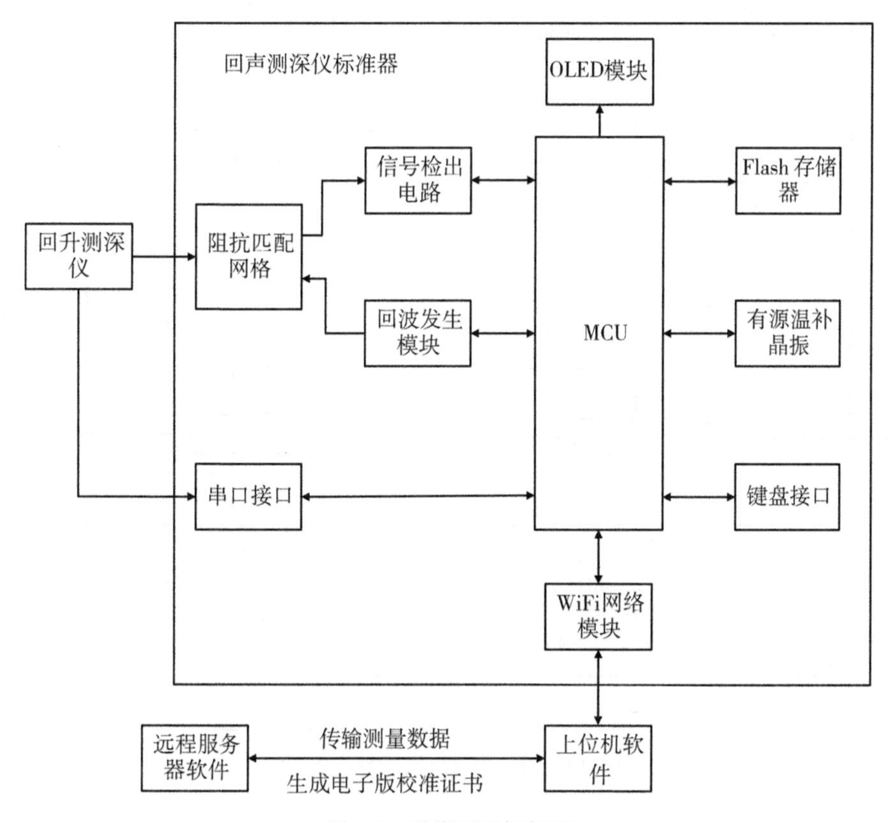

图 5-8　系统原理框架图

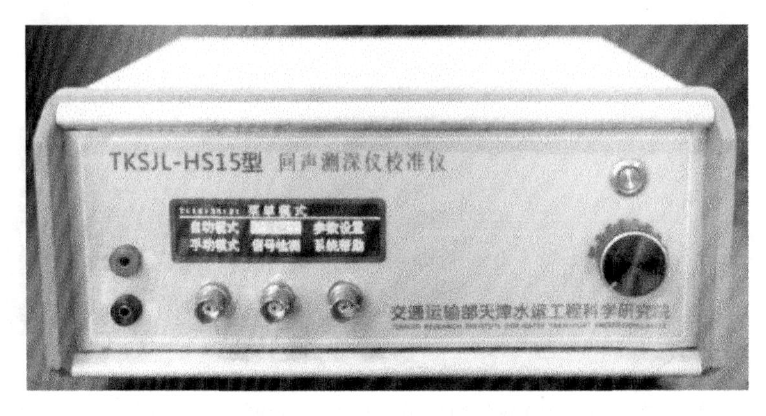

图 5-9　回声测深仪模拟校准装置

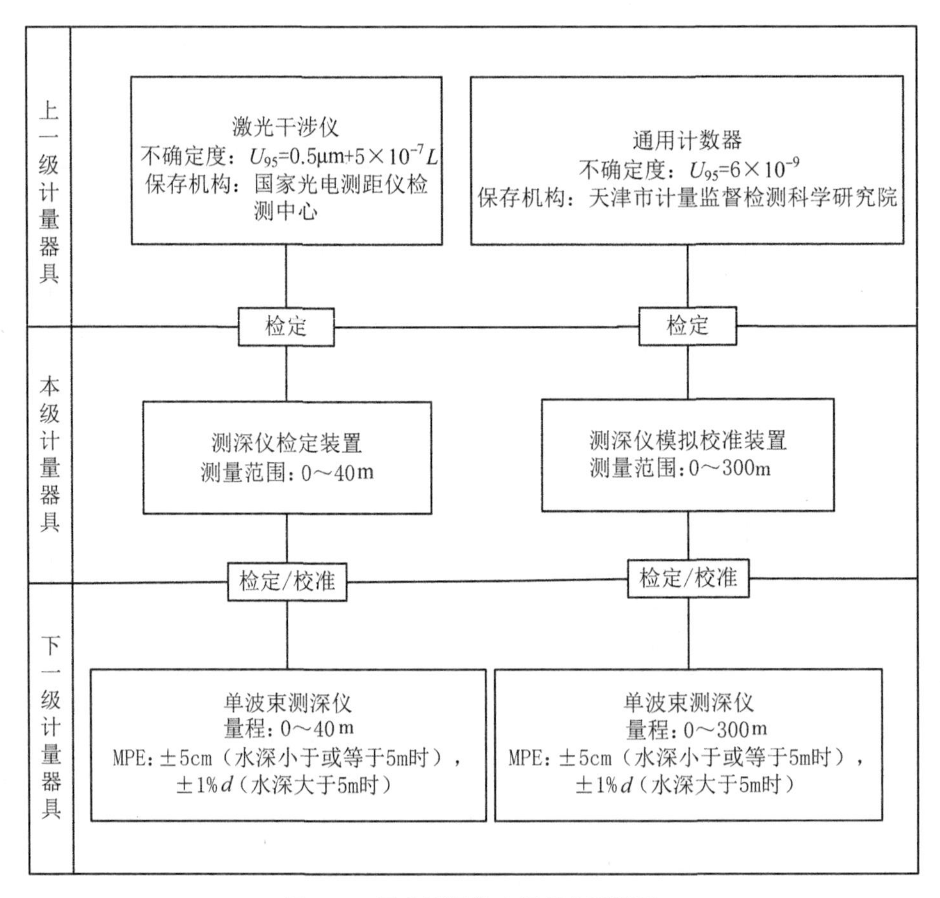

图 5-10　回声测深仪水深量值溯源图

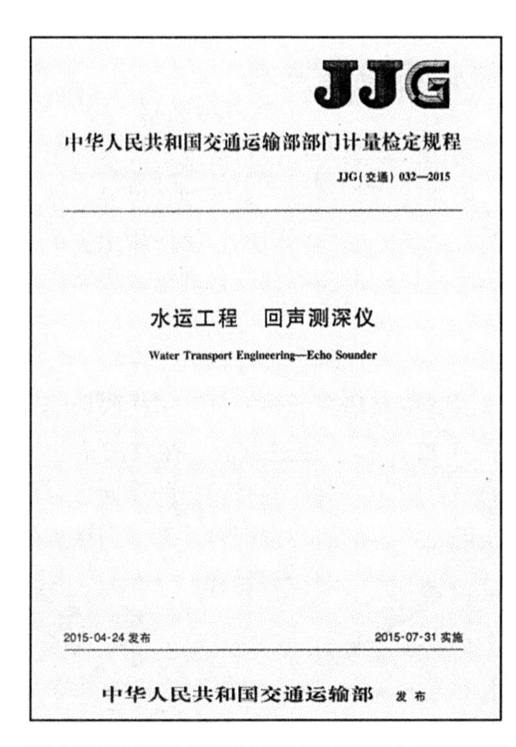

JJG

中华人民共和国交通运输部部门计量检定规程

JJG(交通)032—2015

水运工程　回声测深仪

Water Transport Engineering—Echo Sounder

2015-04-24 发布　　2015-07-31 实施

中华人民共和国交通运输部　发布

国家水运工程检测设备计量站

检　定　证　书

证书编号：SZjdCS210514008 号

送 检 单 位 ____

计量器具名称 测深仪

型 号/规 格 HY1603

出 厂 编 号 04020

制 造 单 位 海鹰海洋电子

检 定 依 据 JJG（交通）032-2015　水运工程　回声测深仪

检 定 结 论 合　格

批准人 ____

（检定专用章）　核验员 ____

检定员 ____

检定日期　2021　年　05　月　14　日

有效期至　2022　年　05　月　13　日

计量检定机构授权证书号：（国）法计（2020）00021 号　电话：022-59812345-5644

地址：天津市塘沽区新港二号路 2618 号　邮编：300456

EMAIL：syjlz2015@163.com　传真：022-59812271

第 1 页　共 3 页

国家水运工程检测设备计量站

证书编号：SZjdCS210514008 号

国家水运工程检测设备计量站是国家法定计量检定机构

计量检定机构授权证书号：（国）法计（2020）00021 号

检定依据	JJG（交通）032-2015　水运工程　回声测深仪

检定使用的计量（基）标准装置

名　称	测量范围	不确定度/准确度等级/最大允许误差	计量（基）标准证书编号	有效期至
回声测深仪标准装置	（0~40）m	U=13mm k=2	[2009]国量标交通证字第 004 号	2024.08.19
回声测深仪模拟器标准装置	（0~300）m	U=11mm k=2		

检定使用的标准器

名　称	测量范围	不确定度/准确度等级/最大允许误差	计量（基）标准证书编号	有效期至
激光测距仪	(0.05~200)m	2 级	112833	2021.12.24
工作用玻璃液体温度计	(0-50)℃	MPE：±0.2℃	FRGgb21004188-001	2022.1.28
测深仪模拟器	(0~300)m	U_{rel}=5.0×10^{-6}，k=2	ZDXzl20087844	2021.11.29

测量溯源性说明：本次测量所用的计量标准，可溯源至国家光电测距仪检测中心，天津市计量监督检测科学研究院。

检定环境条件及地点：

室　温	21.3℃	水　温	16.5℃	相对湿度	58%
地　点	国家水运工程检测设备计量站结构厅			其　他	/

第 2 页　共 3 页

国家水运工程检测设备计量站

证书编号：SZjdCS210514008 号

检定结果

检定项目	技术要求	检定结果	结　论
外观质量	测深仪表面涂层应牢固、均匀、不应有锈斑、划伤、锈迹等缺陷。	符合要求	合格
盲区	不大于1m	0.35m	合格

标准值 m	显示值 m	误差 m
1.00	1.03	0.03
3.00	3.02	0.02
5.00	5.02	0.02
10.00	10.01	0.01
15.00	15.00	0.00
20.00	20.00	0.00
25.00	25.02	0.02
30.00	30.02	0.02
35.00	35.03	0.03
40.00	40.03	0.03

重复性误差：0.003m　最大示值误差：0.03m

注：
1. 本报告检定结果仅对该计量器具有效；
2. 本证书未加盖“国家水运工程检测设备计量站检定专用章”无效；
3. 下次检定时请携带（出示）此证书。

未经授权，不得部分复印本证书

以下空白

第 3 页　共 3 页

图 5-11　回声测深仪计量依据与检定证书

5.3　基于深水港池和六自由度控制机构的多波束测深系统计量校准技术

近几十年来，多波束测深声呐产品不断更新换代，从第一代模拟波束形成器到第二代数字波束形成器，再到第三代聚焦波束形成器、第四代双频系统，直到如今世界上技术最先进的第五代嵌入式宽带可变频的多波束测深系统。多波束测深声呐广泛应用于水运工程建设、海洋工程测量、海底资源与环境调查以及河底目标勘测等领域，现已成为海洋勘测不可或缺的首选科学设备之一。

多波束测深仪利用发射换能器基阵向海底发射宽覆盖扇区的声波，并由接收换能器基阵对海底回波进行窄波束接收。其工作原理如图 5-12 所示，通过发射、接收波束相交在海底与船行方向垂直的条带区域形成数以百计的照射脚印，对这些脚印内的反向散射信号同时进行到达时间和到达角度的估计，再通过获得的声速剖面数据即可计算得到该点的水深值。

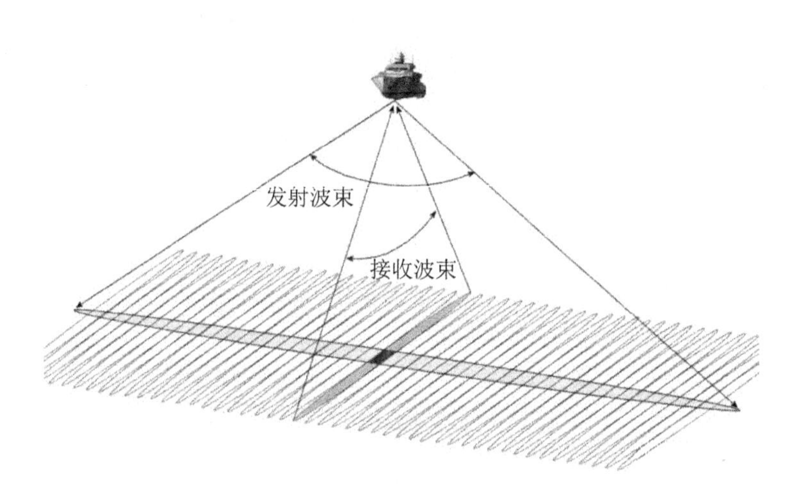

图 5-12　多波束测深原理图

国家水运工程检测设备计量站研究人员(2017)基于 180m 长原型深水港池，在国内率先开展多波束测深仪几何、声学指标量值溯源技术研究，如图 5-13、图 5-14 所示。设计完成原型深水港池(180m 长×20m 宽×8m 深)和多维运行控制机构，多维运行控制机构配有升降距离指示标尺和角度编码指示器，能精确控制多波束测深仪基阵在水下升降、回转、水平位移运动，通过转台、折叠杆和定滑轮升降套筒等主要部件可将多波束测深仪换能器置于水下 4m，实现 175m 范围的全量程测深性能校准和 16m 水深条件下全幅扫宽性能校准。该技术扩展了测深校准范围，满足了浅水型多波束测深仪的校准需求，达到国际先进水平。多波束测深仪校准证书如图 5-15 所示。

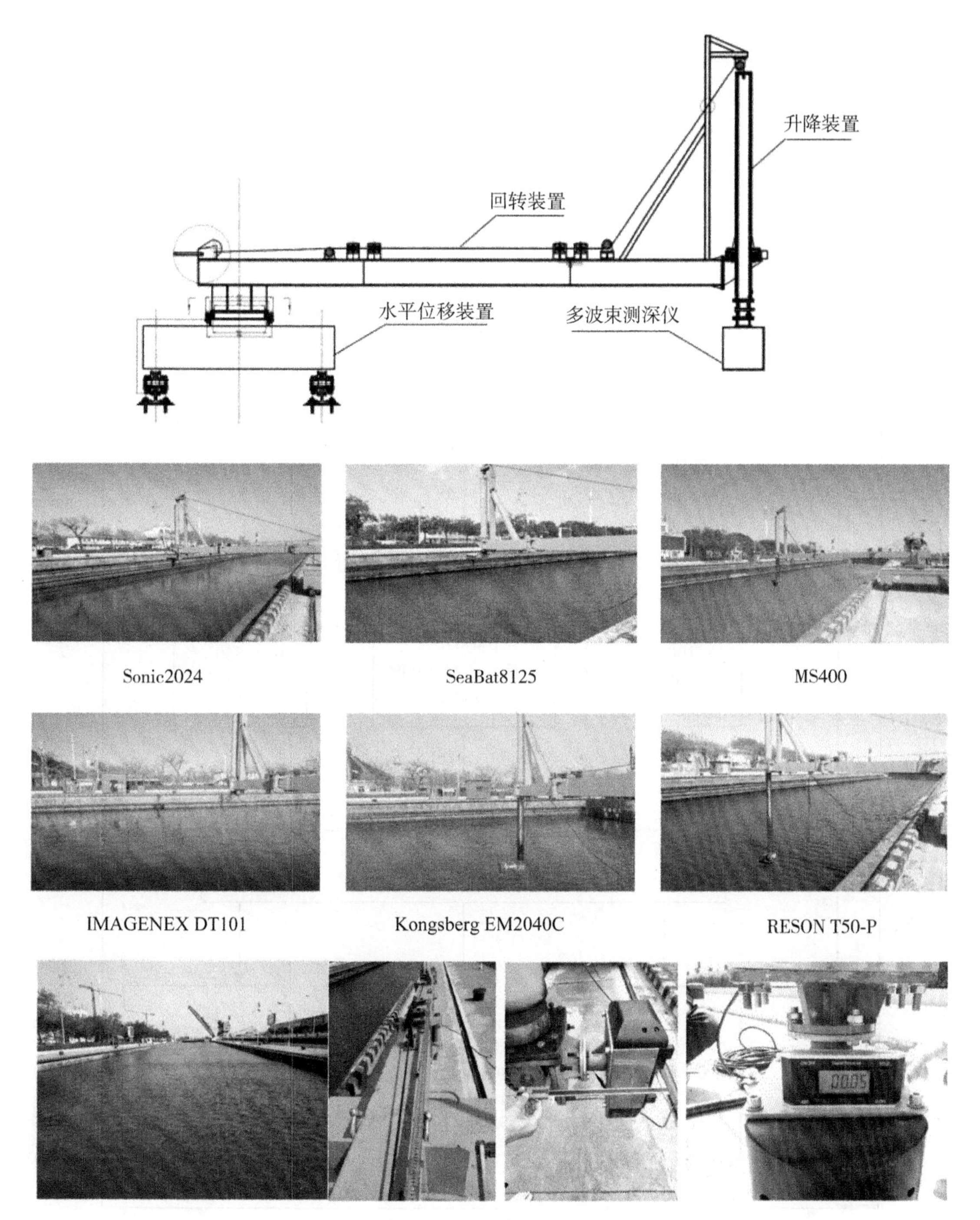

图 5-13　多波束测深仪几何、声学量值溯源技术

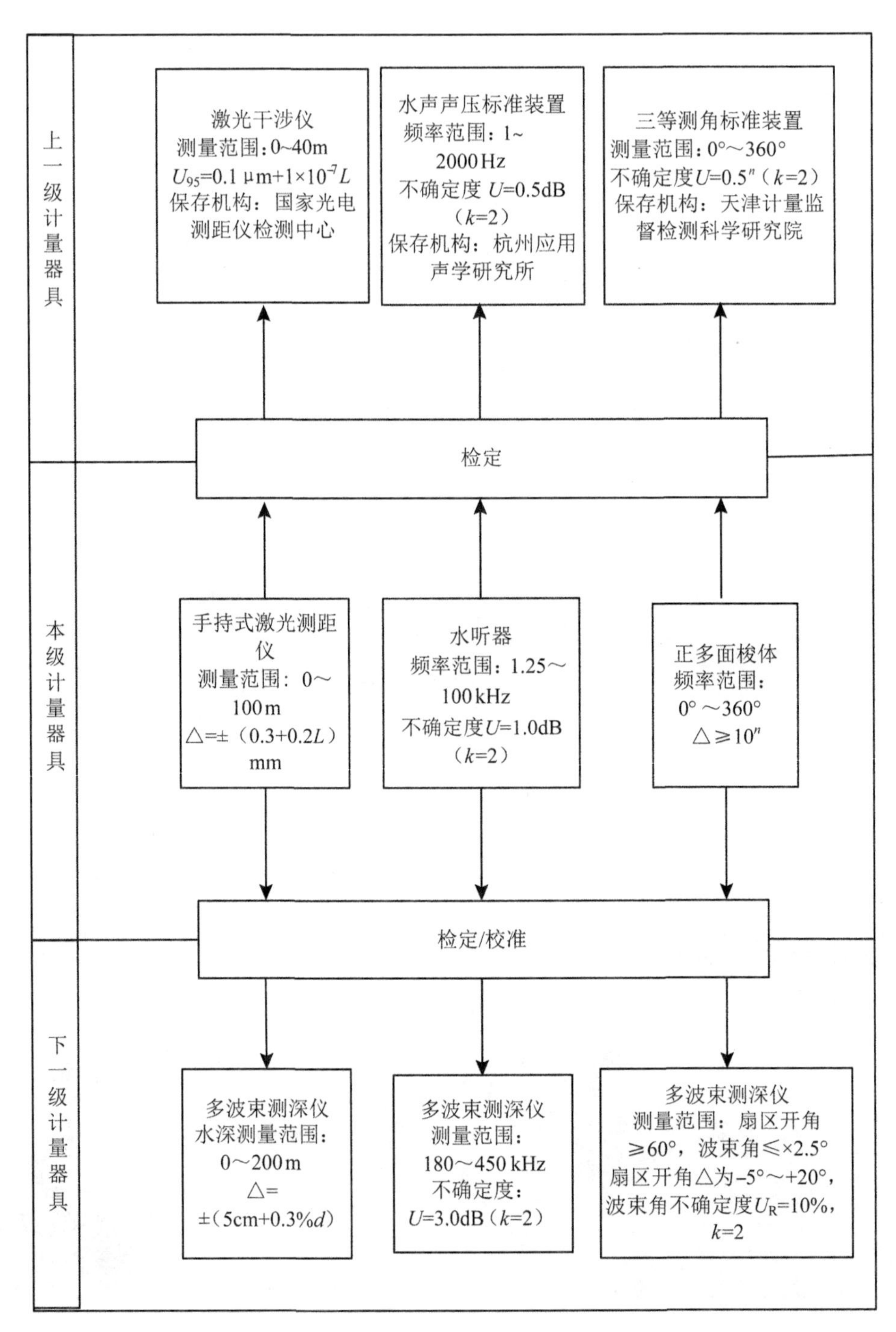

图 5-14 多波束测深仪量值溯源图

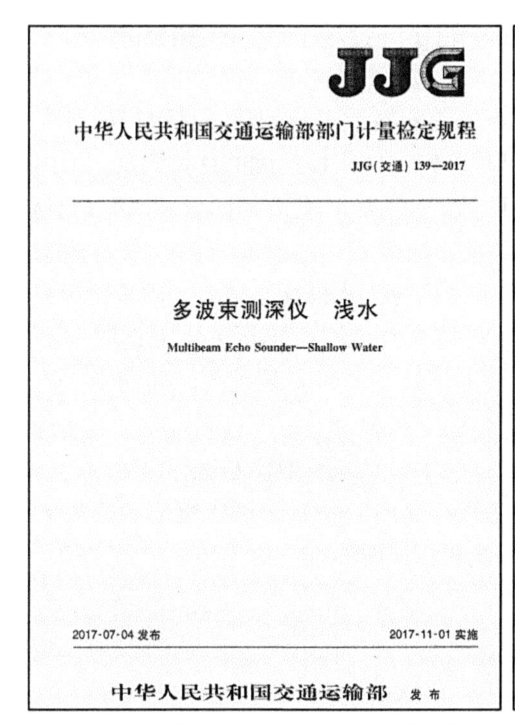

JJG

中华人民共和国交通运输部部门计量检定规程

JJG(交通) 139—2017

多波束测深仪 浅水

Multibeam Echo Sounder—Shallow Water

2017-07-04 发布　　2017-11-01 实施

中华人民共和国交通运输部　发布

国家水运工程检测设备计量站

校 准 证 书

证书编号：SZjzDBS210830001 号

单 位 名 称

计量器具名称　多波束测深仪

型 号/规 格　SeaBat T50-P

出 厂 编 号　0119027/0219026

生 产 单 位　丹麦 Teledyne Reson 公司

校 准 依 据　JJG（交通）139-2017 多波束测深仪 浅水

校 准 日 期　2021 年 08 月 31 日

批准人

（校准专用章）　核验员

校准员

计量检定机构授权证书号：（国）法计（2020）00021 号　电话：022-59812345-5644

地址：天津市滨海新区塘沽新港二号路 2618 号　邮编：300456

EMAIL：tkagjlz@tiwte.ac.cn　传真：022-59812271

第1页　共5页

国家水运工程检测设备计量站

证书编号：SZjzDBS210830001 号

检定机构授权说明：国家水运工程检测设备计量站是国家法定计量检定机构

校准依据：JJG(交通) 139-2017 多波束测深仪 浅水

校准环境条件及地点：

温　度	22.7 ℃	地　点	国家水运工程检测设备计量站港航计量测试培训基地
相对湿度	46%	其　他	/

校准使用的计量（基）标准装置

名　称	测量范围	不确定度/准确度等级/最大允许误差	计量标准证书编号	有效期至
多波束测深仪校准装置	（5~150）m	U=0.07m，k=2	[2021]国量标交通证字第 086 号	2026.06.30

校准使用的标准器

名　称	测量范围	不确定度/准确度等级/最大允许误差	检定/校准证书编号	有效期至
全站仪	30cm~350m	±（3+2×10⁻⁶D）mm	1JDQZ21-2397	2022.6.27
	（0~360）°	±1.4″		

测量溯源性说明：全站仪可溯源至中国地震局第一监测中心计量检定站。

校准结果不确定度的描述：

多波束测深仪深度校准的测量不确定度 U=0.07m，k=2。

注：

1. 本证书的校准结果仅对该计量器具有效。
2. 本证书未加盖“国家水运工程检测设备计量站校准专用章”无效。
3. 下次校准时请携带（出示）此证书。

第2页　共5页

国家水运工程检测设备计量站

证书编号：SZjzDBS210830001 号

校 准 结 果

中央波束区：

波束号	标准水深（m）					
	40.56	60.55	80.34	100.16	120.26	148.15
247	40.50	60.49	80.28	100.07	120.23	148.07
248	40.53	60.48	80.28	100.08	120.23	148.09
249	40.49	60.49	80.26	100.10	120.21	148.07
250	40.52	60.50	80.28	100.11	120.17	148.07
251	40.53	60.51	80.29	100.10	120.20	148.06
252	40.50	60.48	80.29	100.10	120.18	148.12
253	40.51	60.49	80.26	100.07	120.22	148.08
254	40.53	60.49	80.26	100.11	120.17	148.11
255	40.52	60.50	80.27	100.06	120.17	148.11
256	40.49	60.51	80.25	100.09	120.22	148.09
257	40.53	60.49	80.27	100.09	120.23	148.06
258	40.49	60.47	80.28	100.05	120.22	148.11
259	40.50	60.49	80.27	100.08	120.19	148.11
260	40.49	60.49	80.27	100.09	120.20	148.10
261	40.53	60.49	80.25	100.07	120.20	148.09
262	40.52	60.50	80.29	100.09	120.23	148.08
263	40.51	60.50	80.26	100.07	120.18	148.06
264	40.51	60.48	80.26	100.08	120.22	148.10
265	40.52	60.49	80.26	100.11	120.19	148.07
266	40.51	60.48	80.29	100.11	120.20	148.12

第4页　共5页

图 5-15　多波束测深仪计量依据与校准证书

5.4 基于深水航道和智能无人船的ADCP量值溯源技术

在ADCP检测与校准技术研究方面，国外的专家学者起步较早，且取得的研究成果较为成熟，多在室内拖曳水池中进行ADCP水层跟踪和底跟踪速度的计量测试。国内由国家海洋技术中心牵头起草，2009年颁布实施的《声学多普勒流速剖面仪》(GB/T 24558—2009)中规定了ADCP产品的类型和组成、要求、试验方法、检验规则，以及标志、包装、运输、储存。其中，流速、流向测量的试验方法分为水槽拖车试验、同步比测和自身航行试验：工作频率大于300kHz的流速剖面仪应进行水槽拖车试验；工作频率不大于300kHz的流速剖面仪应进行同步比测；实验船上不具备同时安装被测的和同步比测的流速剖面仪时，应进行自身航行试验。标准中的试验方法理论上是可行有效的，然而并没有覆盖全部的技术指标，而且除水槽试验外其他试验主要是同类型仪器进行比测。

国家水运工程检测设备计量站研究人员(2019)提出一种基于深水航道和智能无人船的ADCP量值溯源技术，校准参数包括流速和流向，如图5-16所示。

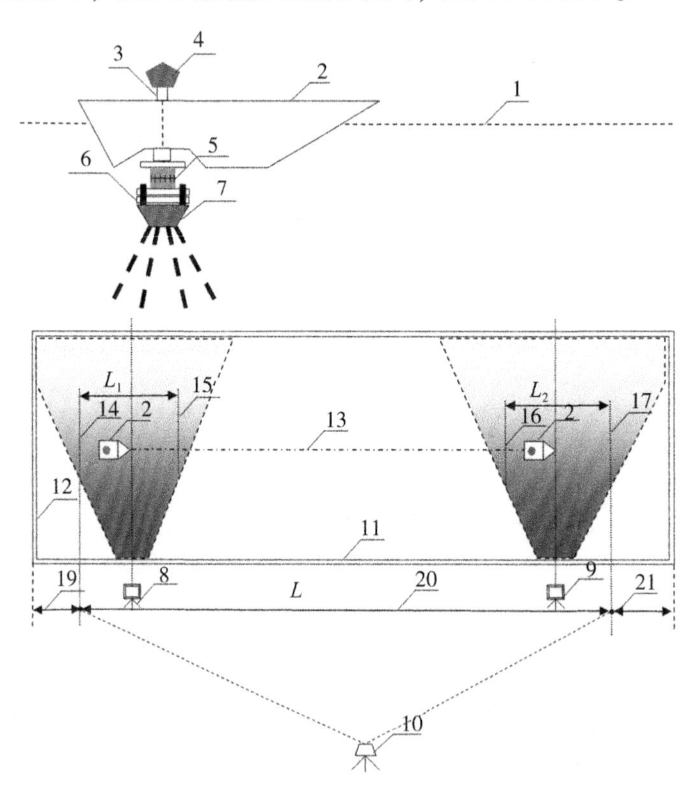

1. 试验水池；2. 无人船；3. 转接支架；4. GNSS测量仪；5. 精密角度转盘；6. 转接法兰盘；7. 待测声学多普勒流速剖面仪；8. 第一高速摄像机；9. 第二高速摄像机；10. 全站仪；11. 试验水池长边壁；12. 试验水池短边壁；13. 航迹线；14. 第一高速摄像机驶入触发线；15. 第一高速摄像机驶出触发线；16. 第二高速摄像机驶入触发线；17. 第二高速摄像机驶出触发线；18. 零度指示标志；19. 加速段；20. 测量段；21. 减速段

图5-16 基于深水航道和智能无人船的ADCP量值溯源技术

图 5-16 中，在室外入海口处可开启/关闭的船闸航道中，由无人船带动声学多普勒流速剖面仪(ADCP)沿水池短边中线往返航行测量航道流速，由高速光摄像机、量值可溯源的全站仪(全站型电子速测仪)等设备计量测量段内声学多普勒流速剖面仪(ADCP)平均速度，将此平均速度作为参考标准值与声学多普勒流速剖面仪(ADCP)流速示值比对，进行流速参数校准；通过设计加工量值可溯源的精密角度转盘，调节声学多普勒流速剖面仪(ADCP)指示方向与航行方向夹角，测绘无人船运动轨迹和偏航误差，计算流向参考标准值，与 ADCP 流向示值进行比对，进行流向参数校准。基于深水航道和智能无人船的 ADCP 计量测试装置如图 5-17 所示，量值溯源路线如图 5-18 所示，声学多普勒流速剖面仪校准证书如图 5-19 所示。

图 5-17　多普勒流速仪计量标准装置

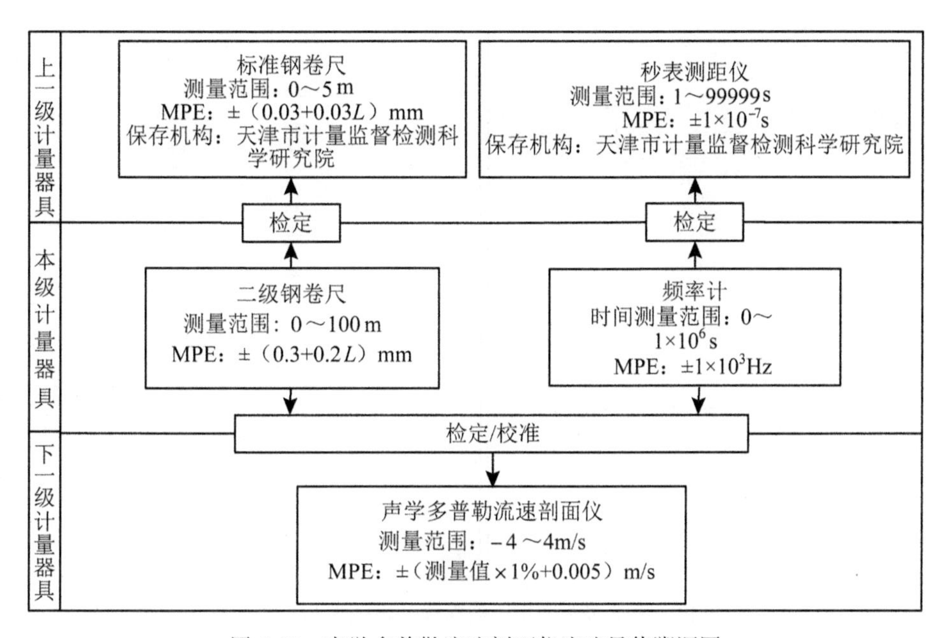

图 5-18　声学多普勒流速剖面仪流速量值溯源图

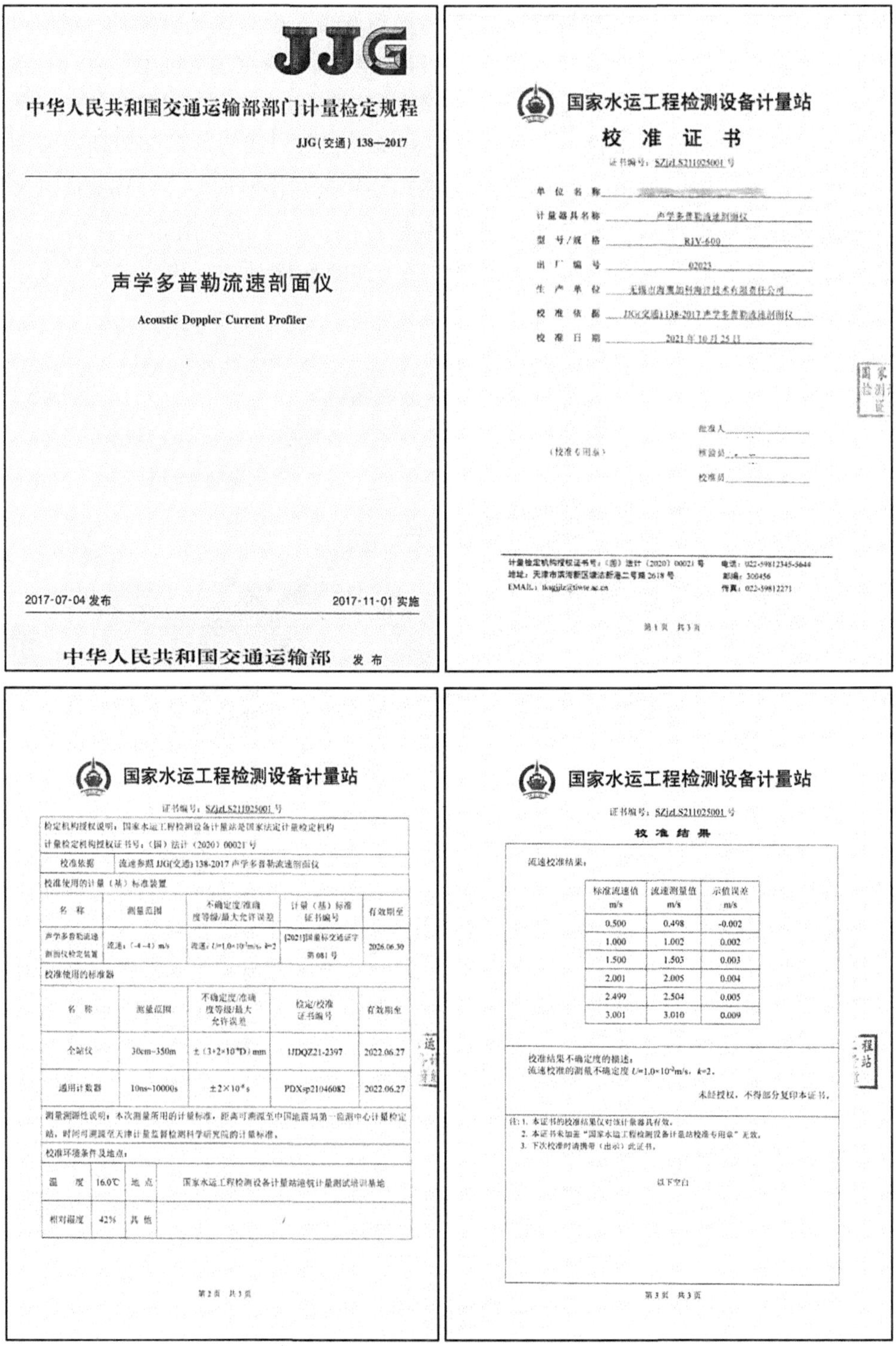

JJG

中华人民共和国交通运输部部门计量检定规程

JJG（交通）138—2017

声学多普勒流速剖面仪

Acoustic Doppler Current Profiler

2017-07-04 发布　　2017-11-01 实施

中华人民共和国交通运输部　发布

国家水运工程检测设备计量站

校　准　证　书

证书编号：SZjzLS211025001 号

单 位 名 称

计量器具名称　声学多普勒流速剖面仪

型 号／规 格　RIV-600

出 厂 编 号　02023

生 产 单 位　无锡市海鹰加科海洋技术有限责任公司

校 准 依 据　JJG(交通)138-2017 声学多普勒流速剖面仪

校 准 日 期　2021 年 10 月 25 日

批准人

（校准专用章）　核验员

校准员

计量检定机构授权证书号：（国）法计（2020）00021 号　电话：022-59812345-5644

地址：天津市滨海新区塘沽新港二号路 2618 号　邮编：300456

EMAIL：tksgjjlz@tiwte.ac.cn　传真：022-59812271

第 1 页　共 3 页

国家水运工程检测设备计量站

证书编号：SZjzLS211025001 号

检定机构授权说明：国家水运工程检测设备计量站是国家法定计量检定机构

计量检定机构授权证书号：（国）法计（2020）00021 号

校准依据：流速参照 JJG(交通) 138-2017 声学多普勒流速剖面仪

校准使用的计量（基）标准装置

名　称	测量范围	不确定度/准确度等级/最大允许误差	计量（基）标准证书编号	有效期至
声学多普勒流速剖面仪检定装置	流速：（-4~4）m/s	流速：$U=1.0\times10^{-3}$m/s，$k=2$	[2021]国量标交通证字第 081 号	2026.06.30

校准使用的标准器

名　称	测量范围	不确定度/准确度等级/最大允许误差	检定/校准证书编号	有效期至
全站仪	30cm~350m	±（3+2×10⁻⁶D）mm	1JDQZ21-2397	2022.06.27
通用计数器	10ns~10000s	±2×10⁻⁸s	PDXsp21046082	2022.06.27

测量溯源性说明：本次测量所用的计量标准，距离可溯源至中国地震局第一监测中心计量检定站，时间可溯源至天津计量监督检测科学研究院的计量标准。

校准环境条件及地点：

温　度	16.0℃	地　点	国家水运工程检测设备计量站港航计量测试培训基地
相对湿度	42%	其　他	/

第 2 页　共 3 页

国家水运工程检测设备计量站

证书编号：SZjzLS211025001 号

校 准 结 果

流速校准结果：

标准流速值 m/s	流速测量值 m/s	示值误差 m/s
0.500	0.498	-0.002
1.000	1.002	0.002
1.500	1.503	0.003
2.001	2.005	0.004
2.499	2.504	0.005
3.001	3.010	0.009

校准结果不确定度的描述：

流速校准的测量不确定度 $U=1.0\times10^{-2}$m/s，$k=2$。

未经授权，不得部分复印本证书。

注：1. 本证书的校准结果仅对该计量器具有效。

2. 本证书未加盖“国家水运工程检测设备计量站校准专用章”无效。

3. 下次校准时请携带（出示）此证书。

以下空白

第 3 页　共 3 页

图 5-19　声学多普勒流速剖面仪计量依据与校准证书

5.5　基于试验行车的侧扫声呐量值溯源技术

侧扫声呐依靠测量船沿航迹线向前移动即完成对船两侧带形海底的扫描，通过显示器或硬拷贝可得到这条带宽度内二维海底的伪彩色或黑白声图，可以显示出海水中和海底的物体轮廓和海底的地貌，其构成与工作示意见图5-20。侧扫声呐的换能器线阵向拖鱼两侧发出扇形声波波束，可以使声波照射拖鱼两侧各一条狭窄的海底，这一条海底各点的回波依距离换能器远近的不同先后返回到换能器，经换能器进行声电转换形成一个强弱不同的脉冲串，这个脉冲串各处的幅度高低包含了对应海底的起伏和底质的信息，其回波数据成像原理示意见图5-21。

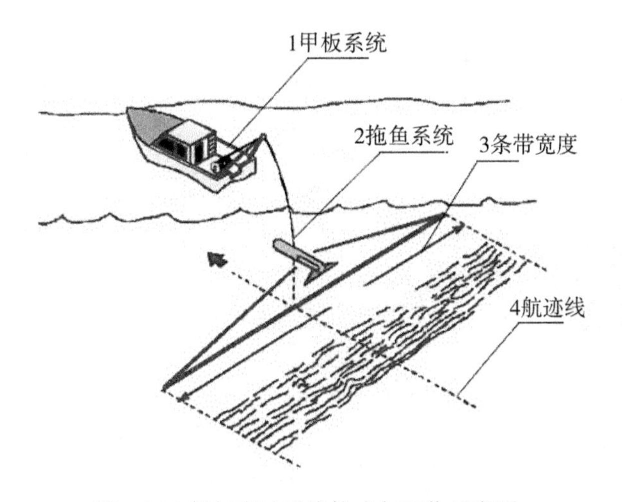

图5-20　侧扫声呐系统构成与工作示意图

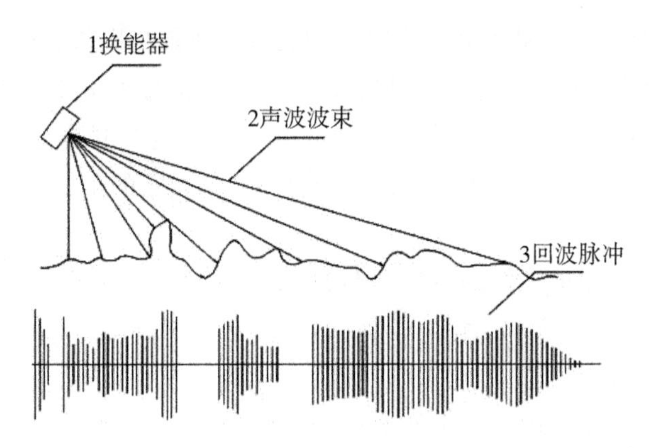

图5-21　侧扫声呐回波信号成像原理示意图

1. 工作频率

侧扫声呐工作频率量值溯源技术如下：

将侧扫声呐拖鱼安装至试验行车的回转支架底端，保持拖鱼发射扇面垂直于水面，如图 5-22 所示。

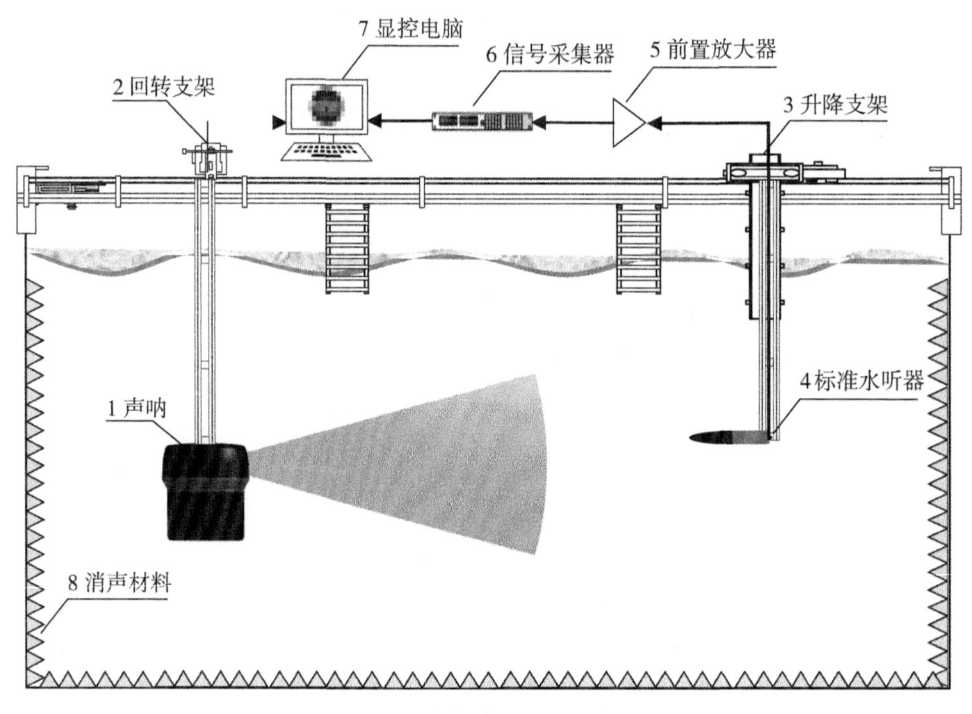

图 5-22　侧扫声呐试验示意图

图 5-22 中，将标准水听器安装在升降支架底端，使其与拖鱼发射扇面处于同一平面，且测试距离满足自由场、远场条件；连接标准水听器与信号采集器，调节侧扫声呐发射模式参数(频率，脉宽)，水听器端采集直达脉冲信号并由显控电脑记录保存；对脉冲信号进行频谱分析，计算其频率值作为标准值，与侧扫声呐设定的工作频率进行比对，计算示值误差。

侧扫声呐工作频率量值溯源路线如图 5-23 所示。

2. 波束宽度

侧扫声呐波束宽度量值溯源技术如下：

将侧扫声呐发射扇面调至水平，使标准水听器处于侧扫声呐发射扇面内，正常启动设备；以 0. 5cm 的步进间隔升降调节标准水听器，标准水听器可获得平行航迹线方向各个角度位置处的开路电压，换算成发送电压响应级。

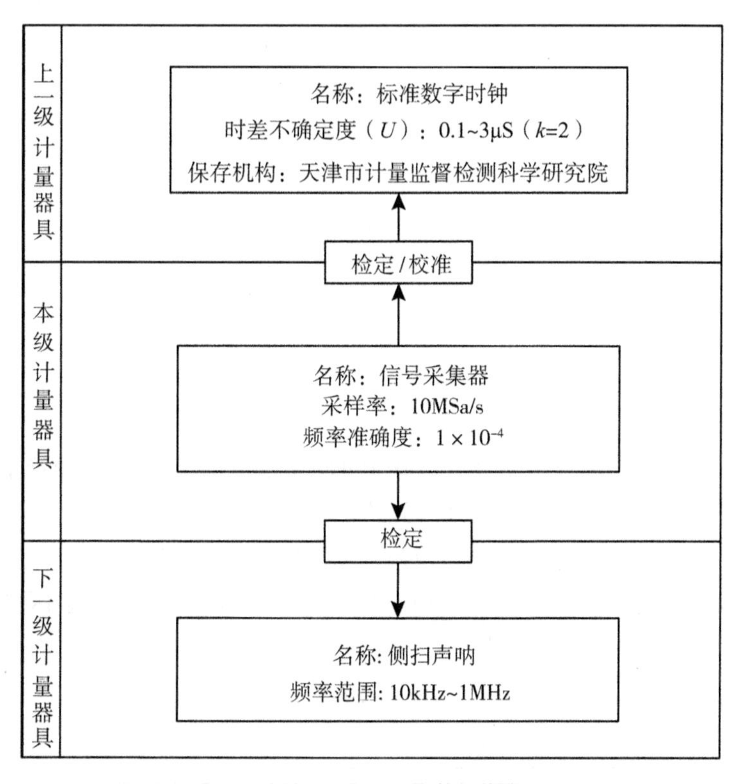

图 5-23 侧扫声呐工作频率量值溯源图

注：假设测试距离为 8m，水听器升降 0.5cm，等效于角度调节 arctan(0.005/8)= 0.04°，如图 5-24 所示。

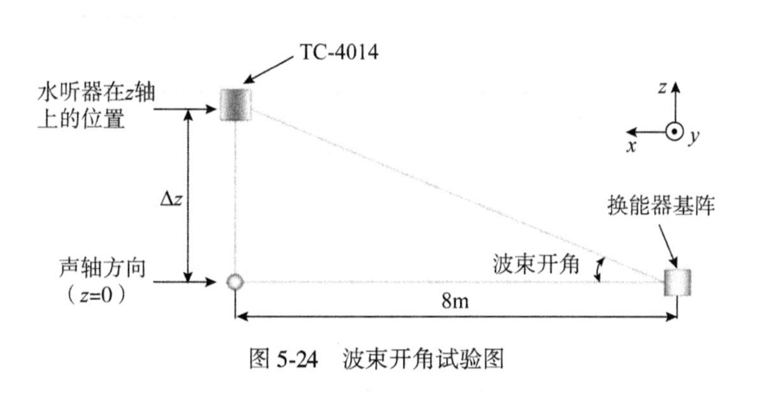

图 5-24 波束开角试验图

绘制直角坐标图表示侧扫声呐指向性，横坐标表示方向角，纵坐标表示响应值。响应值用分贝值表示，响应级的最大值取为 0dB。从主轴的最大响应下降 3dB 时的左右两个方向间的角度，即为平行航迹线方向的波束宽度，与侧扫声呐标称波束宽度作差，计算示值误差，如图 5-25 所示。

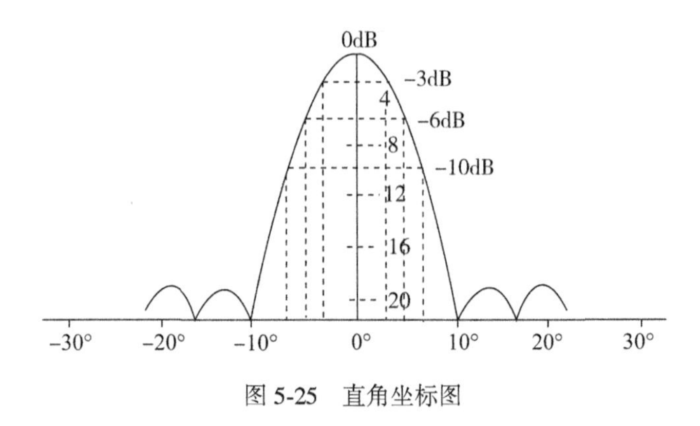

图 5-25　直角坐标图

保持标准水听器在声轴线上不动，以 0.1°的步进间隔水平调节拖鱼换能器扇面旋转，可获得垂直航迹线方向各个角度位置处的开路电压。

按《声学　水声换能器测量》(GB/T 7965—2002)第 14 章规定的方法进行测量，计算获得垂直航迹线方向的波束宽度，与侧扫声呐标称波束宽度(即扫宽扇区开角)作差，计算示值误差。

侧扫声呐波束宽度量值溯源路线如图 5-26 所示。

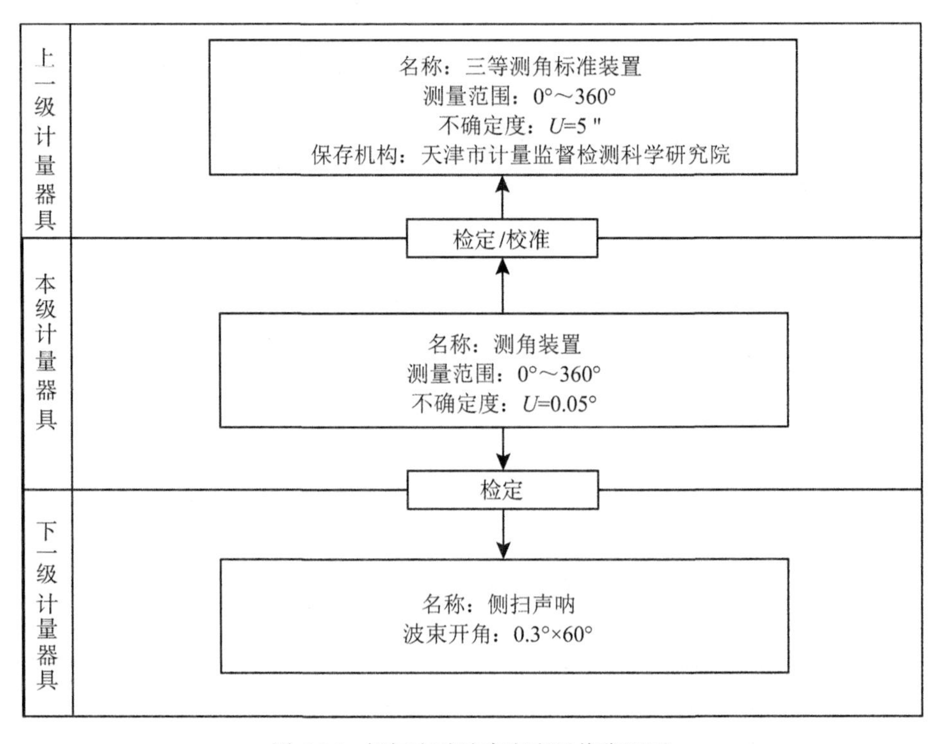

图 5-26　侧扫声呐波束宽度量值溯源图

3. 距离分辨力

侧扫声呐距离分辨力量值溯源技术如下：

将侧扫声呐拖鱼安装在试验行车中部的安装支架上，在水池底部平行航迹线方向铺设若干侧扫声呐可检测到的相同尺寸的标准目标块，目标块间距依次增大，如图 5-27 所示。

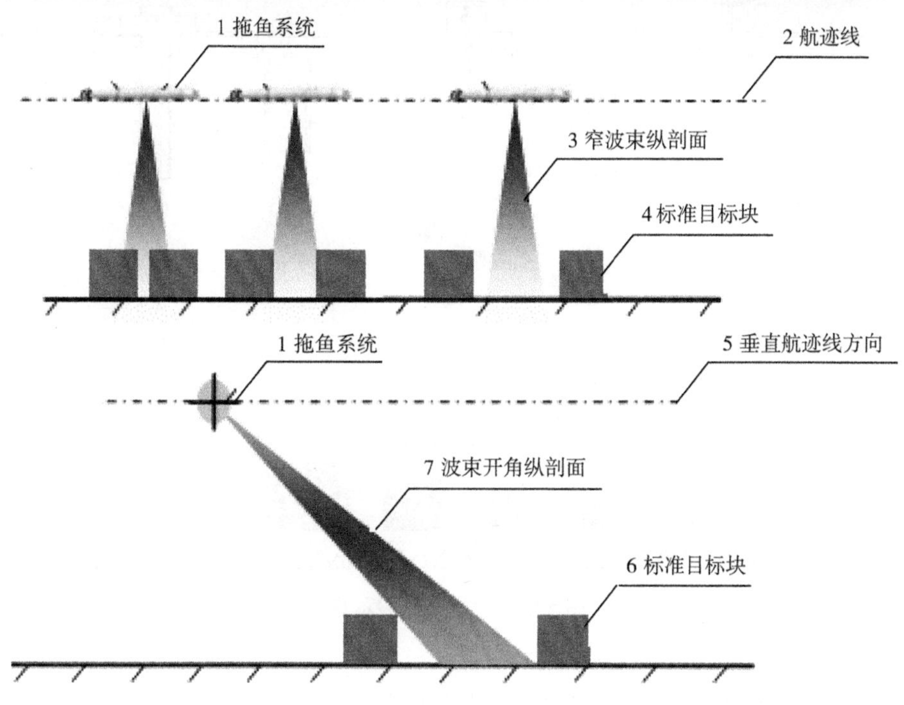

图 5-27　距离分辨力试验示意图

图 5-27 中，控制试验行车以 0.2m/s 的速度移动，拖鱼发射扇面匀速扫过目标块，直至可判读分辨出声图上的两个目标块。在规定的设置条件下，保持目标图像清晰可见，利用设备的测距功能，量取目标块之间的距离 3 次，取最大值作为侧扫声呐平行于航迹线方向的距离分辨力，与目标块之间标准距离值作差，计算示值误差。

注：试验验证以 0.2m/s 的航速控制拖鱼移动，能够保证侧扫声呐有多于 3 ping 的声波打到同一标准目标块上，不会因为航速过快造成分辨失败。

目标块垂直于航迹线方向铺设，改变目标块之间距离，直至声图上可判读分辨出两个目标块。在规定的设置条件下，保持目标图像清晰可见，利用设备的测距功能，量取目标块之间的距离 3 次，取最大值作为侧扫声呐垂直于航迹线方向的距离分辨力，与目标块之间标准距离值作差，计算示值误差。

4. 鉴别阈

侧扫声呐鉴别阈量值溯源技术如下：

将侧扫声呐拖鱼安装在试验行车中部的安装支架上，在水池底部平行航迹线方向按体积大小依次铺设标准目标块，如图 5-28 所示。

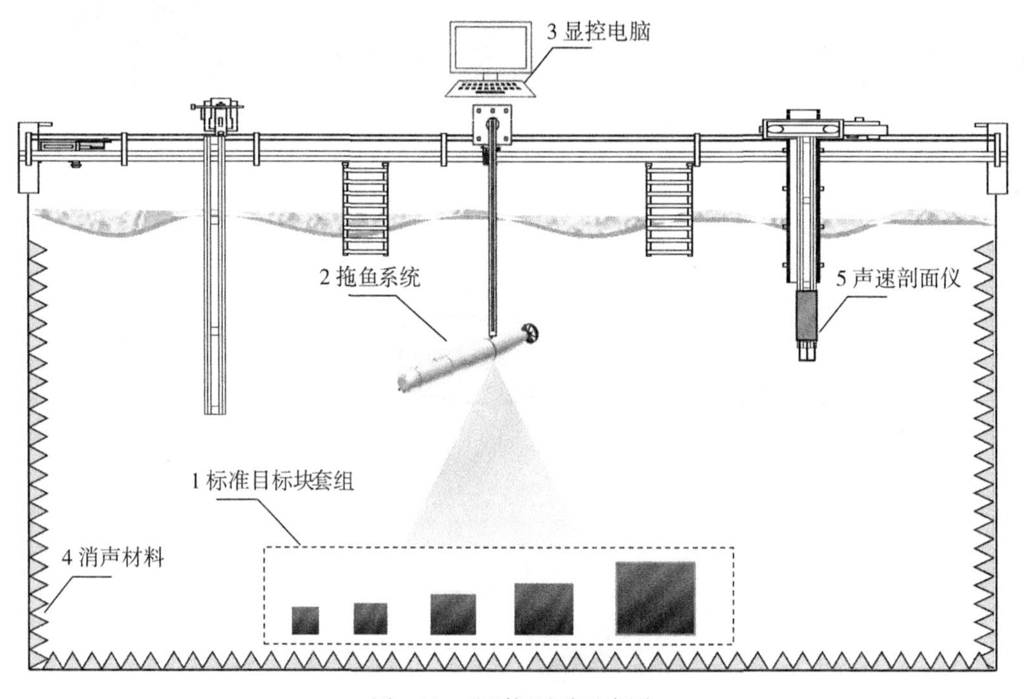

图 5-28　鉴别阈试验示意图

图 5-28 中，控制试验行车以 0.2m/s 的速度移动，拖鱼发射扇面匀速扫过目标块，判读声呐图像，鉴别图中可察觉的最小目标块。

侧扫声呐分辨力与鉴别阈量值溯源路线如图 5-29 所示。侧扫声呐测试证书如图 5-30 所示。

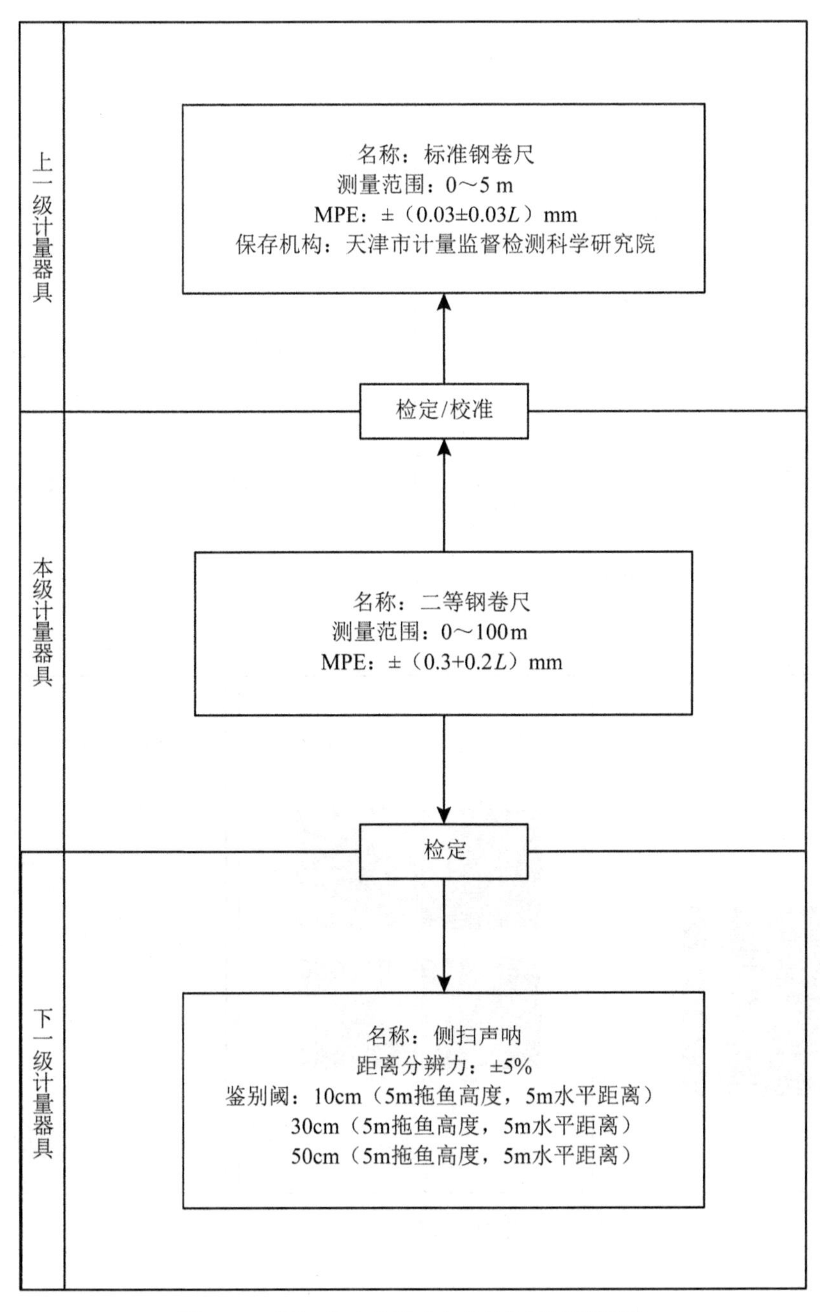

图 5-29 侧扫声呐分辨力与鉴别阈量值溯源图

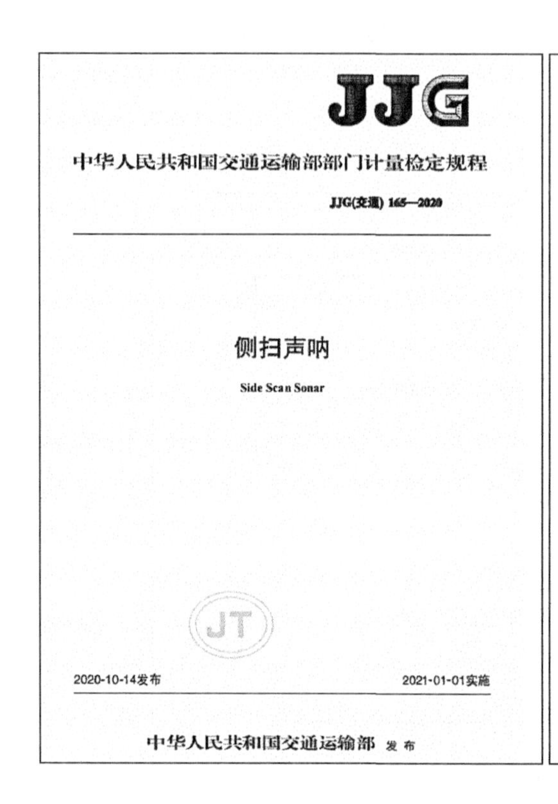
JJG

中华人民共和国交通运输部部门计量检定规程

JJG(交通) 165—2020

侧扫声呐

Side Scan Sonar

2020-10-14发布　　2021-01-01实施

中华人民共和国交通运输部　发布

国家水运工程检测设备计量站

测　试　证　书

证书编号：SZcsSN210720001 号

单位名称

计量器具名称　侧扫声呐

型号/规格　4125

出厂编号　55696

生产单位　美国 EdgeTech 公司

测试日期　2021 年 07 月 20 日

测试专用章

批准人

核验员

测试员

地址：天津市滨海新区塘沽新港二号路 2618 号　　邮编：300456

电话：022-59812345-5644　　传真：022-59812271

EMAIL：tkxgjlz@tiwte.ac.cn

第 1 页 共 4 页

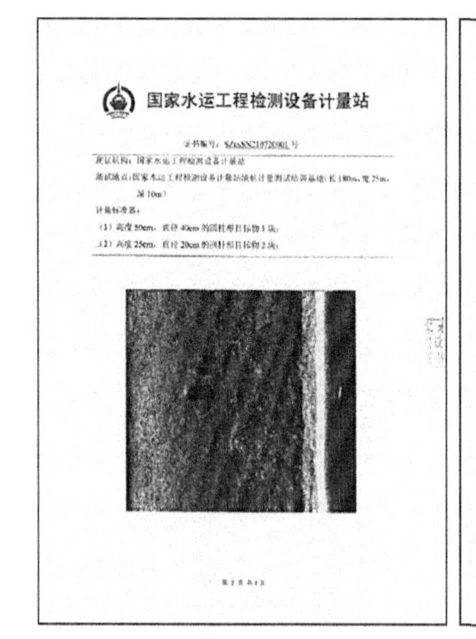
国家水运工程检测设备计量站

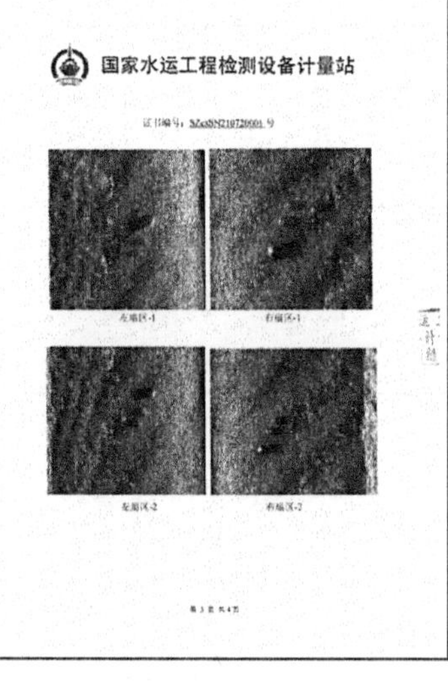
国家水运工程检测设备计量站

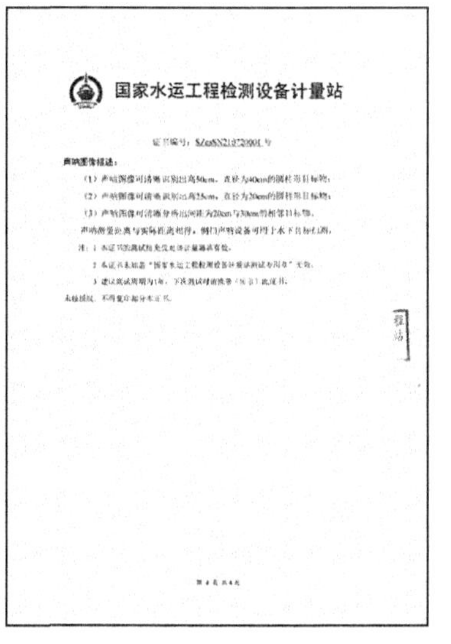
国家水运工程检测设备计量站

声呐图像描述：

图 5-30　侧扫声呐计量依据与测试证书

5.6　基于消声水池的超短基线水声定位仪量值溯源技术

超短基线水声定位仪由换能器基阵、甲板处理单元和声信标等部件组成，如图 5-31 所示。

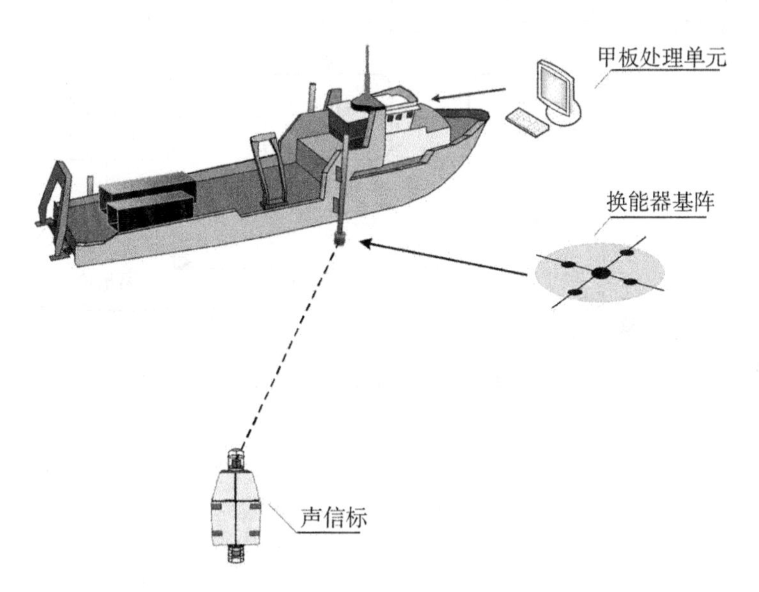

图 5-31　超短基线水声定位仪结构组成

超短基线水声定位仪的主要计量参数包括斜距、水平开角和垂直开角，目前主要基于消声水池对其性能指标进行计量测试，计量原理示意图如图 5-32 所示。

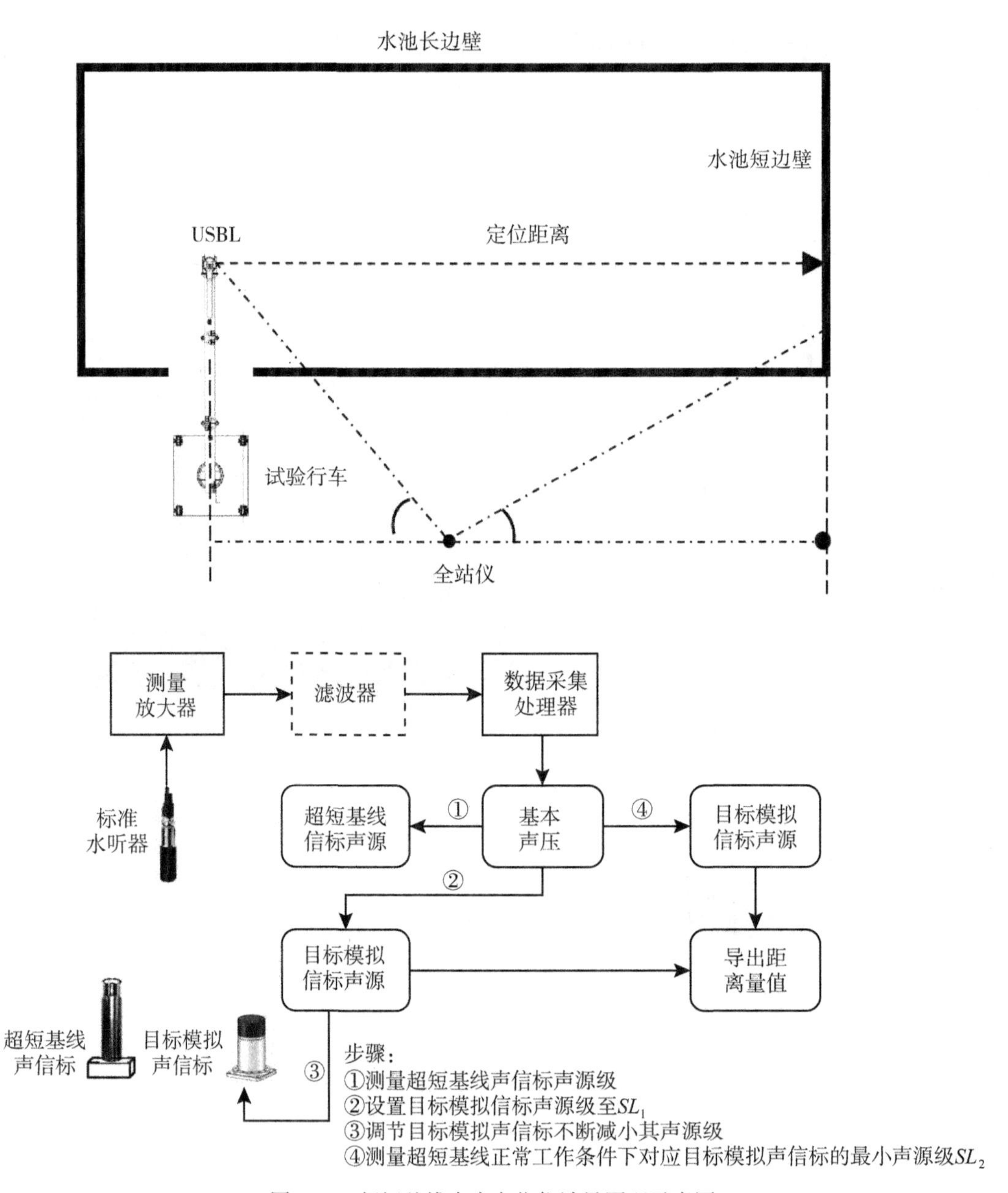

图 5-32　超短基线水声定位仪计量原理示意图

1. 斜距

斜距准确度通过如下方法获得：

(1)将超短基线水声定位仪安装至转台，如图 5-33 所示。

(2)安装声信标，使声信标与换能器基阵原点深度相同。

(3)使用声速剖面仪进行声速测量，用于超短基线水声定位仪声速修正。

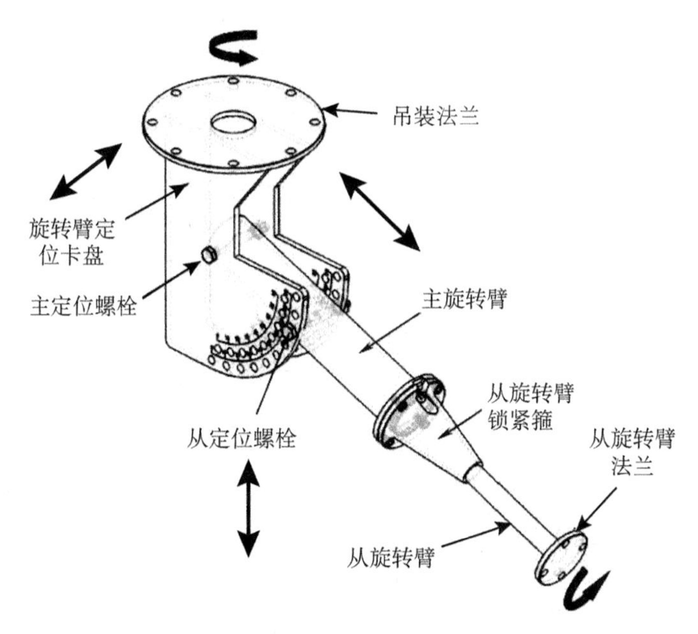

图 5-33 多自由度控制转台

(4)调整声信标位置，选择 5 个以上测量点测量水声应答器位置，并计算斜距，记录超短基线水声定位仪斜距测量值。测量点间距不低于 3m，每个测量点重复次数不少于 20 次。

(5)利用激光测距仪测量声信标到水声定位仪的距离，每隔 10s 记录一组数据，测量数据不少于 10 组，计算算术平均值，作为该测量点的标准斜距。

(6)在每一测量点，将超短基线水声定位仪斜距测量数据与相应的激光测距仪的标准斜距作差，得出该测量点超短基线水声定位仪斜距测量示值误差。

2. 水平开角及垂直开角

水平开角及垂直开角的准确度通过如下方法获得：

(1)将超短基线水声定位仪安装至消声水池转台，使换能器基阵坐标系 Z 轴正对声信标。

(2)安装声信标，使声信标与换能器基阵原点深度相同。

(3)使用声速剖面仪进行声速测量，用于超短基线水声定位仪声速修正。

(4)调整声信标位置，使声信标与换能器基阵声学中心斜距大于 20m。

(5)调整水平开角，选择 10 个以上水平开角测试点，各测试点的水平开角间距不小于 30°，记录转台水平开角转动角度。

(6)固定水平开角，调整垂直开角，选择 5 个以上垂直开角测试点，各测试点垂直开角间距不小于 20°，记录转台垂直开角转动角度。

(7)在每个水平开角及垂直开角测试点，使用超短基线水声定位仪测量声信标的位置，并计算水平开角及垂直开角，每个点的测量重复次数不少于 20 次。

(8)在每一个测试点处，将超短基线水声定位仪角度测量数据与转台转动角度进行对比作差，得出该测试点角度测量示值误差。

超短基线水声定位仪量值溯源路线如图 5-34 所示。

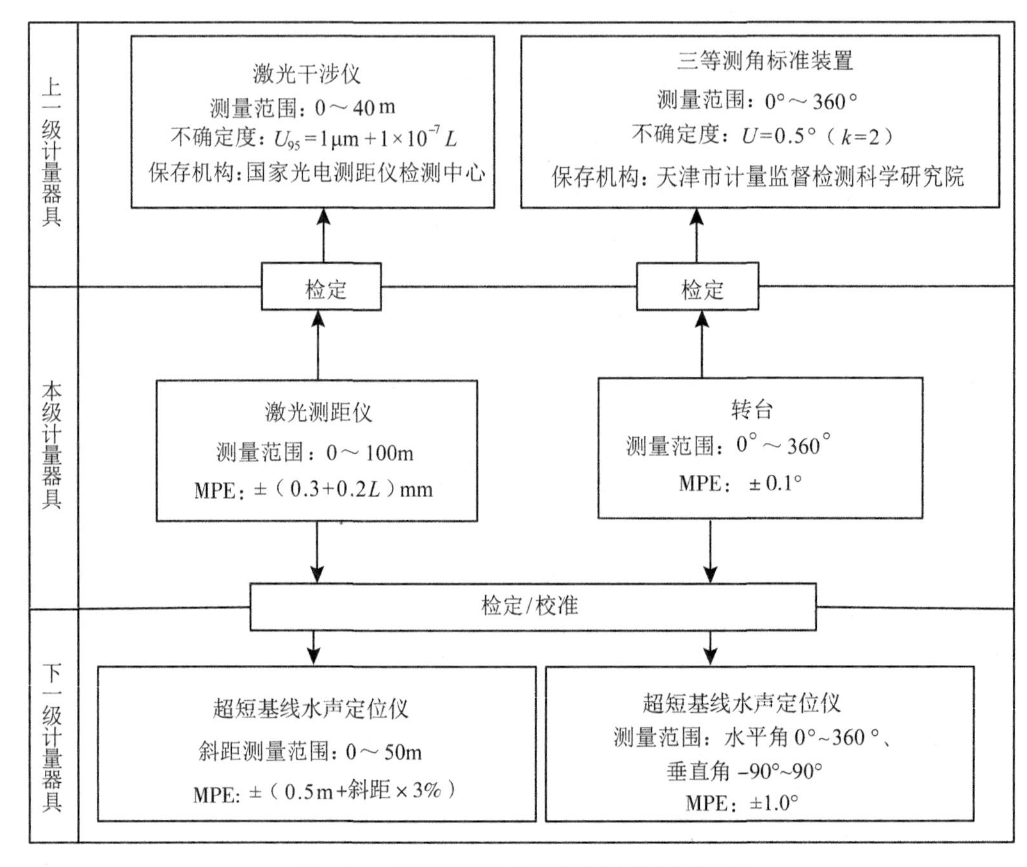

图 5-34　超短基线水声定位仪量值溯源框图

基于上述研究，突破了水文测绘装备量值溯源的诸多关键技术，建立了多项交通运输行业最高计量标准。项目成果有效解决了水下探测装备在生产、检验和使用过程中的标准化问题，确保设备在首次检定、后续检定和使用中检查的量值准确、可靠，为海事救助打捞、水运工程建设、港口航道疏浚、海洋勘察测绘等领域提供了坚实的计量保障，有力服务了质量强国和交通强国建设。

研究成果为深中通道、港珠澳大桥、舟山–上海跨海通道等国家重点工程项目中的水深、流速、含沙量等数据质量评控提供了有效技术支撑；为解决“世越号”“桑吉轮”“碧海行动”等国内外大吨位沉船打捞作业中水下定姿定位的量值评定难题提供了科学手段；为验收国家重点研发的大型造波机、多功能水上筑塔平台、挖泥船等提供了权威依据，产生了显著的社会效益。行业标准已被中海达、华测导航、海卓同创等国内厂家用于仪器设备的出厂检验；为国内外 350 余家水下设备的产学研用单位提供计量服务；支撑了天津建设国家海洋与港口环境监测装备产业计量测试中心。

◎ 本章参考文献

[1]全国水文标准化技术委员会. GB/T 9359—2016 水文仪器基本环境试验条件及方法[S]. 北京：中国标准出版社，2017.

[2]全国水文标准化技术委员会水文仪器分技术委员会. GB/T 21699—2008 直线明槽中的转子式流速仪检定/校准方法[S]. 北京：中国标准出版社，2008.

[3]全国水文标准化技术委员会水文仪器分技术委员会. SL/T 150—1995 直线明槽中转子式流速仪的检定方法[S]. 1995.

[4]南京水利科学研究院. SL/T 232—1999 动态流量与流速标准装置校验方法[S]. 北京：中国水利水电出版社，1999.

[5]魏新平，张淑娜．从水文行业统计看水文事业发展[J]. 水文，2013，33(5)：23-27.

[6]黄大年，于平，底青云．地球深部探测关键技术装备研发现状及趋势[J]. 吉林大学学报(地球科学版)，2012，42(5)：1485-1496.

[7]张志伟，暴景阳，肖付民．多波束测深系统时延偏差探测及校正方法[J]. 测绘科学技术学报，2015，32(6)：574-577.

[8]沈海滨，杜海，李木国，等．非接触式海洋模拟平台测量技术研究[J]. 海洋通报，2008，27(6)：68-75.

[9]刘轲，商少平，贺志刚．国产自容式声学多普勒流速剖面仪(ADCP)的适用性评估方法及其应用分析[J]. 厦门大学学报(自然科学版)，2015，54(6)：837-842.

[10]姚永熙，陈敏．国外水文仪器及其引进应用[J]. 中国水利，2007(11)：66.

[11]常宗瑜，张喜超，徐长密．深海声学释放器释放过程的动力学分析[J]. 中国海洋大学学报(自然科学版)，2010，40(10)：133-136.

[12]蔡树群，张文静，王盛安．海洋环境观测技术研究进展[J]. 热带海洋学报，2007(3)：76-81.

[13]漆随平，厉运周．海洋环境监测技术及仪器装备的发展现状与趋势[J]. 山东科学，2019，32(5)：21-30.

[14]张云海．海洋环境监测装备技术发展综述[J]. 数字海洋与水下攻防，2018，1(1)：7-14.

[15]李明钊．海洋计量测试工作的回顾与展望[J]. 海洋技术，2000(4)：75-78.

[16]朱光文．海洋监测技术的国内外现状及发展趋势[J]. 气象水文海洋仪器，1997(2)：1-14.

[17]胡畅．浅谈现代计量测试仪器及其发展趋势[J]. 粘接，2019，40(7)：105-108.

[18]刘勇，程谦，吴德发．全海深环境模拟实验台的研制[J]. 液压与气动，2020(8)：7-11.

[19]朱宇辉，丁川，阮健．容积式流量计的研究现状及展望[J]. 液压与气动，2019(4)：1-14.

[20]赵越，英小勇．声学多普勒流速剖面评价方法介绍与探讨[J]. 水利信息化，2010

(4)：58-61.
[21]孙大军，郑翠娥，张居成，等．水声定位导航技术的发展与展望[J]．中国科学院院刊，2019，34(3)：331-338.
[22]牛福义．水文仪器设备与测试计量技术[J]．水利技术监督，2012，20(1)：6-8.
[23]吴尚尚，李阁阁，兰世泉，等．水下滑翔机导航技术发展现状与展望[J]．水下无人系统学报，2019，27(5)：529-540.
[24]钱洪宝，卢晓亭．我国水下滑翔机技术发展建议与思考[J]．水下无人系统学报，2019，27(5)：474-479.
[25]傅仁琦，曹焱，王晓林．无人水下航行器声呐装备现状与发展趋势[J]．舰船科学技术，2020，42(3)：82-87.
[26]莫旭冬，张春琳，孙菲．压力式验潮仪数据误差分析及校准[J]．气象水文海洋仪器，2017，34(1)：69-72.
[27]于建清．压力验潮仪实验室校准技术与改进分析[J]．计量技术，2020(3)：25-28.
[28]彭涛．中国水文仪器的现状及发展[J]．能源与节能，2016(11)：108-109.

第6章　水文测绘装备产业计量测试工程应用

6.1　香港沙中线隧道施工应用实例

6.1.1　项目简介

沙田至中环线(简称沙中线，Shatin to Central Link，SCL)是香港铁路有限公司2018年兴建完成的。路线分为两大部分：大围至红磡段(东西走廊)及过海段(南北走廊)。整个计划由沙田区的大围开始，穿过大老山到达钻石山，再沿东九龙线前往启德新发展区、土瓜湾到达红磡。与东铁线交会后，再经由第四条过海铁路隧道到达香港会展中心，最终以金钟为终点站。本项目主要涉及沙中线过海隧道部分沉管浮运及沉放定位工作，过海隧道位置如图6-1所示。

图6-1　维多利亚港隧址

香港沙中线过海隧道北邻红磡，南接铜锣湾，总长约1.8km，由11件混凝土沉管隧道预制件组成，每件重约2.3万吨、长约160m。其中E1、E10、E11管节为弯曲沉管，其余为直线型沉管。沉管自石澳预制，在将军澳舾装至最终维多利亚港沉放，主要涉及工作区域如图6-2所示。

交通运输部广州打捞局承接隧道沉管舾装件的施工、基础整平、沉管出坞、浮运、沉放安装对接等任务。天津水运工程勘察设计院有限公司完成管节沉放安装测量工作。2017

图 6-2　沙中线隧道工作路线图

年 5 月 3 日进驻沙中线项目现场，2017 年 6 月 8 日第一节沉管出坞，至 2018 年 4 月 12 日最后一节沉管沉放到位，历时近一年，完成 11 节沉管的浮运及沉放对接定位工作。

6.1.2　测量准备

1. 建立测量坐标系统

测量提供控制点及相关关键点坐标均在 HK80 坐标系下。在测量作业开始前，计算求取 HK80 坐标系与 WGS-84 坐标系之间的平面坐标转换四参数，用于测量软件进行坐标转换。

在香港地政署官方网站上可以查询各点的 HK80 坐标及 WGS-84 经纬度，选取项目附近的 6 组控制点计算坐标转换关系。根据计算结果，使用 RTK-GNSS 在控制点上采集各控制点坐标，得出结果如表 6-1 及表 6-2 所示。

表 6-1　控制点测量比对

点位	设计(m)			实测(m)		
	东	北	海拔	东经	北纬	海拔
5142.007	836××.268	817××.824	8.080	836××.254	817××.823	5.438
WT11	836××.519	817××.859	4.324	836××.509	817××.858	1.692
JET	836××.613	816××.400	3.820	836××.616	816××.401	1.198
W1JA	837××.278	816××.826	3.755	837××.285	816××.822	1.168

续表

点位	设计(m)			实测(m)		
	东	北	海拔	东经	北纬	海拔
CA1	836×××.271	816×××.075	4.929	836×××.271	816×××.069	2.335
CA4	837×××.935	816×××.976	5.011	—	—	—

表 6-2 坐标转换比对结果

点位	差值(m)		
	东	北	海拔
5142.007	0.014	0.001	2.642
WT11	0.010	0.001	2.632
JET	-0.003	-0.001	2.622
W1JA	-0.007	0.004	2.587
CA1	0.000	0.006	2.594

由表 6-2 可以看出，比对结果显示平面坐标差值均在 10mm 以内，求取的四参数可以满足本项目定位要求。

2. 建立沉管模型及坐标系

根据提供的沉管设计图，建立沉管 3D 模型。为方便后期测量及控制，选取对接面顶部钢端壳中点为坐标原点 *O*，沿右向钢端壳边线为 *X* 轴正方向，*Y* 轴在管面上与 *X* 轴垂直，*Z* 轴垂直管节天向为正方向，*XYZ* 成右手法则，如图 6-3 所示。管节坐标系建立后，管节上任何一点都可以确定其在管节坐标系中的三维坐标。

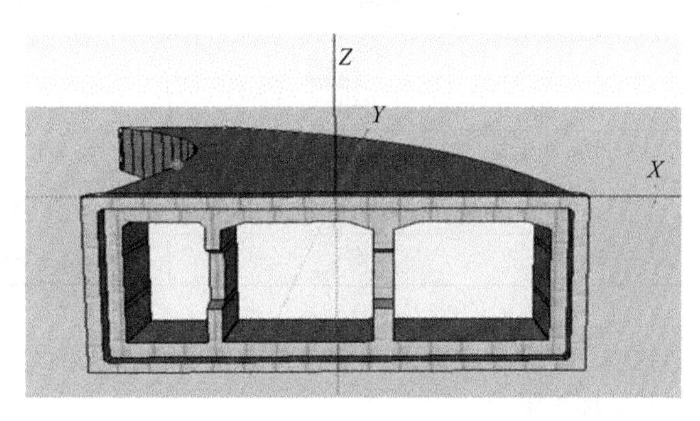

图 6-3 管节坐标系

3. 计算沉管控制点坐标

根据沉管坐标系建立规则，建立沉管坐标系并求取沉管位于石澳预制场时的初始姿态值，以 E1 沉管为例。

E1 沉管共设立 23 个测量控制点，其中管顶面有 9 个，管底有 14 个。管顶控制点如图 6-4 所示。

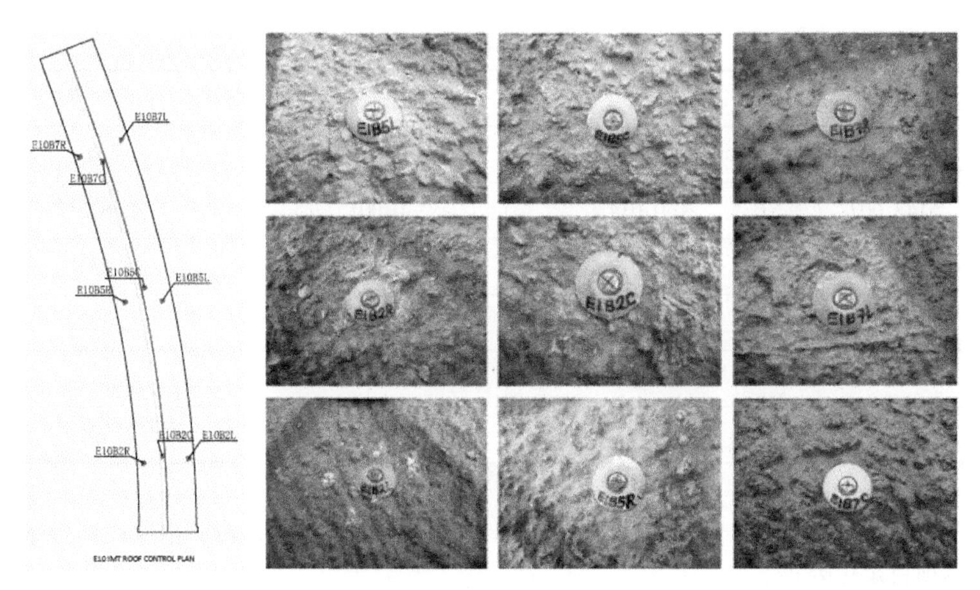

图 6-4　管顶控制点

从业主提供的测量报告中提取 E1 沉管管头管尾位于维多利亚港的设计坐标，根据沉管建模规则，计算沉管维多利亚港原点坐标及姿态数值，如表 6-3 所示。

表 6-3　E1 设计位置及姿态

设计姿态	Heading	184.171°
	Pitch	-1.728°
	Roll	0°
沉管坐标系原点的绝对坐标	东	836×××.310m
	北	817×××.296m
	高	-6.704m

根据 E1 沉管设计位置和姿态，结合业主提供 E1 控制点沉放后的设计坐标，计算沉管上各控制点位于沉管坐标系中的坐标。

4. 计算沉管姿态初值

由于沉管坐标系中各控制点坐标是按照沉管在维多利亚港沉放至设计位置后坐标及姿态(Heading、Pitch、Roll)反推计算得出，沉管在预制时的姿态并未直接给出，因此需要根据沉管坐标系中各控制点坐标及其在干坞中各点 HK80 坐标计算得出沉管的初始姿态。使用软件计算各控制点由沉管坐标系至石澳坐标的旋转矩阵，反推出沉管的初始姿态(表 6-4)。

表 6-4　E1 沉管姿态初始值

旋转矩阵			
9.48×10^{-2}	-0.995496869	-9.07826×10^{-5}	2.21×10^{2}
0.995492756	0.094793953	0.002876458	99.3306732
-0.002854899	-0.000363046	0.999995887	-1.8700
0	0	0	1
Pitch	-0.02081	Roll	0.16348

6.1.3　干坞测量

在石澳干坞中，主要完成沉管内轴线测量、倾斜仪安装及姿态改正等工作。

1. 沉管轴线测量

为了倾斜仪的姿态值能真实地反映沉管的实际姿态，倾斜仪的方向必须与沉管坐标系的 Y 轴方向一致。

根据沉管内控制点的坐标，使用全站仪在沉管的管头和管尾各放出一条与 Y 轴平行的轴线，并使用记号笔做好标记，方便后期倾斜仪安装。

2. 倾斜仪的安装

为了真实、有效地测量沉管姿态，将倾斜仪安装到管内底部钢端壳面板上，通过数据缆将数据传送到管外，见图 6-5。

3. 初始姿态标定

分别采集沉管在未起浮之前的倾斜数据，以 E1 沉管为例。

根据倾斜仪采集数据，绘制沉管姿态曲线图，去除跳点后计算倾斜仪在沉管未起浮之前的姿态测量值，并根据沉管实际的初始姿态，计算各倾斜仪的改正值。E1 倾斜仪改正值如表 6-5 所示。

图 6-5　倾斜仪安装

表 6-5　E1 铜锣湾端倾斜仪改正值计算

原始采集			石澳初始值	测量平均值
Roll	Pitch	Pitch	-0.02081	0.20117
1.136	0.201	Roll	0.16348	1.13575
1.136	0.201	—	—	—
⋮	⋮	—	—	—
1.136	0.201	改正值	ΔPitch	-0.22198
1.136	0.201		ΔRoll	-0.97227

4. 沉管出坞测量

受坞口宽度及坞口水深影响，沉管必须根据安全的设计路由进行出坞。为保证沉管安全，在管面选取两个控制点架设 RTK，使用香港特区政府站(CORS)作为基站改正，对出坞沉管进行定位。

根据沉管形状及业主给定水深图，设计沉管出坞安全路线图，在导航软件中显示管头及管尾轴线偏差，并实时汇报给管头管尾绞车指挥员，指挥员根据偏差调节绞车速度，保证沉管沿安全路线出坞，沉管出坞如图 6-6 所示。

5. 浮运至将军澳

沉管自出坞后，由三艘拖轮加上若干守护船组成船队进行拖航作业，拖航至将军澳暂时寄放。由于本段拖航路由水深条件良好，拖航过程中由拖轮自主定位，拖航过程如图 6-7 所示。

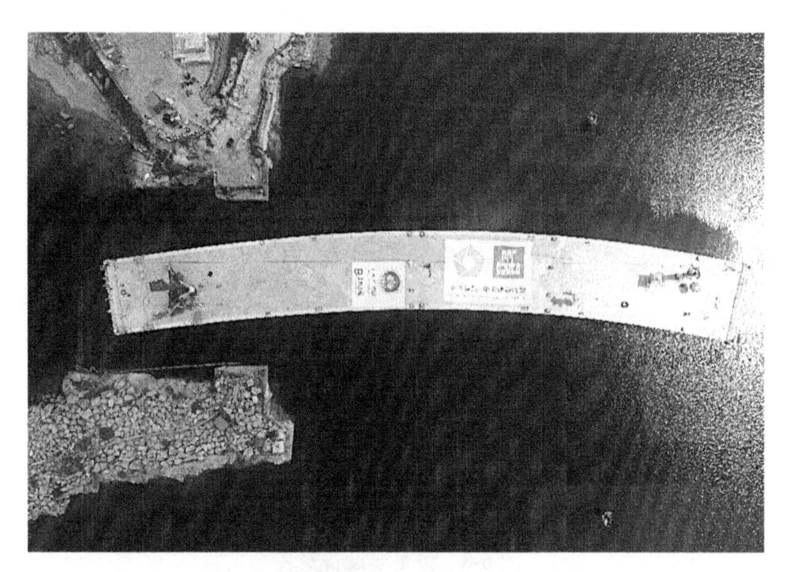

图 6-6 沉管出坞

图 6-7 沉管拖航至将军澳

6.1.4 二次舾装测量

管节从石澳预制场浮拖至将军澳后，暂时锚泊在将军澳，进行测量塔、浮驳、滑轮组等各设备安装，如图 6-8 所示。

当测量塔安装结束后，在测量塔顶安装棱镜、GNSS 天线、电台天线、网桥天线等设备，用于接收 GNSS 位置及测量塔通信。同时棱镜作为沉管定位备用测量手段，保证沉管定位顺利进行。

图 6-8　将军澳设备安装

1. 定位设备安装

设备安装如图 6-9 所示。A 塔和 B 塔都需要安装 RTK-GNSS 天线与全站仪棱镜，置于测量塔顶部无遮挡处。此外，网桥天线置于顶部无遮挡处，用于 A、B 塔 RTK 数据传输以及岸上全站仪观测数据传输，将 RTK-GNSS、倾斜仪和全站仪观测数据汇集到 A 塔定位软件中。

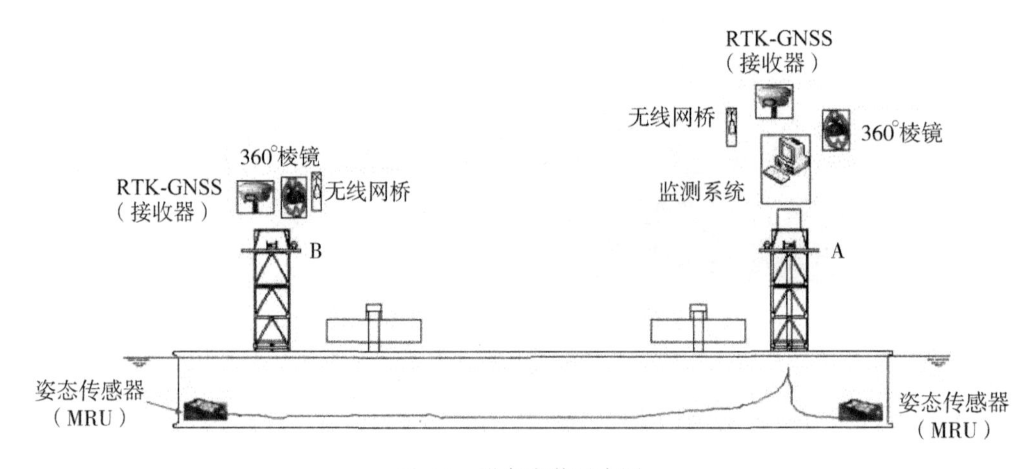

图 6-9　设备安装示意图

2. 定位设备偏移测量

在安装好 RTK-GNSS 天线和全站仪棱镜之后，为了获得 A、B 测量塔上的 RTK-GNSS

天线和棱镜在管节坐标系下的位置，需要进行设备偏移测量。

选取沉管上任一控制点架设全站仪，使用另外一个或者多个控制点作为后视，设立全站仪观测系统。观测管面其他控制点及测量塔顶部棱镜位置。同时记录全站仪观测期间沉管的 Roll 和 Pitch 值。观测值经过纵倾和横倾的倾斜改正后，计算得到天线、棱镜的坐标及高程，作为管节沉放时测量设备的偏移量。

以 E1 管节为例，共设 4 个测站，在每个测站上观测能观测到的设备，将不同测站的标定结果用于测量校核，并取其平均值，如表 6-6 所示。

表 6-6 测站观测情况

测站	测站点	后视点	观测设备
测站 A	E1B5L	E1B7R	棱镜 A、棱镜 B；RTKA、RTKB
测站 B	E1B5R	E1B7R	棱镜 A、棱镜 B；RTKA、RTKB
测站 C	E1B2C	E1B7R	棱镜 B；RTKB
测站 D	E1B7L	E1B2R	棱镜 A；RTKA

每个测站经过纵倾和横倾的倾斜改正后，得到 RTK-GNSS 天线、棱镜的坐标及高程，然后不同测站标定结果取平均值。

3. 定位系统检验

设备偏移标定计算结束后，在管面控制点架设 RTK 接收机，使用香港特区政府站查分信号，将采集控制点数据发送至测量塔采集主机，在定位软件中实时显示由测量塔 RTK 与倾斜仪组合推算管面控制点坐标及管面 RTK 直接采集控制点坐标，同时比较两者东坐标、北坐标及高程，并记录数据。

每一个控制点均采集 5 分钟比对数据，计算两者采集数据平均值，当东北坐标平均差值小于 15mm 时，认定系统满足测量要求。

6.1.5 浮运和沉放对接测量

1. 浮运定位测量

浮运是指从将军澳浮运到隧址。利用 A、B 塔 RTK-GNSS 定位数据、倾斜仪数据就可以提供管节的位置、艏向和姿态，在定位软件中实时显示出管节的位置和姿态，以及管节与设计路径之间的关系。浮运指挥者通过观看定位软件来指挥拖轮调节管节航线，最终系放隧址处，如图 6-10 所示。

2. 对接沉放测量

管节沉放主要是根据实时测量管节的位置、姿态以及与设计位置的关系，以供指挥者进行调节管节位置和姿态，从而将沉管安装到设计位置上。

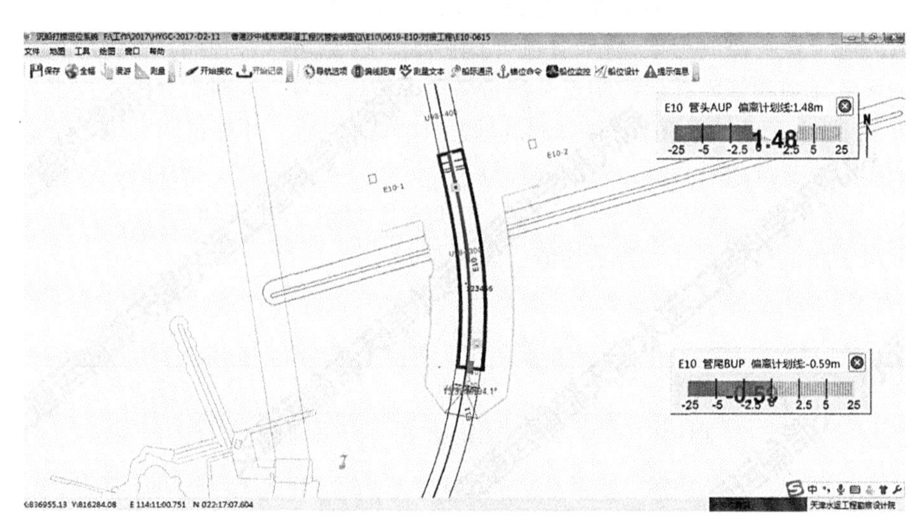

图 6-10 管节系放在隧址

管节沉放安装定位采用测量塔上 RTK-GNSS 与全站仪+棱镜两种方式，其中 RTK-GNSS 为主系统，全站仪+棱镜作为辅助系统。RTK-GNSS 模式下，在 A、B 测量塔上都安装 RTK-GNSS 天线，B 塔数据通过定向网桥传输到位于 A 测量塔的指挥中心。

全站仪+棱镜模式下，在岸上已知控制点(HK80 坐标系)架设两台全站仪，分别测量位于 A、B 测量塔上的棱镜，其数据都通过无线网桥传输到位于 A 测量塔的指挥中心，见图 6-11。

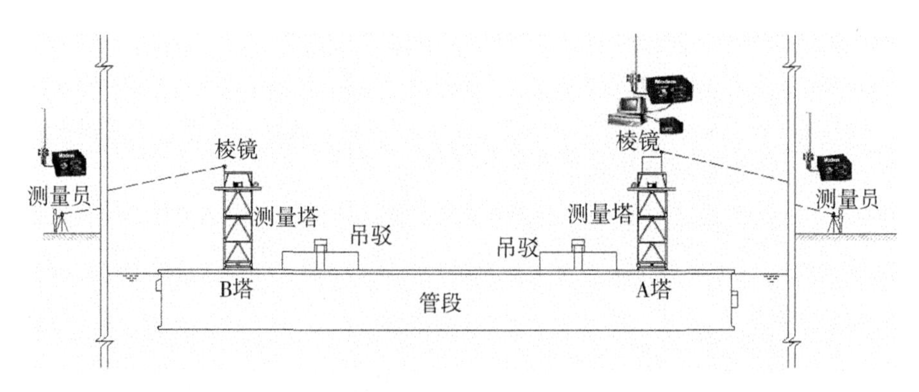

图 6-11 全站仪测量模式

这两种方式下，都可组成定位定向定高系统，将所有导航数据汇集到定位软件中，通过沉管隧道施工对接定位辅助决策系统模块实现三维实时监测。

在整个沉放过程中，全程监测沉管管节的三维位置、沉放速度、姿态变化、管头和管尾偏离设计轴线的距离、管节到设计位置的平距及高程、沉管各钢丝缆方向等数据。指挥人员根据监测结果，利用 2 个专用浮驳及系泊锚块调节沉管位置和姿态。如图 6-12 所示。

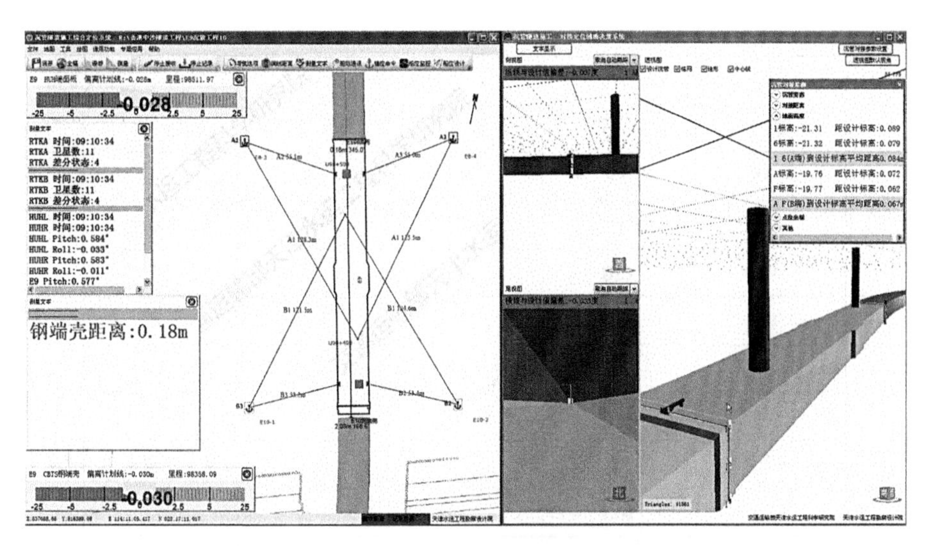

图 6-12 管节沉放显示

沉管第一次触底后，由岸上全站仪观测系统对 A、B 塔棱镜进行观测，通过网桥将观测数据发送至测量塔控制软件中，比对全站仪测量值与系统计算值，确认偏差符合要求时，可进行下一步沉放操作。

同时潜水员下水检查该沉管与已经沉放好的沉管之间的相对位置关系，潜水探摸两沉管间高差、距离、左右偏差，并与软件中计算结果进行比对，如果存在较大误差，潜水及系统进行二次确认，确保两次系统测量结果基本一致。

3. 沉管拉合及贯通测量

经检查对接端两次结果误差满足要求后，开始进行沉管拉合及止水待放水作业。待沉管位置稳定后，开启水密门，对新沉放沉管进行贯通测量，测量至管尾末端控制点，计算管尾轴线偏差。当轴线偏差小于 40mm 时，认定沉管沉放满足设计要求。

当管尾轴线偏差大于 40mm 时，关闭水密门，微调沉管位置(向东或者向西)，使沉管管尾轴线偏差小于 40mm。调整完后由贯通测量二次确认，当轴线偏差小于 40mm 时，沉管沉放对接完成，该节沉管对接作业结束。

本项目共 11 节沉管，管尾轴线偏差均小于 40mm，90%以上轴线偏差小于 20mm 满足业主要求。管尾端轴线偏差及高程差值详细结果见表 6-7。

表 6-7 对接误差统计

	定位软件(mm)		贯通测量(mm)		差值(mm)	
	轴线	高程	轴线	高程	轴线	高程
E1	10	43	10	43	0	0
E2	0	54	15	10	-15	44

续表

	定位软件(mm)		贯通测量(mm)		差值(mm)	
	轴线	高程	轴线	高程	轴线	高程
E3	-35	75	8	85	-43	-10
E4	-27	85	-17	90	-10	-5
E5	41	120	27	97	14	23
E6	0	60	10	63	-10	-3
E7	-29	64	-30	33	1	31
E8	-33	90	-30	76	-3	14
E9	-22	82	-8	89	-14	-7
E10	-30	108	-13	93	-17	15
E11	28	50	9	107	19	-57

6.2　新喀里多尼亚沉船施工应用实例

6.2.1　项目简介

2017年7月12日，一艘名为“Kea Trader”的集装箱船意外搁浅于南太平洋靠近新喀里多尼亚的杜兰德礁之上(图6-13)。“Kea Trader”轮船在海上持续受到4个月的暴风雨和海浪的冲击及礁石上的硬岩压力后在2017年11月12日断裂成两段(图6-14)。以下对“Kea Trader”轮船简称为“KT”难船。

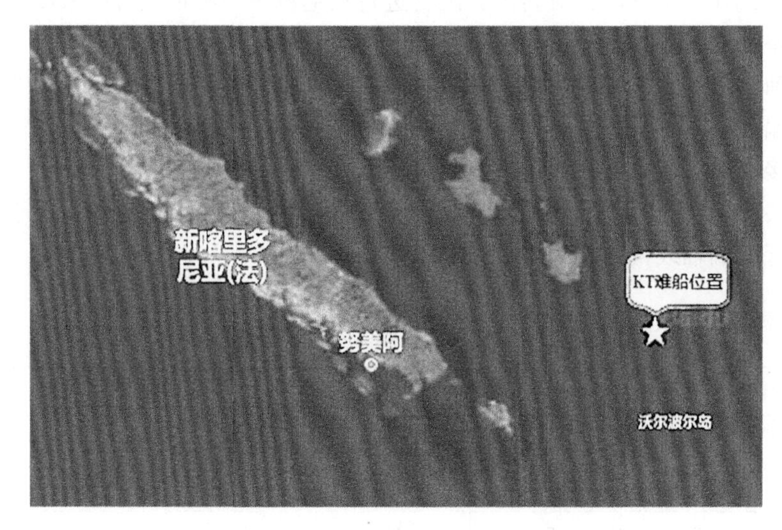

图6-13　“Kea Trader”难船搁浅位置

图 6-14 打捞前"Kea Trader"难船状态

交通运输部上海打捞局承担沉船的拆除及打捞工作。天津水运工程勘察设计院有限公司完成水文测量、水深测量及施工定位工作。

技术人员采用多波束测量设备和波浪流速测量设备，于 2018 年 2 月到 7 月，对礁盘海域进行了多波束扫测和水文监测，为沉船打捞提供海底地形和波浪潮流的基础数据。

2018 年 2 月到 2021 年 9 月，技术人员在对难船进行打捞的过程中，进行了现场施工船舶定位、破拆斧定位、抓斗抓捞残骸定位、电吸盘打捞残骸定位、小艇扫测残骸定位、小艇环评扫测定位等多种定位作业。

6.2.2 水文测量

1. 观测设备及原理

1)波浪观测设备

本项目波浪观测使用的 SZF 波浪浮标，可以定点定时(或连续)自动测量波浪的水文因子，包括波浪高度、波浪周期和波浪方向。

SZF 波浪浮标的主要原理是重力加速度原理。当波浪浮标沿海面运动时，安装在浮标上的垂直加速度计输出反映波浪升沉加速度的信号，通过对信号的二次积分，就可以得到与波浪升沉波高变化相对应的电压信号。通过对信号进行处理，可以得到波高和波周期。通过内部安装的传感器测量浮标的俯仰、横摇和航向，对这三个参数进行处理得到波浪方向。

2)海流观测设备

本项目流速流向监测使用多普勒流速剖面仪 ADCP，利用多普勒效应原理进行流速流向测量。用声波换能器作为传感器，换能器发射声脉冲波，声脉冲波通过水体中不均匀分布的泥沙颗粒、浮游生物等反散射体反射、散射，由换能器接收信号，经测定多普勒频移而测算出测线范围内若干点流速，采用相关方法计算测线平均流速。

2. 设备安装和布放

为了获得能够代表工区真实海况的波浪变化，SZF 波浪浮标采用随船系泊的方式进行工区波浪测量(图 6-15)，通过无线电数据链将 1 小时间隔的波浪数据传回施工船。ADCP 采用船舷安装的方式对施工船所在位置处的流速和流向进行实时监测(图 6-16)。将 SZF 波浪浮标和 ADCP 实测数据接入定位软件中，在系统界面中实时显示施工船所在位置的波浪、流速和流向信息，为施工船的打捞作业提供海洋水文环境基础数据。

图 6-15　SZF 波浪浮标布放

图 6-16　ADCP 设备安装

6.2.3　多波束水深测量

1. 测线布设

本项目多波束水深测量的深度基准面为最低天文潮面。潮位采用距离杜兰德礁西北方向 51n mile 的马雷岛永久验潮站观测潮位。

对以 KT 难船为中心、半径为 2km 的礁盘水域进行多波束水深扫测，为打捞施工船抛锚布场提供水深数据。

按照两倍水深的间距进行测线布设，确保扫测区域全覆盖。并根据扫测作业时涌浪和流的方向，合理地调整测线方向，以保障多波束水深扫测高效开展。

2. 测量实施

1) 设备安装

多波束支架选择安装在工作艇左舷约 1/2 处，避免船主机、泵和螺旋桨对多波束采集设备的干扰。光纤罗经(三维姿态仪)安装在靠近船中心的室内结实地板上，调整光纤罗经使其艏向与测量船艏向基本一致。GNSS 定位设备天线安装在多波束换能器正上方。

建立船体坐标系，以多波束换能器杆与船吃水交点为原点，右舷方向为 X 轴正方向，船头方向为 Y 轴正方向，垂直向上为 Z 轴正方向，如图 6-17 所示。

精确量取各传感器相对于船坐标原点的偏移量，往返各量一次，取平均值作为最终结果输入采集软件。

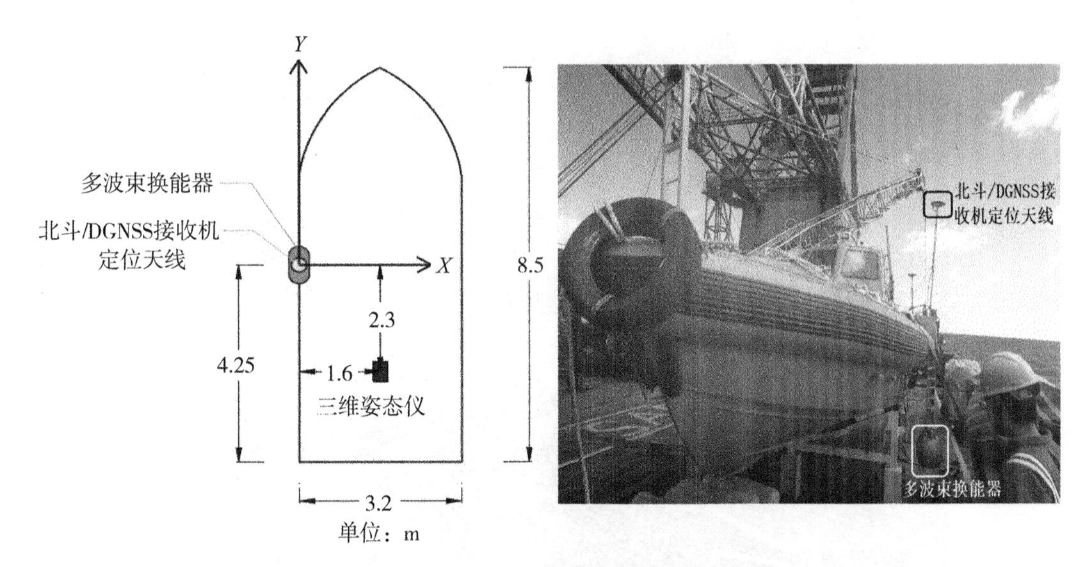

图 6-17　工作艇多波束设备安装位置示意图

2)设备校准

为准确测量多波束各传感器安装偏差，多波束扫测作业前，对多波束设备进行校准。系统采用 PPS 秒脉冲时间同步，因此 Latency 为 0，不须校准。

通过测区内海底平坦海区，沿相反方向以相同速度，沿同一测线测得两条带断面测量数据，计算横摇值(Roll)；通过测区内水深变化大的陡坡区域，沿相反方向以相同速度，沿同一测线测得两条带的中央波束数据，计算纵摇值(Pitch)；通过测区内水深变化大的陡坡区域(间距为覆盖宽度的 2/3 的两条测线)，沿相同方向以同一速度，沿相邻测线测得两条带的多波束边缘数据，计算艏摇值(Yaw)。得到多波束设备校准值为：ΔRoll = 2.13°，ΔPitch = 3.70°，ΔYaw = 3.32°。

扫测正式开始前，进行了声速剖面测量。将声速剖面仪加配重后，缓慢下放到海底后进行回收，下放与回收速度为 0.5m/s。对声速剖面数据进行读取，获得换能器所在深度的声速值，作为波束导向输入声呐控制软件。

3)数据采集

定位人员在驾驶室通过导航定位软件，为指挥人员实时显示工作艇航向、速度、偏离计划线距离等信息。指挥人员通过控制工作艇沿指定计划线航行，进行多波束水深扫测作业。对于偏离计划线较大的测线，及时提醒指挥人员进行修正。船速控制在 5kn 左右。数据采集人员通过驾驶室导航人员的通知，对数据进行记录和停止记录操作。

使用PDS2000软件进行多波束水深数据的采集(图6-18)。工作期间严格按照技术要求进行作业，对多波束剖面数据及多波束开角的有效波束进行实时监控，以确保现场采集的数据质量和有效覆盖宽度；现场及时调整量程，以保证有效覆盖宽度；通过软件中合理设置GridModel以及ColorTable，来获得更好的外业显示资料。同时实时对水深数据进行深度滤波，剔除飞点，使采集的水深数据准确有效。

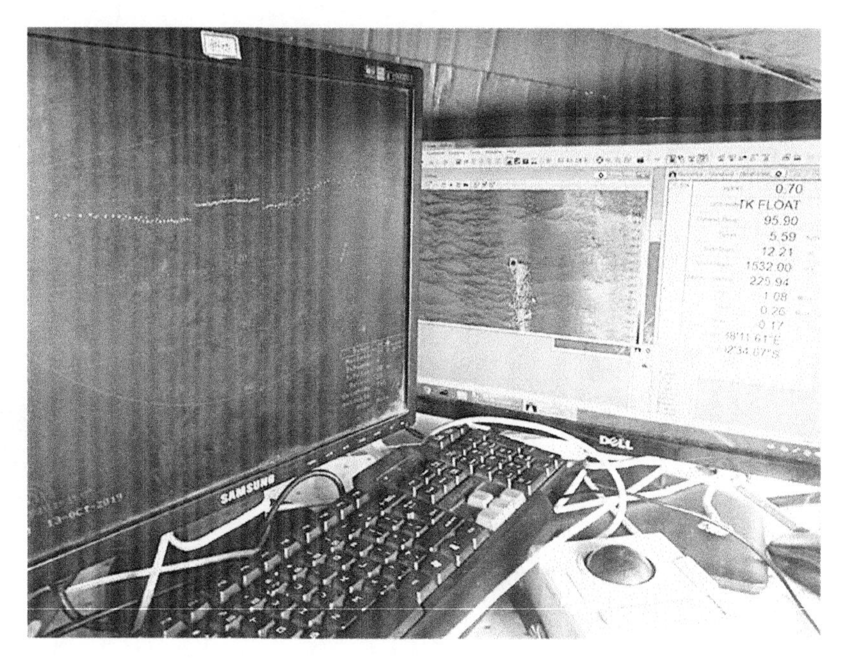

图6-18　多波束数据采集

4)数据处理

使用CARIS软件进行多波束水深数据的处理。在CARIS HIPS and SIPS软件中，作业过程如下：

(1)用CARIS HIPS and SIPS软件对多波束水深数据进行数据转换并进行人机交互清理(Line Mode和Subset Mode)，剔除粗差，过滤虚假信号。

(2)声速、潮位改正：采用已经编辑好的声速、潮位文件对水深数据进行声速改正和潮位改正。

(3)做Subset Mode下的数据清理：根据测区测线布设情况，平均每4~6条测线为一组，逐区进行数据清理。

(4)水深压缩：多波束系统采集水深数据量极大，因而在开始制图编绘工作之前，需压缩掉相互重叠或超稠密的水深，压缩时保留最浅水深。

(5)数据输出：将经过各项改正后的数据输出成标准ASCII格式，用于后期成图。

根据礁盘区域多波束扫测结果，按20m输出水深*XYZ*数据。将礁盘区域水深*XYZ*数据，输出为CAD文件，绘制水深图。

3. 测量结果

1)水深情况

从图6-19可以看出，扫测区域内，水深变化较大，礁盘水深分布于3.1~250m。礁盘海域地形复杂，海底珊瑚礁石密布，沟壑纵横。水深较浅区域主要集中在沉船西侧和西南侧，沉船周围残骸密集区域水深较浅。

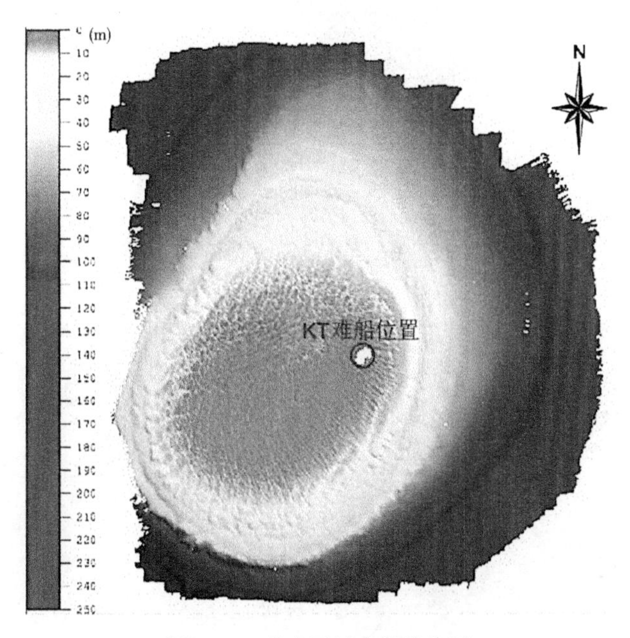

图6-19 礁盘区域水深渲染图

沉船所在的礁盘海域属于新喀里多尼亚环礁区，该海域海底在地质史上经历过沉陷过程，且该海域水质洁净、透明度高，极适合珊瑚虫的生长和繁衍。该海域珊瑚礁盘是数百万年来由珊瑚虫的钙质硬壳与碎片堆积，并经珊瑚藻和群虫等生物遗体胶结而成。属于典型的石灰质海底地貌，且海洋生物资源极为丰富。

对扫测区域内30m以浅和10m以浅水深区域做了统计，绘制了饼状图。从图6-20中左侧的0m≤d≤30m饼状图可以看出，礁盘30m以浅水深区域，0~5m水深占比较少，为0.03%；5~10m占比超过一半，为55%；10~15m占比为22%；15~20m占比为8%；20~25m占比为7%；25~30m占比为8%。

从5m≤d≤10m饼状图(图6-20右图)可以看出，礁盘10m以浅水深区域，5~6m水深占比较少，为4%；6~7m占比为34%；7~8m占比为30%；8~9m占比为17%；9~10m占比为15%。

2)残骸分布

本项目多波束扫测共发现5处大残骸及1处残骸密集区。在整个扫测区域完成之后，对发现的残骸进行了无人机复测，确定了残骸的位置、形状及最浅深度。

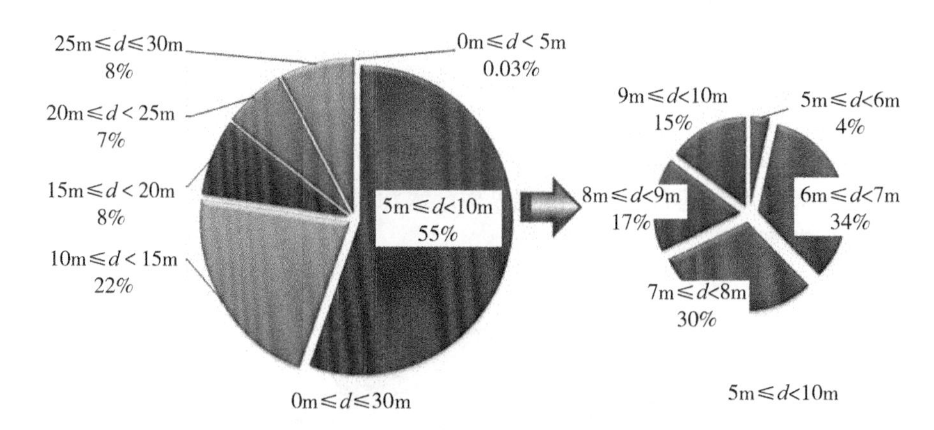

图6-20 礁盘30m以浅水深分布统计

(1)残骸A为KT难船吊机，长33m，宽26m(图6-21、图6-22)。最浅深度3.1m。

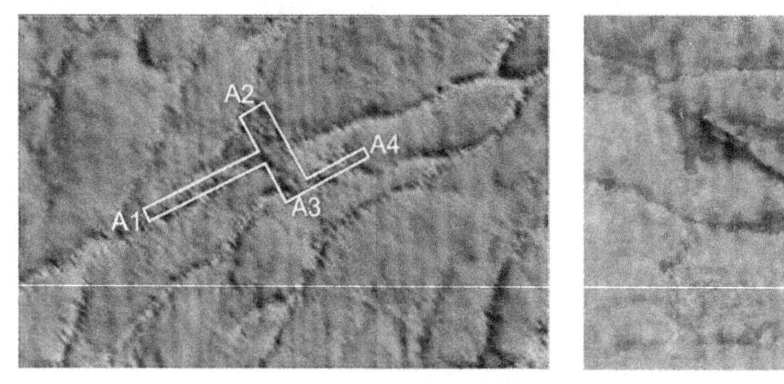

图6-21 多波束扫测残骸A

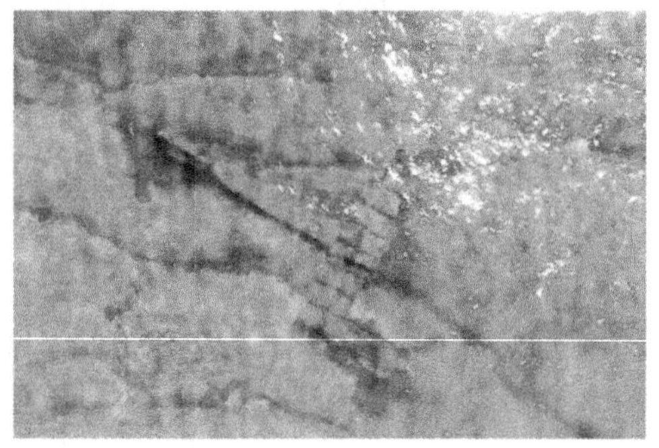

图6-22 无人机拍摄残骸A

(2)残骸B为舱盖板，长12.8m，宽11.4m(图6-23、图6-24)。最浅深度5.7m。

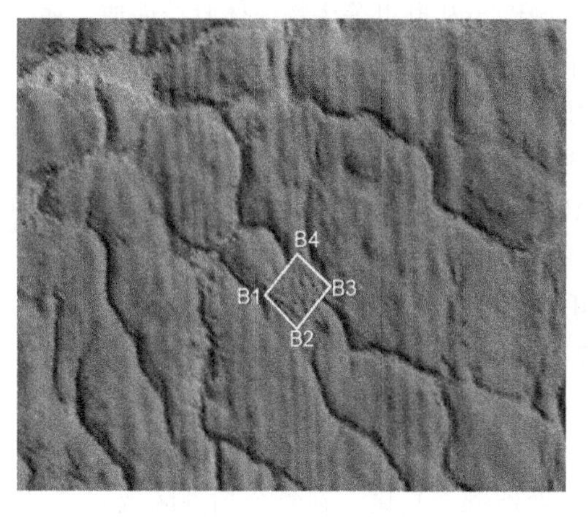

图6-23 多波束扫测残骸B

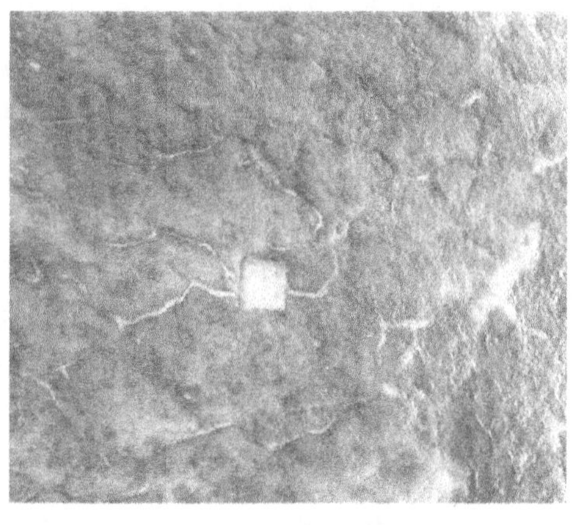

图6-24 无人机拍摄残骸B

(3)残骸 C 为舱盖板，长 14.8m，宽 12.1m(图 6-25、图 6-26)。最浅深度 7.0m。

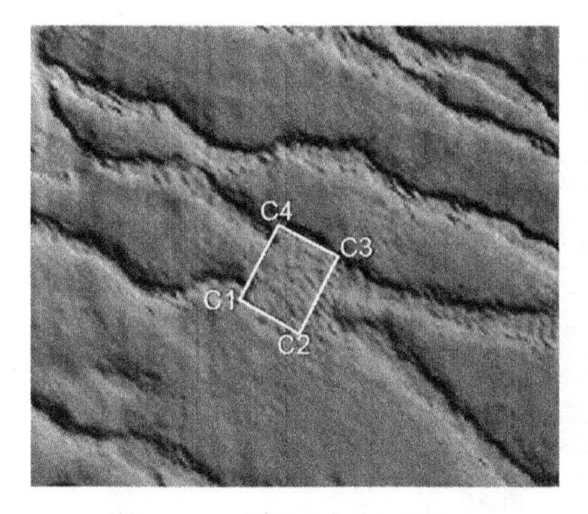

图 6-25　多波束扫测残骸 C

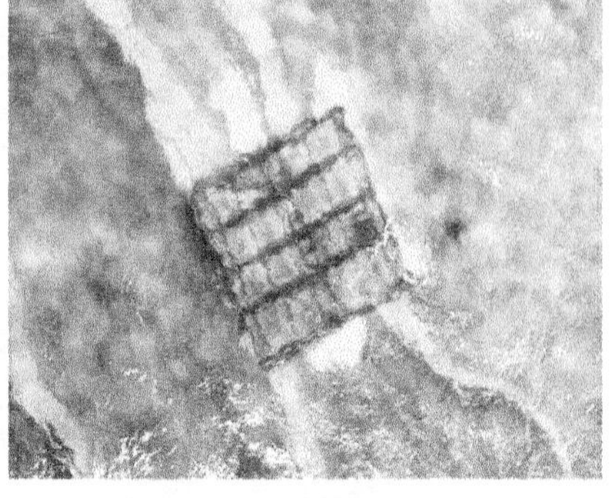

图 6-26　无人机拍摄残骸 C

(4)残骸 D 为舱盖板，长 13.2m，宽 11.2m(图 6-27、图 6-28)。最浅深度 7.4m。

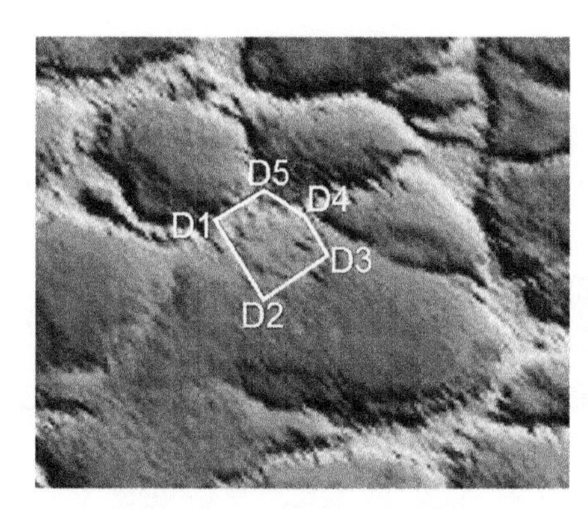

图 6-27　多波束扫测残骸 D

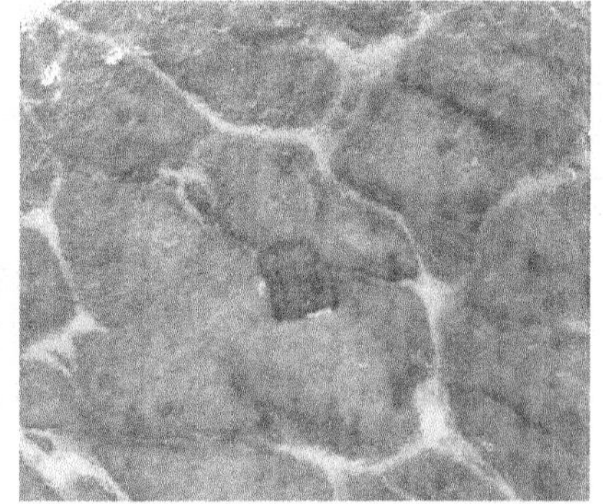

图 6-28　无人机拍摄残骸 D

(5)残骸 E 半径 6m 范围，最浅深度 7.2m(图 6-29、图 6-30)。

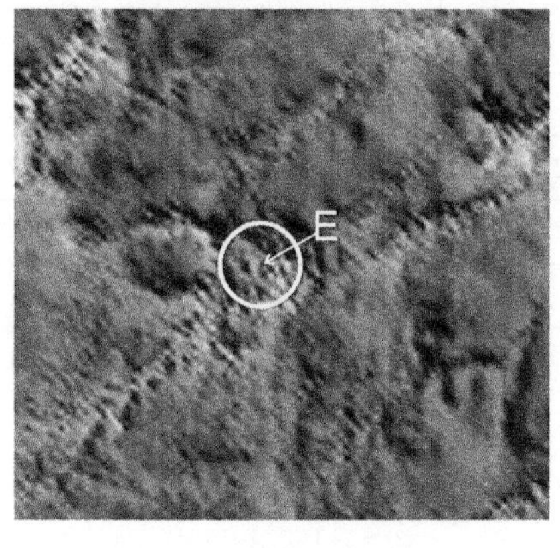

图 6-29　多波束扫测残骸 E

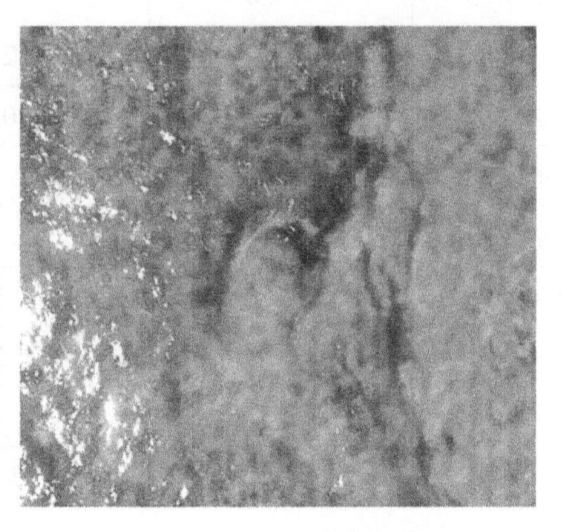

图 6-30　无人机拍摄残骸 E

(6)残骸密集区主要在沉船附近西北侧 70m 范围内，水深较浅(图 6-31、图 6-32)。

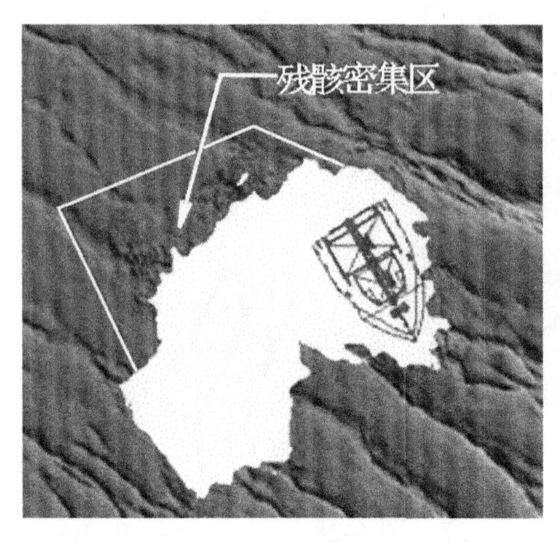

图 6-31　多波束扫测残骸密集区

图 6-32　无人机拍摄残骸密集区

6.2.4　打捞定位测量

1. 定位作业前准备

本项目打捞施工船舶有：聚力号、柯力轮、德瀑轮、德洲轮、华翱轮、聚力小艇和德瀑小艇、柯力小艇和德洲小艇。

在定位作业之前，参考各施工船舶的总布置图，实际复核船型尺寸并绘制 CAD 船型图，并将各施工船的船型加载到软件中。船舶尺寸参数见表 6-8。

表 6-8　施工船舶情况表

船名	总长(m)	型宽(m)	型深(m)	设计吃水(m)
聚力号	133.6	35	11.8	7.2
柯力轮	125.9	32	12	7.8
德瀑轮	88.6	20	10	6.5
德洲轮	90	17.2	11	7
华翱轮	59.5	15.7	9	6.2
聚力小艇	8.5	3.2	1.6	1
柯力小艇	8.5	3.2	1.6	1
德瀑小艇	8.6	3.4	1.8	1.2
德洲小艇	8.4	3	1.6	1

在各施工船舶顶部安装 GNSS 定位设备，然后进行定位天线位置测量，并将各施工船

的定位天线偏移值输入定位软件中。定位天线偏移见表 6-9。

表 6-9 施工船定位天线偏移量表

船名	GNSS 定位天线偏移	
	X(m)	Y(m)
聚力号	11.4	112.3
柯力轮	-3.09	102.88
德滠轮	-10	61.05
德洲轮	4.43	60
华翱轮	3.6	45.6
聚力小艇	-0.95	1.15
柯力小艇	-0.95	1.13
德滠小艇	-1.1	0.8
德洲小艇	0.58	0.5

图 6-33 为柯力轮船型及定位天线偏移量关系图。

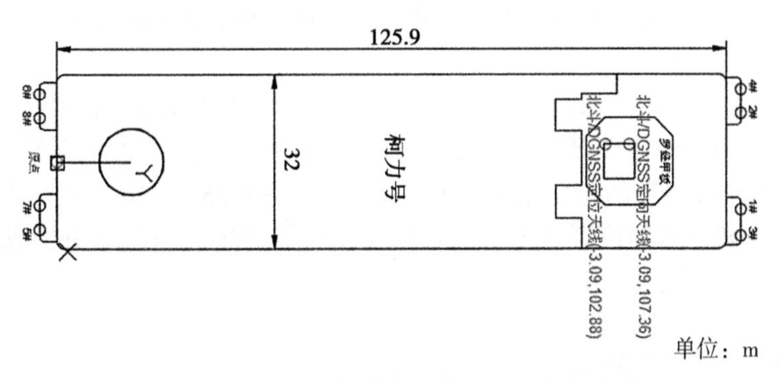

图 6-33 柯力轮定位天线偏移图

为实现各个施工船舶之间定位数据的互联互通，采用无线网桥的通信方式。在进行网桥安装之前，设置各全向网桥，将主作业船的网桥设置为 ap，其余作业船的网桥设置为 station，将所有网桥 IP 设置为同一网段。各全向网桥设置完成后，使用网络通信软件进行远程连接，若能连接上则证明网桥通信测试成功。

将工作局域网与定位软件的网络信道连接，实现打捞施工现场的设备数据、打捞数据、船舶数据的高效管理和共享。通过工作局域网，可以实现从一个工作站点对其他工作站点的远程控制(图 6-34)。

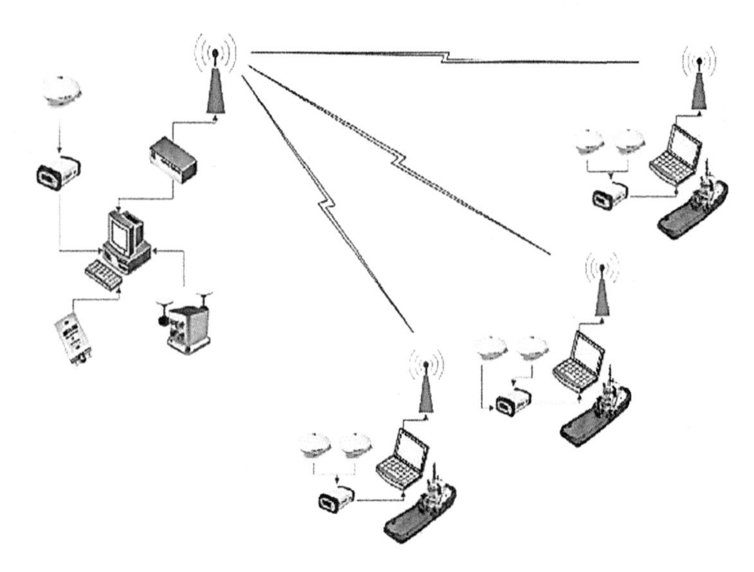

图 6-34　网线网桥工作示意图

2. 施工船舶定位

船舶定位软件采用天津水运工程勘察设计院有限公司开发的“沉船打捞定位软件”，以图形化的方式实时显示船舶的位置和各种背景底图，该系统可以接收多种设备的数据，采用工作局域网的方式对数据进行集成和共享，实现多终端的界面显示。

1)无人机复核残骸位置定位

针对新喀里多尼亚礁盘海域面积广、卷滩浪大和海水透明度高的特点，为及时掌握 KT 难船及其大残骸在海底礁盘上受南太平洋季节性强风浪的影响而发生的位置变动情况。打捞现场采用无人机测量的方式定期复核 KT 难船(图 6-35)及其散落大残骸的位置(图 6-36)，并将无人机测量的位置数据实时传输至定位软件中，在系统中生成直观的 KT 难船位置和大残骸位置图。

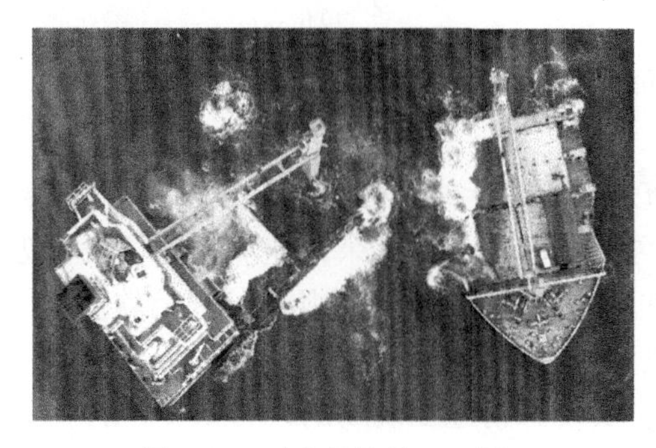

图 6-35　无人机航拍 KT 难船

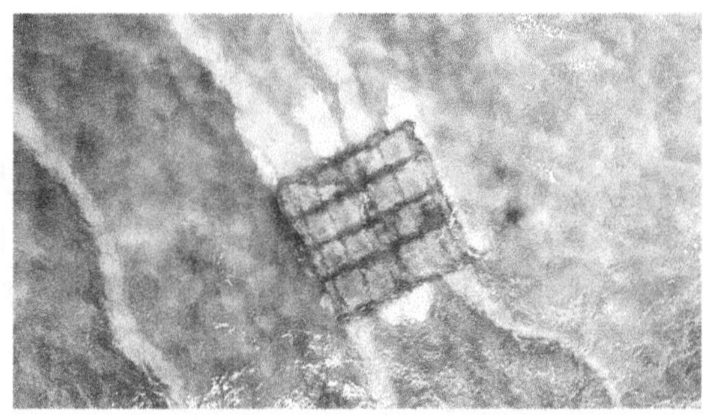

图 6-36　无人机航拍 KT 难船舱盖板

2)起抛锚定位

施工船在礁盘上进行打捞作业之前，需要提前在礁盘上的设计位置布设 8 套串联锚。在定位软件界面中显示 8 套串联锚的设计位置(图 6-37)，对现场所有施工船进行高精度定位，并在每条施工船的系统界面上显示整个礁盘的水深数据供施工船安全抛锚作业参考，在拖轮到达设计抛锚位置并将锚从其船艉抛至海底后，系统自动在抛锚位置处更新实际锚位。

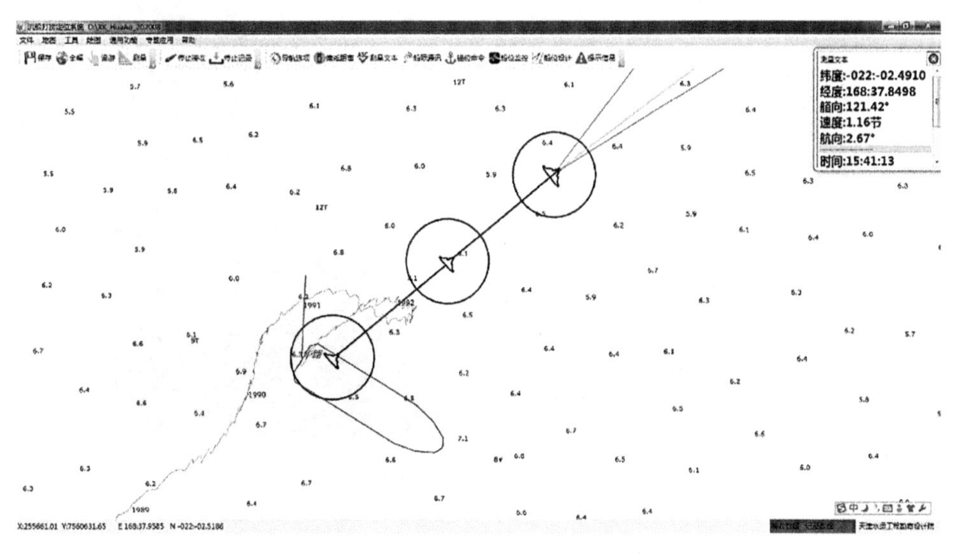

图 6-37　定位软件起抛锚定位

在完成对 KT 难船的打捞作业后，在定位软件界面中显示 8 套串联锚的实际位置以及整个礁盘上的水深数据，指导拖轮安全进行起锚作业。

柯力轮为 KT 难船打捞工程的主作业船，其打捞作业方式采用锚系浮式打捞，在礁盘上提前布设了 8 套串联锚。柯力轮进场作业时，由德洲轮拖航至工区附近，华翱轮带缆配合柯力轮调整船位，然后由小艇将柯力轮的锚机钢丝或强力缆与串联锚的浮筒钢丝连接。柯力轮通过绞锚的方式，就位于 KT 难船附近的预设位置进行打捞作业。柯力轮船艏的 4 个锚采用强力缆连接，船艉的 4 个锚采用钢缆连接。柯力轮在工区就位的锚位图如图 6-38 所示。

3)锚拉力试验定位

在进行礁盘串联锚正式布设之前，在指定的布锚位置进行单锚和串联锚拉力试验，以确定布锚位置处锚的最大拉力值以及锚位在受拉力情况下的稳定程度。为礁盘上串联锚的正式布设提供重要的参考数据。

在定位软件底图中标注拖轮的拖拉方向、拖拉钢丝路径、锚布设位置以及拖轮拖拉的终点船位(图 6-39)。对于锚拉力试验，实时显示拖轮的高精度船位，并在锚点和拖轮船艉之间建立导航连接实时显示拖拉钢丝的长度和方向。结合实时显示的导航连接长度和锚钢丝拉力值判断锚的受力状态，并获取该布设位置处锚的最大拉力数据。

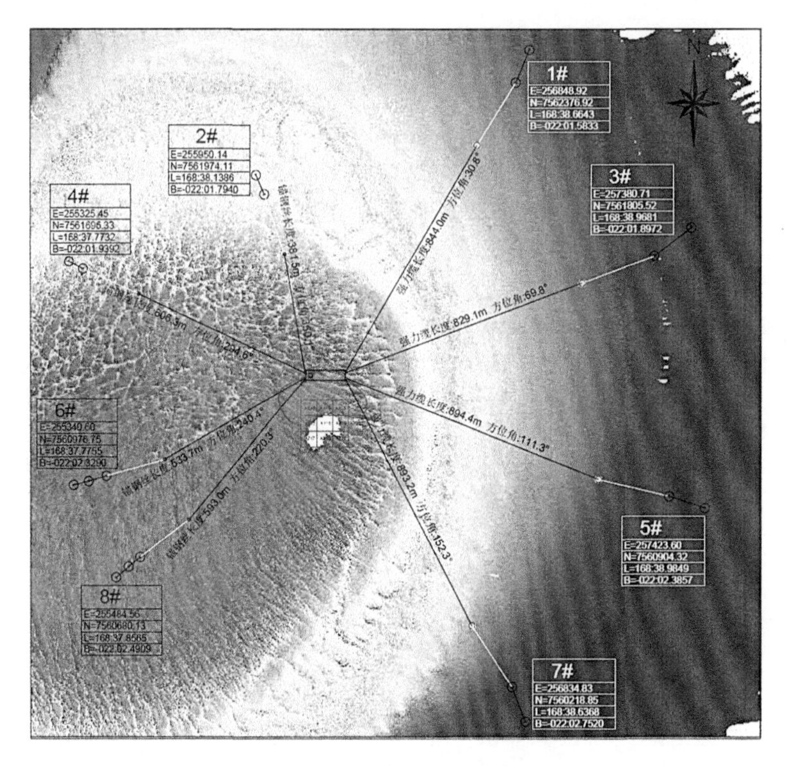

图 6-38　施工船舶就位后的锚位图

图 6-39　锚拉力试验定位界面

4）KT 难船破拆定位

对 KT 难船先进行破拆再抓捞，柯力轮大吊机 200T 冲锤绞车挂破拆斧对 KT 难船的船艏和船艉部分进行破拆。针对 KT 难船破拆作业需要，开发了定位软件的吊点定位功能模块。

将船载吊机控制系统的“吊臂长度”“吊臂倾角”和“水平角”等吊机工作参数数据通过打捞现场组建的工作广域无线网络实时传输至系统的吊点定位功能模块中。该功能模块通过对吊机参数数据的实时解算，在系统界面中输出破拆斧的准确位置，指导施工船对KT难船进行指定位置的精准破拆。

在对KT难船进行破拆的过程中，在系统界面中显示KT难船的船艏和船艉位置，并实时显示破拆斧的位置，对KT难船的破拆提供准确的位置参考(图6-40)。由于KT难船主机部分结构坚固，经破拆斧对KT难船主机多次破拆后，成功将难船主机破拆成小块，然后通过电吸盘打捞的方式将其回收至柯力轮(图6-41)。

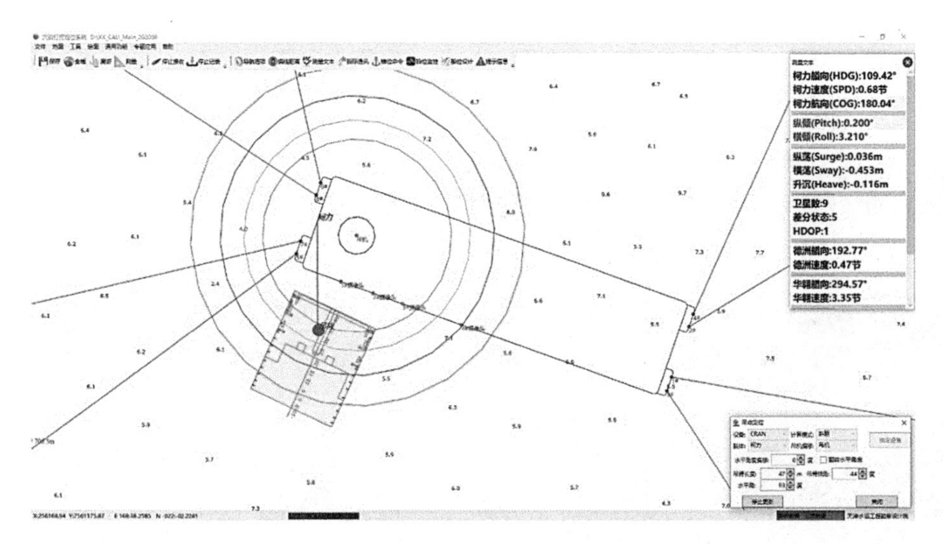

图6-40 定位软件KT难船破拆定位

5）KT难船大残骸抓捞水下定位

待KT难船船体被破拆成大块残骸后，柯力轮大吊机主钩挂抓斗对大块残骸进行抓捞。选取抓斗顶端合适位置焊接信标套筒，在套筒内安装Sonardyne WMT信标，确保在抓斗进行水下抓捞作业时信标的安全且声学信号不受遮挡。

使用Sonardyne Gyro USBL进行抓斗抓捞KT难船大残骸的水下定位工作，采用船舷释放杆固定安装的方式进行USBL系统的安装(图6-42)。安装位置避开船舶螺旋桨、发动机和侧推等水声噪声大的部位，安装完成后准确量取换能器偏移，并输入USBL控制软件中。将Gyro USBL测得的信标位置数据接入定位软件的USBL定位功能模块中(图6-43)，该功能模块对接入的信标位置数据进行质量评估、粗差剔除等质量控制程序后对USBL数据进行卡尔曼滤波处理，并在系统界面中输出准确稳定的抓斗水下位置，有效地提高了KT难船残骸抓捞的效率(图6-44~图6-48)。

6)小艇扫测残骸定位

针对打捞现场KT难船大量小残骸位置获取的难题，改变传统低效率的通过打点确定小残骸位置的作业方式，采取小艇携带高清水下摄像头按照计划线进行海底区域扫测的作业方式(图6-49)。

图6-41　KT难船破拆

图6-42　Gyro USBL船舷安装

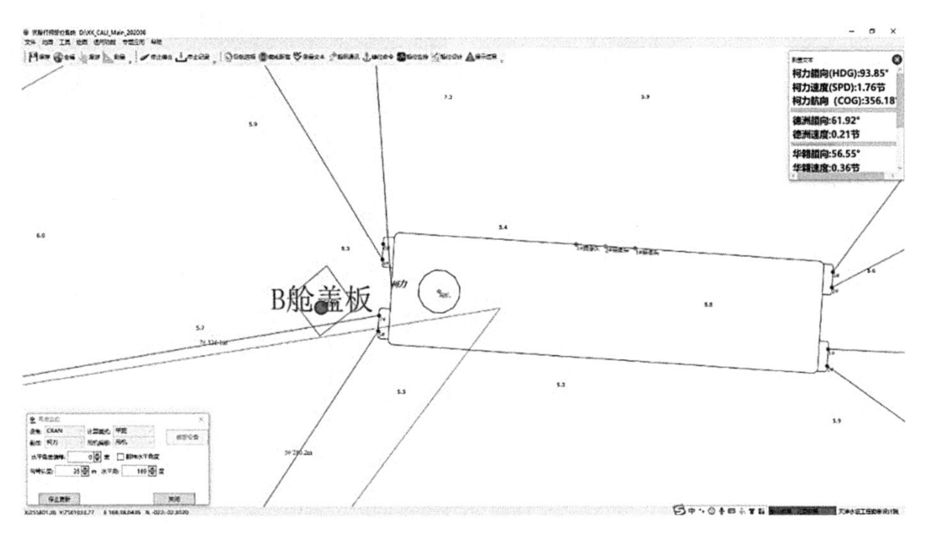

图 6-43 定位软件 KT 难船大残骸抓捞 USBL 水下定位

图 6-44 KT 难船大残骸抓捞

依照该作业方式开发了“图片时间匹配坐标”数据处理模块，根据发现残骸的时间匹配残骸坐标，将海底大量散落的 KT 难船小残骸的坐标集中输出文本文件并生成残骸位置图，实现了小残骸位置的批量高效获取(图 6-50)。将残骸位置图导入定位软件专门的小残骸打捞界面中，直观地显示残骸位置，方便打捞作业。

在小艇上安装导航定位设备以及水下摄像头，小艇沿着计划线对礁盘上 KT 难船残骸区域进行水下摄影扫测和录像。扫测完成后，导出小艇航迹线，并根据小艇扫测录像中发现海底残骸的时间，匹配出对应的残骸坐标。

图 6-45　抓捞上来的 KT 难船舱壁

图 6-46　抓捞上来的 KT 难船曲轴

图 6-47　抓捞上来的 KT 难船主机

图 6-48　抓捞上来的 KT 难船螺旋桨

图 6-49　小艇扫测 KT 难船残骸

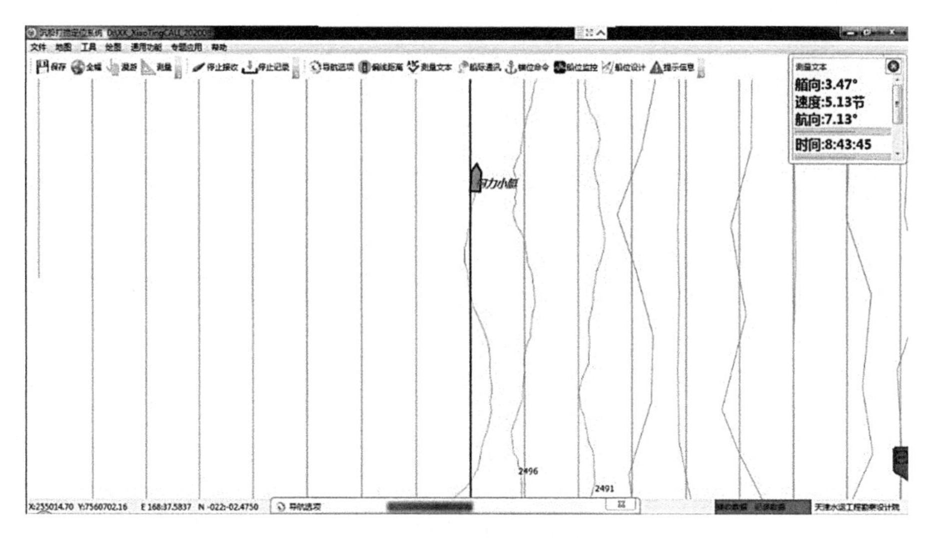

图 6-50 定位软件小艇扫测残骸定位

在打捞施工船每次到达工区进场作业前，释放小艇以 8m 的计划线间距进行作业区域的残骸扫测，以确定 KT 难船残骸是否会影响施工船进场。若有影响，则对进场路径上的残骸进行打捞清除，保证打捞施工船进场作业的安全。

将礁盘上 10m 等深线以内的区域划分为 9 个区域，编号为 1#~9#，在每个区域内以 17m 间距布设南北方向和东西方向的计划线，根据扫测时现场涌浪方向决定计划线的选取。小艇以 4kn 左右的速度沿计划线进行这 9 个区域的扫测，以确定 KT 难船残骸在礁盘 10m 等深线内的分布位置。

为确定 KT 难船残骸的主要分布区域，以 KT 难船为中心绘制边长为 400m 的南北方向正方形区域，并在该区域内以 8m 的计划线间距沿 135°方向绘制计划线，小艇沿计划线进行 400m×400m 区域的残骸扫测。并对中心的 100m×100m 区域进行二次扫测，以确定 KT 难船周围残骸的分布情况。

在确定了 KT 难船主残骸区域后，每个航次使用电吸盘打捞过该区域的小残骸后，都会释放小艇以 8m 的计划线间距进行扫测，以确定该区域的残骸打捞情况和剩下残骸的分布情况(图 6-51)。并将剩余残骸的位置标示在定位软件的显示界面中，以便继续进行剩余残骸的打捞工作。

在打捞 5#区域的大残骸之前，小艇以 8m 计划线间距进行施工船移船路径扫测，以确定移船路径上的残骸分布对施工船移船是否有影响。并分别以这些大残骸为中心绘制 100m×100m 的南北方向正方形区域，在这些区域内以 8m 间距、180°方向绘制计划线，小艇沿计划线进行水下摄影扫测，以核实这些大残骸的位置。

7)电吸盘打捞小残骸定位

在履带吊的吊臂端头侧面焊接一个矩形铁杆，在铁杆上安装 GNSS 定位天线对履带吊钩头悬挂的电吸盘进行定位，并将天线电缆沿着履带吊吊臂内侧绑扎走线进入履带吊驾驶室内连接接收机主机。在履带吊驾驶室内安装定位设备主机和定位电脑，在履带吊机舱部

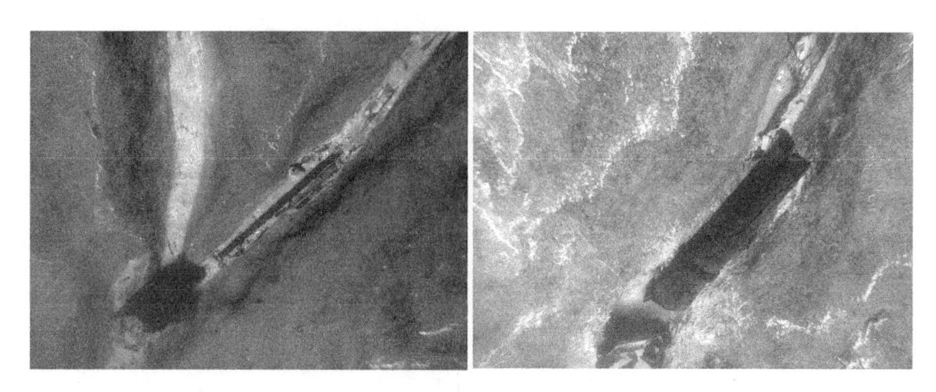

图 6-51　小艇扫测发现的 KT 难船残骸

分的上部栏杆处安装网桥设备，在施工船驾驶台远程控制履带吊内的定位电脑。

对于礁盘上散落的 KT 难船小残骸，通过小艇扫测定出残骸位置后，施工船甲板上的履带吊钩头悬挂电吸盘，并按照定位软件界面上扫测得到的小残骸位置分布图对海底的小残骸进行打捞(图 6-52)。并可以在多个工作站点的定位软件界面上同时显示电吸盘的实时位置，极大地提高了小残骸打捞的效率。

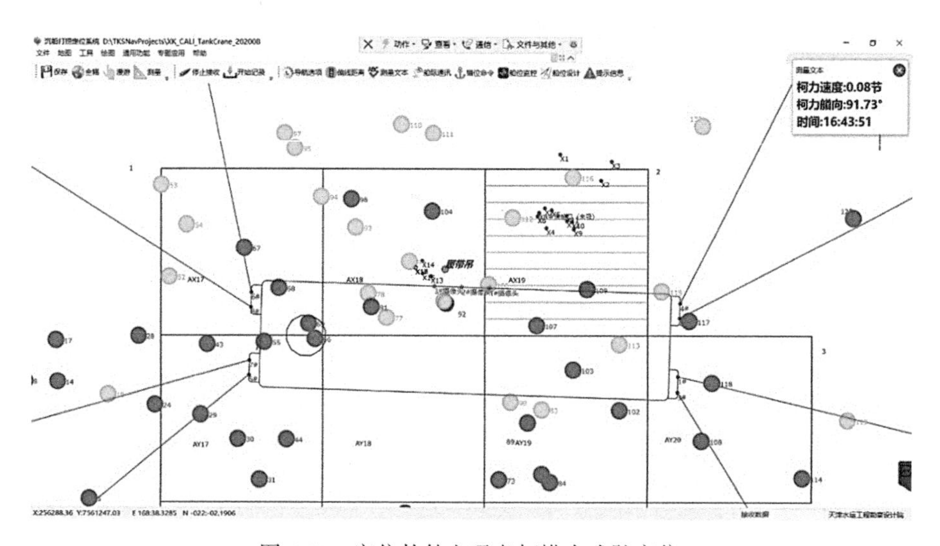

图 6-52　定位软件电吸盘打捞小残骸定位

在进行小残骸打捞的同时，对每次电吸盘打捞小残骸的位置进行打点记录，并汇总统计电吸盘打捞位置的经纬度和平面坐标，以及打捞位置所属的区域。电吸盘打捞小残骸的范围主要集中在 KT 难船的主残骸区域(图 6-53)。

8) 小艇环评扫测定位

小艇环评扫测包括小艇网格扫测和小艇计划线扫测。小艇环评扫测即为小艇携带水下高清录像机对礁盘进行指定网格或者计划线的水下录像，通过对录像中海底珊瑚礁盘的观

图 6-53　电吸盘打捞小残骸

察，以评价打捞施工对礁盘生态环境造成的影响。

小艇网格扫测为小艇在礁盘上选定的网格单元中进行水下扫测录像，每个网格尺寸均为 50m×50m，共分为 A、B、C、D、E、F、G、H、I、J、K、L、M、Unknown Zone 这 14 个区域(图 6-54)。在定位软件中显示出所有网格的位置。小艇在选定的每个网格中，水下录像 2~3 分钟，以获取该网格海底图像信息。在完成全部选定的网格扫测后，导出小艇航迹线和航迹坐标，并汇总整理所有网格扫测的位置和时间信息。

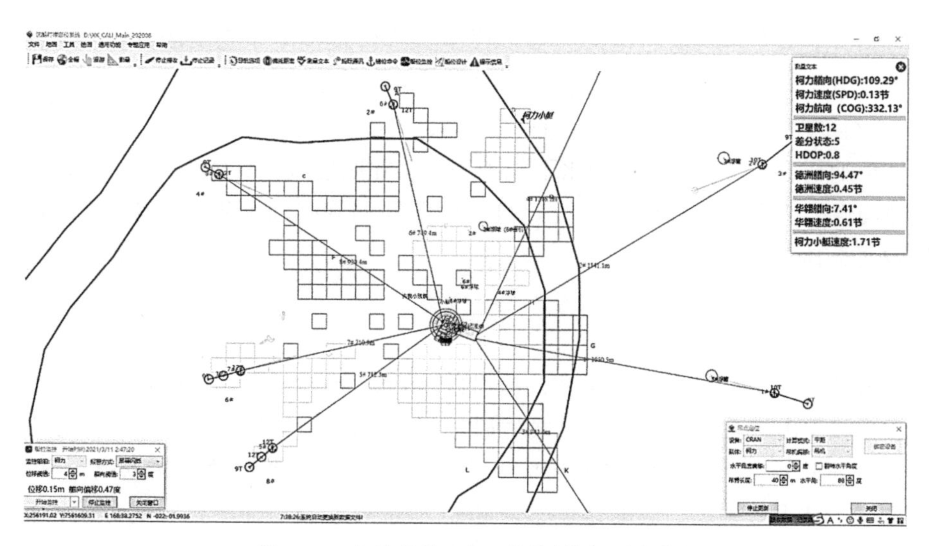

图 6-54　定位软件小艇环评网格扫测定位

小艇扫测为小艇沿礁盘上选定的计划线进行水下录像，计划线包括南北方向和东西方向的计划线(图 6-55)。在定位软件中显示所有的计划线。小艇沿选择的计划线进行扫测录像，获取每条计划线上的海底图像信息。小艇计划线扫测结束后，导出小艇航迹和航迹坐标，并汇总整理小艇计划线扫测的位置和时间信息。

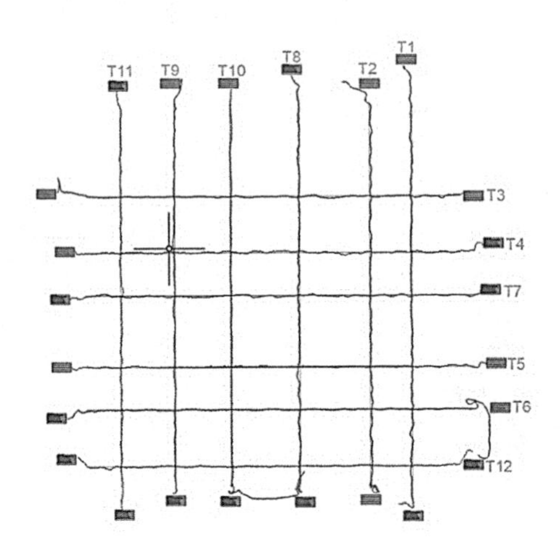

图 6-55　小艇环评计划线扫测定位

6.3 “碧海行动”沉船扫测应用实例

6.3.1 项目简介

“碧海行动”是经国务院批准的公益性民生工程，是推动生态文明建设和国家战略实施，建设绿色交通、平安交通所采取的一项重大举措。2014 年起，救捞系统连续 6 年执行了“碧海行动”沉船打捞任务，累计打捞沉船 67 艘。

侧扫声呐扫测作为快速有效的水下扫测手段，在明确沉船具体坐标、沉船姿态以及水下状况方面性能优良。“碧海行动”沉船打捞的前期调查起到了积极作用，“榕新 106”等沉船扫测便是其中之一。

6.3.2 测量内容

2006 年 11 月 12 日晚 9 点半左右，福州籍“榕新 106”干货船、台州籍“宝马 151”杂货船在航经宁波象山水域牛鼻山水道时发生碰撞(图 6-56)。其中“榕新 106”右舷货舱中部大面积破损进水沉没，船上 10 名船员中 9 人立即弃船，并乘坐救生艇逃离，1 名船员失踪，13 日凌晨 1 时左右，“宝马 151”船在事故水域附近成功冲滩，脱离危险，相撞时两艘货船都装载着近千吨钢材。

根据“碧海行动”沉船打捞计划，于 2019 年 10 月 23 日对沉船位置水域行了侧扫声呐扫海调查，以“榕新 106”船沉没时的位置为中心，进行 1km×1km 的侧扫声呐扫海测量，目的是获得沉船的精确坐标位置、艏向及沉没后船舶姿态信息，为沉船打捞方案的制定提供数据。

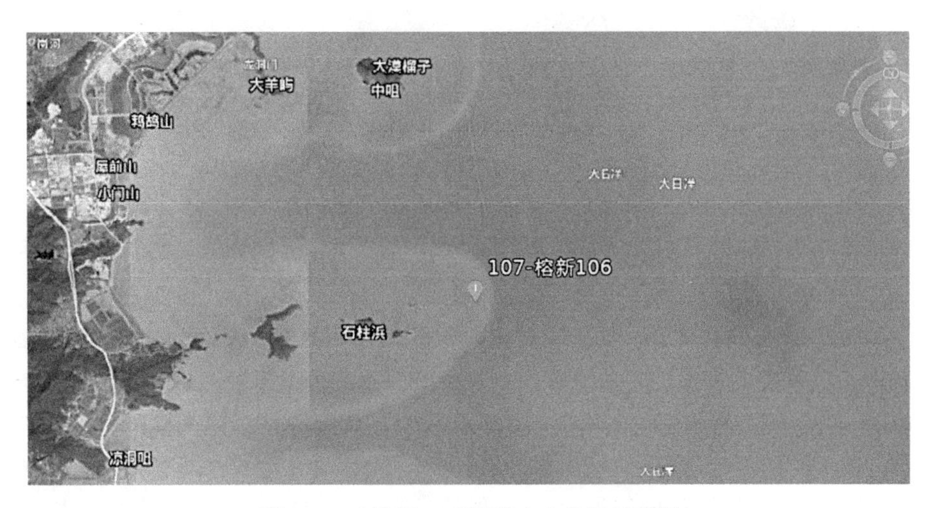

图 6-56 “榕新 106”沉船中心位置示意图

6.3.3 测量设备

根据项目作业内容，本项目主要投入仪器设备及软件包括信标差分接收机、声速计、地貌测量设备及配套软件等。主要投入仪器设备如表 6-10 所示。

表 6-10 沉船扫测设备列表

设备名称	型号	技术指标
信标差分接收机	Hemisphere R110	采用信标差分，<0.5m 95%置信度
声速计	HY1200B	范围 1400~1550m/s， 精度 0.03m/s， 分辨率 0.015m
地貌测量设备	EdgeTech 4200FS	120/410kHz 双频； 横向分辨率 120kHz 时为 8cm， 410kHz 时为 2cm； 纵向分辨率 120kHz 时 200m 为 2.5m，410kHz 时 100m 为 0.5m； 垂直波束宽度 50°

6.3.4 测量实施

1. 计划线布设

本次多波束调查的主测线以侧扫声呐发现的沉船为中心，南北方向布设，测线间隔 50m，共计布设 21 条。

2. 设备安装与计量测试

1) DGNSS

工作前在已知控制点上对 DGNSS 进行了 2 小时稳定性试验，误差为±0.8m。工作时，DGNSS 天线需要接收导航卫星信号，安置于无遮挡的多波束设备之上，利用 DGNSS 接收机接收信标台发布的 RTCM 104(2.0)标准差分数据，进行实时差分定位。

2) 侧扫声呐

侧扫声呐安装于船舷右侧，采用拖曳方式作业，为了获得准确的测量数据，精确测量侧扫声呐拖点、后拖长度、定位天线之间的相对关系，对测量中发现的目标进行了偏移改正。

正确连接好仪器后，将侧扫声呐拖鱼放入海中，然后分别采用不同的扫宽量程、TVG 增益值和航行速度，测试选择最佳工作参数，并记录各项参数与作业板报。本次测量中采用高频，侧扫声呐高频扫宽量程为 100m，航速保持在 4~5kn，海底声学图像清晰。

3. 测量过程

测量前，进行声速测量，用于声呐影像的改正。测量时，Hypack 2008 综合导航系统的导航窗口可以显示正在施测的测线，可以从图像中看出船偏离测线的左右距离，供操船者随时修正航向，以保证测量船按照设计测线航行。通过航迹图实时反映已测测线和未测测线以及测量船在图上的位置、航行方向，以及漏测和需要补测的地方，方便指挥测量船去完成未测部分的工作。右侧的窗口实时显示各种导航参数，如经纬度坐标、船速度、船艏向、记录状态、测线名、事件号、已测线长、文件名、时间、测线方向、偏移距、HDOP 值等。

6.3.5　数据处理

侧扫声呐数据采用 Chesapeake 公司出品的 SonarWiz. Map 软件进行处理(图 6-57)。首

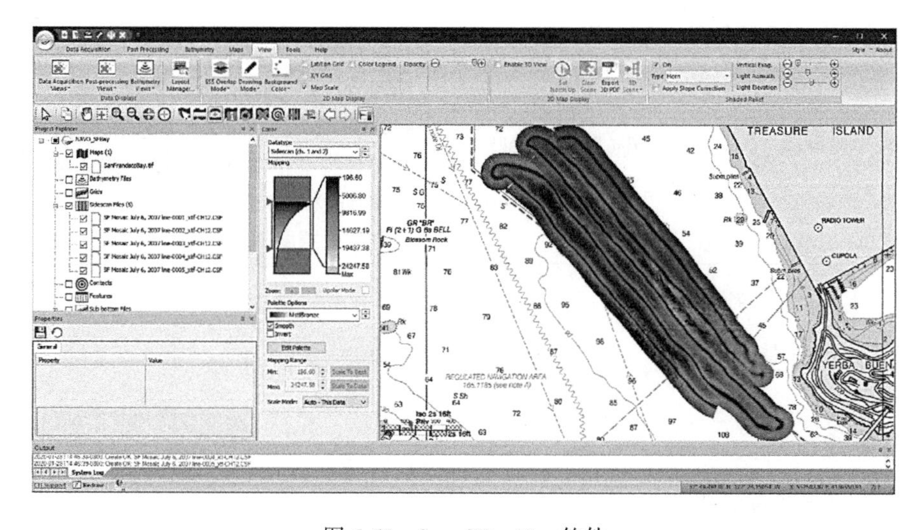

图 6-57　SonarWiz. Map 软件

先将采集的地貌数据统一转换为通用的XTF格式，然后选择正确的坐标系统，对侧扫声呐数据进行水体移除、偏移量改正、倾斜改正、TVG调节等必要的处理，最后利用软件的镶嵌和数字化功能提取海底特征地貌和可疑目标坐标和尺寸。

从调查镶嵌图像上看，沉船如图6-58所示，长约59m，艏向约315°，呈向右舷稍倾斜坐于海底，船中部下沉、右侧被泥沙覆盖，船首、船尾处海床在水流冲刷下已形成浅坑。这与后期开展的多波束调查结果相吻合，多波束调查如图6-59所示。

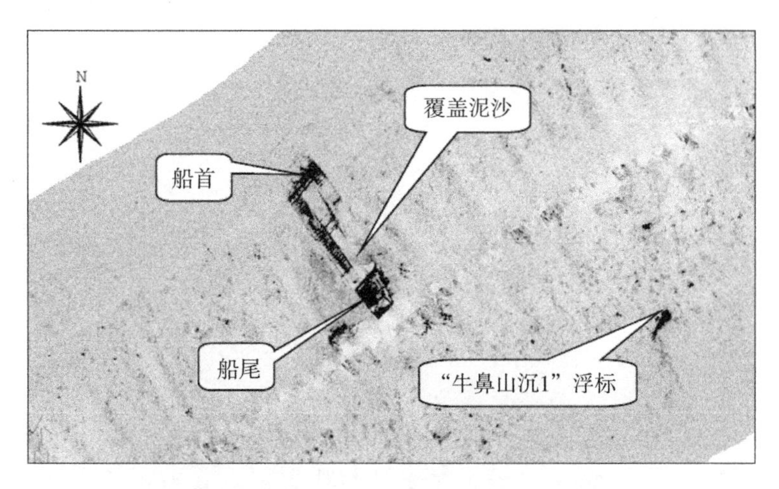

图6-58 “榕新106”沉船侧扫声呐镶嵌图

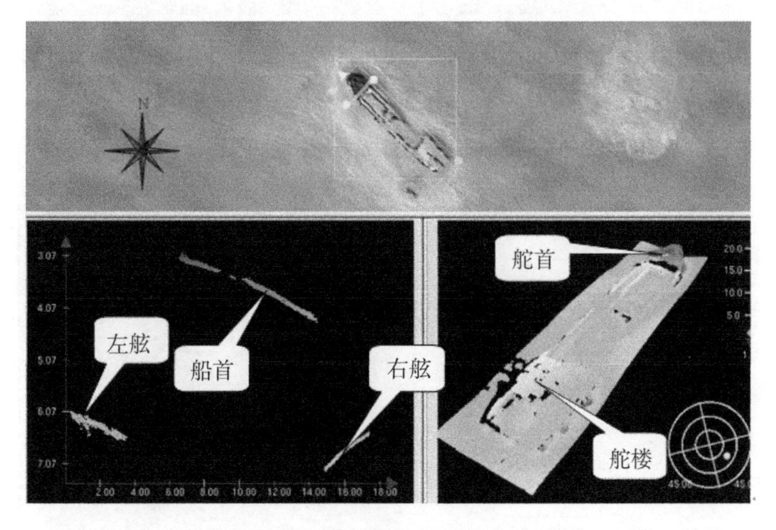

图6-59 后期多波束调查成果图

6.3.6 其他沉船图像

“碧海行动”一些其他沉船的扫测图像如图6-60~图6-62所示。

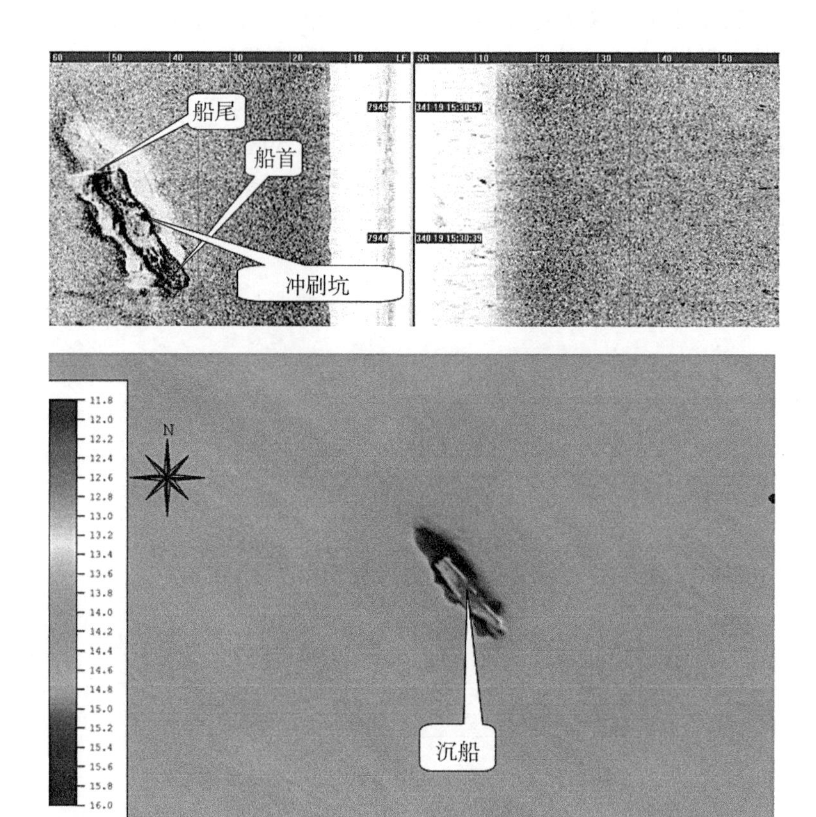

图 6-60　“浙象渔 95007”沉船侧扫声呐图(上)及相应多波束渲染图(下)

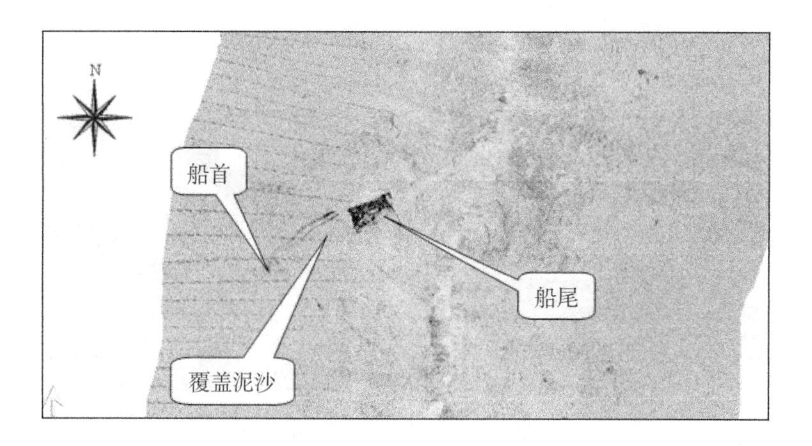

图 6-61 “浙临机 506”沉船侧扫声呐图(上)及相应多波束渲染图(下)

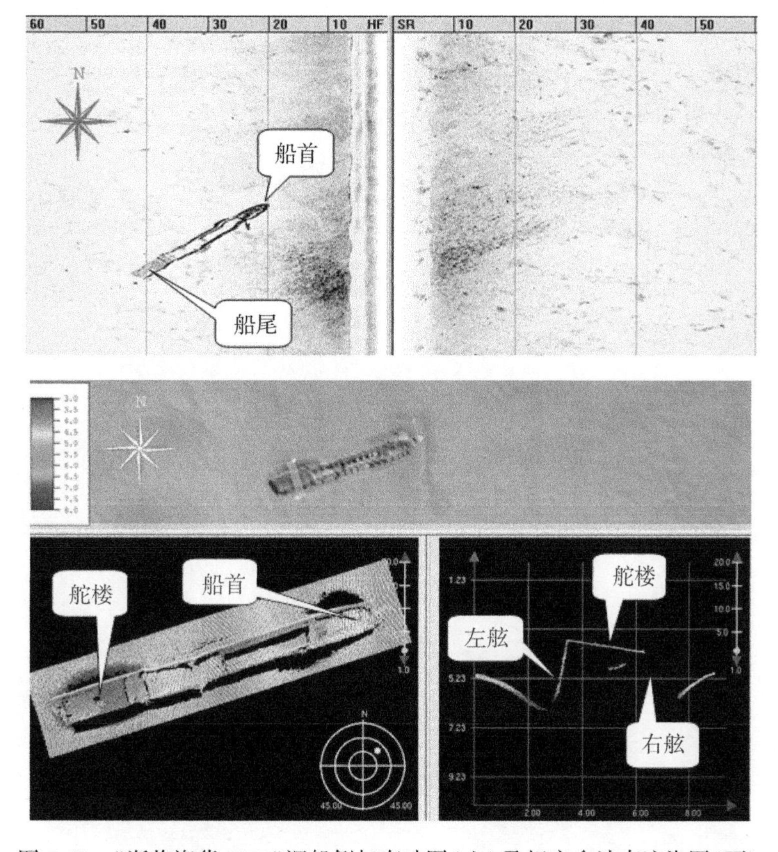

图 6-62 “浙临海货 2108”沉船侧扫声呐图(上)及相应多波束渲染图(下)

◎ 本章参考文献

[1]中华人民共和国交通运输部. JTS 131—2012 水运工程测量规范[S]. 北京：人民交通出版社，2013.

[2]全国地理信息标准化技术委员会. GB/T 18314—2009 全球定位系统(GPS)测量规范[S]. 北京：中国标准出版社，2009.

[3]中华人民共和国住房和城乡建设部. GB/T 50138—2010 水位观测标准[S]. 北京：中国计划出版社，2010.

[4]全国地理信息标准化技术委员会. GB/T 12898—2009 国家三、四等水准测量规范[S]. 北京：中国标准出版社，2009.

[5]国家海洋标准计量中心. GB 12763. 2—2007 海洋调查规范 第2部分：海洋水文观测[S]. 北京：中国标准出版社，2008.

[6]全国海洋标准化技术委员会. GB/T 14914. 2—2019 海洋观测规范 第2部分：海滨观测[S]. 北京：中国标准出版社，2019.

[7]中华人民共和国交通运输部. JTS 145—2015 港口与航道水文规范[S]. 北京：人民交通出版社，2016.

[8]中华人民共和国交通运输部. JTS 132—2015 水运工程水文观测规范[S]. 北京：人民交通出版社，2016.

[9]全国海洋标准化技术委员会. GB/T 17501—2017 海洋工程地形测量规范[S]. 北京：中国标准出版社，2017.

[10]海军司令部航海保证部. GB 12327—1998 海道测量规范[S]. 北京：中国标准出版社，2004.

第7章 主要进展与未来发展方向

7.1 计量测试技术主要进展

水文测绘装备是了解水运基础设施状况、推进智慧水运建设的必要手段，对装备设计、生产、测试、使用、维护、报废全寿命周期关键参数的量值溯源，是提升装备质量、保证测量数据准确可靠的基本途径。

随着新材料、新方法、新工艺的应用，水文测绘技术出现了革命性的突破，水文测绘装备在性能、功能、测量种类等方面取得了重大发展。受限于在关键原材料、传感器、制造工艺等方面与国外的差距，我国引进了大批国外高端水文测绘装备，占据了国内大部分市场份额。发展水文测绘技术，自主研发和制造水文测绘装备是实现交通强国战略的重要支撑条件。现阶段，水文测绘装备检验与评价平台及其关键技术的发展，仍然制约着国产水文测绘装备的产业化。如何对国产水文测绘装备进行质量把控和提升，如何对进入市场的劣质仪器设备进行甄别检验，是当下急需解决的问题。

水文测绘装备的显著特点是种类多而数量少，计量测试能力的研建要花费不菲的研发和管理成本，这是我国水文测绘装备产业发展现阶段的基本情况。当前，我国水文测绘装备产业计量测试主要集中在整机计量测试阶段，并逐渐向组件计量测试和现场计量测试扩展，对产业链前端涉及较少，装备在设计、制造阶段的计量测试能力严重不足，制约了水文测绘装备国产化进程。

在整机性能实验室计量测试中，经过多年的技术发展和经验积累，已形成了较为成熟、完善的浪、潮、流、沙测量仪器的计量测试能力，覆盖了最基本的水文测绘要素，但仍缺乏一些重要要素的检验条件，需重点投入与建设。目前国家海洋技术中心、国家水运工程检测设备计量站等单位已建立了海洋测温仪器、海洋盐度测定仪器、验潮仪、声学测波仪、声学多普勒流速剖面仪、含沙量测定仪等仪器设备的计量标准装置，并为国内水文测绘市场、国家重大水运工程建设提供了计量保障。其中，国家水运工程检测设备计量站在国家重点研发计划的支持下，突破含沙量计量校准的技术难题，研制出便携式含沙量测定仪计量标准装置，实现了室内和现场条件下含沙量的精准计量。在水深、地形地貌、水声定位计量测试方面，国家水运工程检测设备计量站对水上、水下一体化水文测绘装备综合量值评定技术开展了专项研究，建立了声速剖面仪、回声测深仪、多波束测深仪、侧扫声呐、超短基线等装备的计量标准装置，为国内外相关装备的计量测试提供了技术保障。

由于实验室环境条件下仅能模拟理想条件或极限条件下水文测绘装备的计量测试，与现场实际环境条件差距较大，实验室检校结果无法有效指导水文测绘装备现场开展工作。

水文测绘装备现场的计量测试涉及装备的计量性能、环境适应性、现场工作稳定性、误差修正等多项质量特性，需运用多个指标对多个参评质量单位进行评价，装备类别的纷繁和测量平台的多样化使得计量测试能力覆盖所有仪器的难度极大。

如水文要素中浪、流等矢量的方位角是影响装备精度的重要参数，方位传感器或罗盘根据地球磁场测得绝对方向极易受磁场干扰等因素影响，在实验室内通过机械装置模拟方位角转换的方式是不可行的，无法给出标准的量值，要达到理想的磁场环境，还需进一步进行技术攻关。美国 NDBC(National Data Duoy Center)的罗盘校正方法中，将角度转盘安装到户外空旷地方，从而远离磁力源，保证校准精度。

国家海洋标准计量中心依托日益成熟的北斗卫星导航系统，选用高精度的载波相位差分 RTK 技术，攻克高精度高程定位、卫星信号丢失、数据传输错误等技术难题，研究了基于北斗浮标的现场校准技术(图 7-1)，可满足波高、波周期、波向同时计量校准需求，为波浪参数量值传递提供了一种新途径。

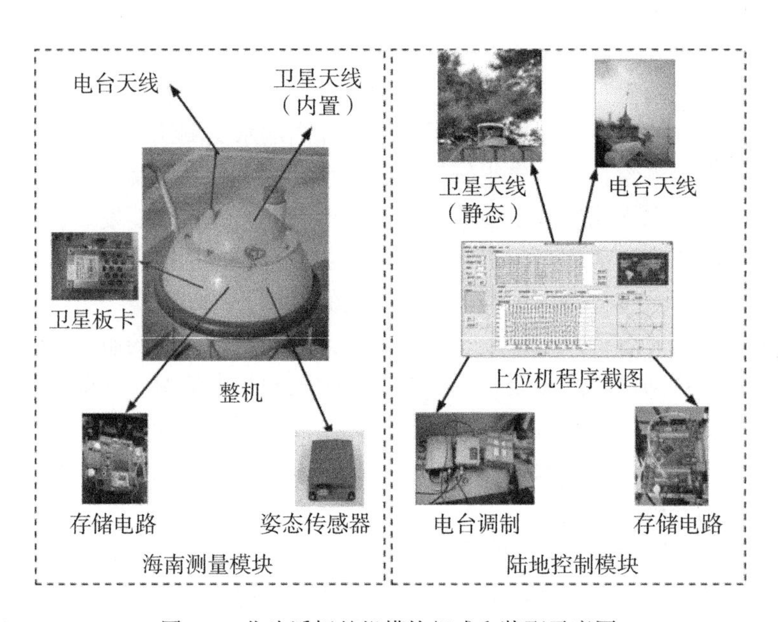

图 7-1　北斗浮标整机模块组成和装配示意图

基于声学测量原理的水文测绘装备得到了广泛应用，由于原理性限制，很多声学装备无法在室内进行检测试验，实验室条件下很难对被测量要素的量值进行复现，主要体现在被测量要素的量程大与多元化，有的装备只能采取海上试验的方式进行大尺度空间下的测量比对。充分利用自然条件下的海洋地形和水体环境，建立量值传递的机制和方法，是解决声学类仪器计量测试的一个重要途径。山东科技大学进行了水下声呐设备在现场使用中的测点声速改正方法研究，提出了一种自适应节点的等效声速剖面的构建方法，对平滑后的原始声速剖面根据 Douglas-Peucker 算法原理进行分层处理，通过拖动由分层抽稀出的声速特征点构建理想的等效声速剖面，根据分层结果及已知的初始入射角和由声速剖面仪测得的表层声速，实现等效梯度声线跟踪。

对于处于产业链前端的材料、传感器关键性能参数计量测试，以及产品设计参数、加工制造工艺参数等的计量测试，目前仍未形成统一的计量测试标准，各装备生产厂家主要依据各自的标准开展装备的设计、加工。尤其是浮标、潜标、潜水器等水文测绘平台类装备，其全产业链、全寿命周期计量测试能力仍较为欠缺，关键工艺参数的量值溯源路线尚未建立。

整体来看，水文测绘装备产业计量测试领域，已针对浪、潮、流、沙等传统测量装备以及水深、地形地貌、水下定位等高端装备的关键参量建立了有效的实验室量值溯源路线，逐渐重视在复杂条件、现场环境下计量测试能力的建设，并针对复杂量、极端量、综合量开展了计量测试技术研究。但在全产业链、全寿命周期计量测试能力建设方面，尤其是高端水文测绘装备，由于国内有实力开展自主研发的单位数量较为有限，尚未形成产业规模，仍处在探索阶段，能力较为欠缺。

7.2 计量测试技术未来发展方向

现代科学技术的进步为计量测试技术的发展注入了新的动力，新理论、新技术、新工艺的应用，特别是信息技术和计量测试技术的融合与发展，使得计量测试更准确、高效、智能、灵活、快捷。相较于国外，国内的计量测试技术起步较晚，在基础理论、技术创新、设备研发、新技术应用等方面仍有待提高。

近年来，计量测试技术和仪器的发展越来越智能化，现代计量测试仪器越来越多地呈现出扁平化、智能化、自动化、多样化的特点，传统的人工测量、人工计算、人工分析方式逐渐被先进的测试方法所替代。随着量子理论、人工智能、大数据、云计算、新一代无线通信(5G)技术的加速应用，计量测试领域正迎来一场翻天覆地的革命。

水文测绘装备计量测试领域已经由传统的单一参数、静态测试、手工测试方式逐步向多参数综合测试、动态测试、现场计量测试方向发展。伴随 SI 国际单位制的重大变革，以及德国工业 4.0、美国工业互联网等的持续推进和各学科技术的高度融合，水文测绘装备领域新仪器、新设备不断涌现，在海洋与港口复杂、恶劣环境条件下，保证仪器装备监测数据的准确性、可靠性、稳定性，是该领域未来重点解决的问题。

《计量发展规划(2021—2035 年)》中，提出聚焦制造业领域测不了、测不全、测不准的难题，加强关键计量测试技术、测量方法研究和装备研制，为产业发展提供全溯源链、全产业链、全寿命周期并具有前瞻性的计量测试服务，应“加强计量基础研究，推动创新驱动发展”，重点突破量子传感和芯片级计量标准技术，形成核心器件研制能力，加强关键共性计量技术研究，进行远程、在线、复杂量、极端量等新型量值传递溯源技术创新，推动计量数字化转型发展，到 2035 年，建成以量子计量为核心、科技水平一流、符合时代发展需求和国际化发展潮流的国家现代先进测量体系。

面向水文测绘装备产业计量测试未来发展，应建立完善计量保证与监督体系，推动水文测绘装备领域规范发展，同时应开展计量测试技术研究，逐步形成覆盖中高端设备全产业链、全寿命周期的计量测试能力。

在体系建设方面，建立、完善以计量法为核心、行政法规、部门规章为配套支撑的计量法律法规体系，做到依法行政、依法管理，推动水文测绘装备产业计量工作规范有序开展；建立水文测绘装备质量保障体系，促进水文测绘装备产业计量测试技术能力不断提升，完善水文测绘装备产业计量监督管理体系，稳步推进水文测绘装备领域计量认证工作。

在计量测试技术研究方面，未来发展主要包括如下三个方面。

1. 自动化、程序化、智能化发展方向

水文测绘装备种类、型号多样，工作原理各不相同，且如多参数水质分析仪等装备具有多参量监测能力，当前的计量测试手段尚不能实现对同一、同类设备的自动识别、自动计量，仍需人工干预、判别、分析决策。此外，计量测试仪器通常属于高准确度、高精密设备，在使用过程中容易产生故障和失准，传统计量测试仪器无法有效识别并及时修正，往往导致测量结果不准确。自动化、程序化、智能化发展方向主要体现在三个方面：①计量测试仪器具备自我诊断、自动纠偏功能，通过自校准系统定期对仪器各单元、模块进行检查，自动识别故障类型、自动分析故障原因、自动给出解决方案、自动给予修正补偿，从而极大地提高了仪器性能、降低了测试风险、节省维修成本和时间；②同领域、同类型装备建立统一计量仪器模型，配合虚拟仪器计量测试平台，实现计量测试的快捷化、标准化、自动化；③测试过程的自动化、无人化，所有测试过程都将被数字化、标准化，并通过人工智能技术转化为标准流程和操作，实现从样品处理、样品流转、样品识别、计量测试、数据处理、数据存储、自动预警、结果输出、样品处理、分流装箱的全部自动化。

2. 现场测量、原位测量、计量扁平化

水运环境复杂，对水文测绘装备的环境适应性要求较高，对装备材料在应对潮湿、腐蚀方面有特殊要求，深海环境对装备的耐压性能、水密性能均有要求，水面浪、潮、流等水动力因素对精度的影响均需考虑。目前，水文测绘装备的计量测试多采用室内检校方式，如用于水下深度和地形地貌测量的多波束测深仪，在室内或室外静水环境下对其测深、扫宽等几何指标和发射声源级等声学指标测试完毕后，计量测试结果并不能确保其使用过程中的测量精度及稳定性。水体类监测装备的计量测试，目前普遍的方法是通过采样器将样品采样至实验室后再对其成分、含量进行分析，时效性、可靠性差；加之用于港口、航道等场地长期监测装备，数量多、安装拆卸困难，备件不足，定期送检至实验室进行检校周期长、成本高。此外，装备在出厂前的制造、装配、测试过程中，每个环节均从生产线取下送检至计量测试机构进行质量把控并不现实。因此，水文测绘装备急需现场、原位计量测试技术的应用。SI国际单位制的变革，计量测试技术逐渐向扁平化方向发展，将计量校准单元嵌入底层测量仪器或装备中，实时校准底层测量仪器，使量值更准确、高

效，实现“无处不测、无时不测、处处精准、实时精准”。

3. 远程计量、网络化发展方向

目前水文测绘装备，尤其是高端水文测绘装备缺少自主知识产权的仪器设备，绝大多数水运监测站的设备仪器由国外不同厂家生产的零件组装而成，积木式的装备配置方式，各厂家通信协议不同导致监测装备组网困难，数据的实时性受到限制，对计量测试装置的远程、网络化功能的实现亦造成了影响。远程+网络化计量方式，一方面，可实现水运监测装备异地检校、信息同步共享；另一方面，可满足一些特殊环境条件下现场计量测试需求。因此，研究远程计量测试技术、实现计量测试仪器、计量测试数据的网络化、信息化，对提升水文测绘装备计量测试的效率和实时性具有重要意义。

◎ 本章参考文献

[1]邹念洋．波浪滑翔器研究和应用的现状及发展前景[J]．中外船舶科技，2017(4)：13-21.

[2]黄大年，于平，底青云，等．地球深部探测关键技术装备研发现状及趋势[J]．吉林大学学报(地科版)，2012(5).

[3]张淑静，吕聪俐，马敏．国内外海上多功能浮标发展探讨[J]．中国海事，2019(9)：47-51.

[4]杜晓爽，胡毅飞，冯英强，等．国外计量测试技术发展动态及趋势综述[J]．宇航计测技术，2018，38(5)：24-32.

[5]杨益新，韩一娜，赵瑞琴，等．海洋声学目标探测技术研究现状和发展趋势[J]．水下无人系统学报，2018，26(5)：369-387.

[6]王波，李民，刘世萱，等．海洋资料浮标观测技术应用现状及发展趋势[J]．仪器仪表学报，2014(11)：2401-2414.

[7]高芝媛．计量测试技术发展趋势及热点问题评述[J]．集成电路应用，2018，35(6)：87-89.

[8]张中华．加快推动我国海洋工程装备产业发展的思考与建议[J]．消费导刊，2018(11)：122.

[9]孙松，孙晓霞．全面提升海洋综合探测与研究能力——中国科学院海洋先导专项进展[J]．海洋与湖沼，2017，48(6)：1132-1144.

[10]李硕，唐元贵，黄琰，等．深海技术装备研制现状与展望[J]．中国科学院院刊，2016，31(12)：1316-1325.

[11]丁忠军，任玉刚，张奕，等．深海探测技术研发和展望[J]．海洋开发与管理，2019，36(4)：71-77.

[12]赵羿羽，金伟晨．深海探测装备发展新动态[J]．船舶物资与市场，2018(6)：41-43.

[13]孙大军，郑翠娥，张居成，等．水声定位导航技术的发展与展望[J]．中国科学院院刊，2019，34(3)：331-338.
[14]吴尚尚，李阁阁，兰世泉，等．水下滑翔机导航技术发展现状与展望[J]．水下无人系统学报，2019，27(5)：529-540.
[15]刘健奕，徐晓丽，赵俊杰．水下作业利器 未来前景可期——ROV国内外现状及发展趋势研究[J]．船舶物资与市场，2015(2)：35-37.
[16]钱洪宝，卢晓亭．我国水下滑翔机技术发展建议与思考[J]．水下无人系统学报，2019，27(5)：474-479.